FLORIAN AIGNER
Die Schwerkraft ist kein Bauchgefühl

W0073958

GOLDMANN

Buch

»Die Wahrheit liegt nicht immer in der Mitte. Wer behauptet, dass die Erde eine Scheibe ist, dass man mit feinstofflicher Energie Krebs heilen kann und dass er im Badezimmer Einhörner beherbergt, der hat nicht recht. Er hat auch nicht ein kleines bisschen recht, sondern er hat überhaupt nicht recht. Ein Kompromiss zwischen Wahrheit und verrücktem Unsinn ist immer noch verrückter Unsinn (…) Das heißt natürlich nicht, dass wir die Aussagen von Fachexperten als heilige Wahrheit verehren müssen. Ganz im Gegenteil: Zur Wissenschaft gehört es dazu, dass auch Expertenmeinungen ständig hinterfragt, kritisiert und zerpflückt werden. Niemand besitzt die Lizenz zum Rechthaben.«
Florian Aigner zeigt, Wissenschaft ist keine Sammlung perfekter, letztgültiger Wahrheiten. Wissenschaft ist vielmehr die stetige Suche nach Wahrheit und Erkenntnis, und damit ein großes, menschheitsumspannendes Gemeinschaftsprojekt das uns alle verbindet.

Autor

Florian Aigner ist Physiker und Wissenschaftspublizist. Er promovierte über theoretische Quantenphysik und schreibt heute über Wissenschaft und Technik, unter anderem in seiner Kolumne »Wissenschaft und Blödsinn« in der Tageszeitung *Kurier*. Mit aktuellen Forschungsfragen setzt er sich ebenso auseinander wie mit esoterischen Behauptungen, die immer wieder mit echter Wissenschaft verwechselt werden.

Florian Aigner

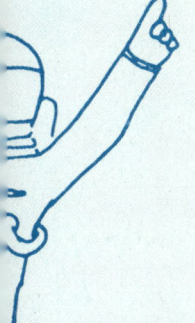

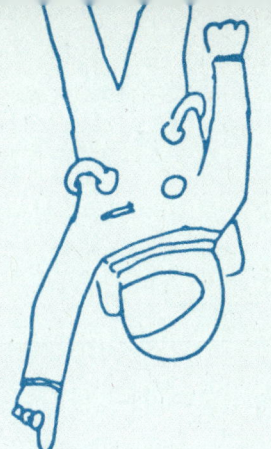

DIE SCHWERKRAFT IST KEIN BAUCHGEFÜHL

Eine Liebeserklärung an die Wissenschaft

GOLDMANN

INHALT

Vorwort

Was können wir wissen? Was sollen wir glauben? Und worauf dürfen wir uns in dieser verwirrenden Welt eigentlich verlassen? Auf einer Reise durch die Wissenschaft stoßen wir auf wichtige Ideen, die uns helfen, uns weniger zu täuschen.

Was die Wissenschaft sagt, das stimmt – und unser Bauchgefühl liegt oft daneben. Zumindest sagt uns das unser Bauchgefühl, wenn wir uns ein bisschen mit Wissenschaft beschäftigt haben. Aber können wir unserem Bauchgefühl vertrauen, wenn es uns sagt, dass ihm ja gar nicht zu trauen ist?

Wir wissen mehr über unsere Welt als je zuvor. Und gleichzeitig wird mehr Unsinn über unsere Welt verbreitet als je zuvor. Wir haben die kleinsten Teilchen erforscht, aus denen die Materie besteht, und die größten Strukturen, die es in den Weiten des Universums gibt. Wir haben Menschen auf den Mond geschickt und Krankheiten geheilt, die früher den sicheren Tod bedeutet hätten. Die Wissenschaft hat sich auf glänzende Weise bewährt. Und trotzdem ist die Menschheit von einer merkwürdigen Wissenschaftsfeindlichkeit durchdrungen, die sich immer weiter auszubreiten scheint.

Es gibt Menschen, die trotz aller Beweise die Erde für eine Scheibe halten. Es gibt Menschen, die nicht an die Klimaerwärmung glauben. Es gibt Menschen, die Viren für eine Erfindung der Pharmaindustrie halten, die wichtige Gesundheitsvorschriften mit Unterdrückung verwechseln und Impfungen als gefährliche Bedrohung betrachten.

Es gibt Politiker, die einfach „Fake News!" schreien, wenn ihnen ein Argument nicht passt – ganz unabhängig davon, ob es faktisch richtig ist oder nicht. Es gibt Geschäftemacher, die ohne jeden Skrupel wirkungslosen Unsinn verkaufen, solange man damit

Geld machen kann – vom Chakren-Balance-Kristall bis zum magischen Zahlenamulett gegen Coronaviren. Es gibt Verschwörungstheoretiker, die anderen Leuten Angst einreden, vor mörderischen Außerirdischen, bösartigen Geheimbünden oder gefährlichen Killerstrahlen.

Wir sind jeden Tag von so viel Information umgeben, dass es schwierig geworden ist, echtes Wissen von unsinnigen Behauptungen zu unterscheiden. Gleichzeitig ist diese Unterscheidung aber wichtiger als je zuvor. In unsicheren Zeiten spüren wir das ganz besonders. Dieses Buch wurde 2020 fertiggestellt, während sich das Coronavirus SARS-CoV-2 gerade über den ganzen Planeten ausbreitete, in einer Zeit, in der vielen von uns die Bedeutung der Wissenschaft deutlicher bewusst wurde als je zuvor.

Vorher ist es in den Hauptmeldungen der Abendnachrichten immer um Politik gegangen, nun geht es plötzlich um Virologie und Epidemiologie. Vorher hat man sich über die Ungerechtigkeit der geplanten Steuerreform geärgert, über Wahlergebnisse oder Fußballniederlagen, nun ärgert man sich plötzlich über Ansteckungswahrscheinlichkeiten, Tröpfcheninfektion und Exponentialfunktionen.

Doch nicht nur die Wissenschaft erlebt in solchen Zeiten einen Aufschwung. Auch Esoterik, Pseudowissenschaft und Hasspropaganda verbreiten sich in einem gesellschaftlichen Klima von Angst, Zweifel und Unsicherheit schneller als sonst: Das neue Coronavirus ist in Wirklichkeit eine Biowaffe, erklären die einen. Viren gibt es gar nicht, und die Krankheit COVID-19 wird in Wirklichkeit von gefährlichen Handystrahlen ausgelöst, behaupten die anderen. Und wieder andere erklären uns, dass sich dunkle Welteliten zusammengeschlossen haben, um mit COVID-19 die Weltbevölkerung zu dezimieren.

In dieser komplizierten Welt haben wir große, schwierige Fragen zu beantworten: Worauf können wir uns eigentlich verlassen? Was können wir wissen? Und was sollen wir glauben?

Niemand von uns ist im Besitz der perfekten Wahrheit. Das macht aber nichts – denn wir haben die Wissenschaft, und die ist eine Sammlung kluger Methoden, Theorien und Ideen, die uns helfen, Probleme zu lösen. Wissenschaft ist größer als irgendetwas, was ein einzelner Mensch im Kopf haben kann. Wissenschaft ist das, was stimmt, auch wenn man nicht daran glaubt. Wissenschaft ist das, worauf wir uns gemeinsam verlassen können.

Davon möchte ich Sie in diesem Buch überzeugen. Als Physiker habe ich natürlich eine von der Physik beeinflusste Sicht auf die Wissenschaft – auch wenn ich den Blick auch auf viele andere Wissenschaftsdisziplinen richte. Selbstverständlich kann kein Buch ein vollständiges Bild der Wissenschaft bieten. Es wäre verrückt, diesen Anspruch zu erheben. Am Ende des Buches ist hoffentlich auch klar, warum ich es gar nicht für zielführend halte, die Wissenschaft auf präzise und allgemeingültige Weise zu definieren. Wir werden uns stattdessen auf eine Abenteuerreise begeben, quer durch die Welt des klaren Denkens

Wir werden dabei geniale Ideen kennenlernen, und atemberaubende Irrtümer. Wir werden über großartige wissenschaftliche Revolutionen sprechen, und über haarsträubende Fehler. Es wird um Triumphe gehen und um Verzweiflung, um die Entdeckung ferner Planeten und um geflügelte Einhörner, um hellblaue Raben und tödliche Heilmittel. Machen wir also eine Reise durch die Welt der Wissenschaft, um herauszufinden, worauf wir uns wirklich verlassen können.

WISSENSCHAFT ODER BAUCHGEFÜHL?

Warum wir uns auf unsere Intuition nicht verlassen können, warum man als vernünftiger Mensch möglicherweise aufgefressen wird und warum sich gerade die Ahnungslosesten für die Allerklügsten halten: Wir müssen zwischen Bauchgefühl und Wissenschaft unterscheiden, sonst können wir nicht vernünftig miteinander diskutieren.

Jede folgenschwere Dummheit, jeder historische Irrtum, jede schreckliche Fehleinschätzung begann eines Tages als kleine Idee, die irgendjemand gar nicht so übel fand. Je mehr wir denken, umso mehr Denkfehler sind denkbar. Der Gedanke, dass wir uns auf unser Gehirn verlassen können, kann nur in unserem Gehirn entstanden sein.

Vielleicht sollten wir lieber auf unser Bauchgefühl vertrauen? Wer von uns wurde jemals von einer Bauchspeicheldrüse angelogen? Eben. Kein Wunder, dass sich viele Leute lieber auf das Herz verlassen, auf die Intuition oder auf das Solarplexuschakra, aber lieber nicht auf den Verstand.

Oft ist das auch gar nicht so dumm. Unser Bauchgefühl ist nämlich eine großartige Sache. Wir müssen mit dem neuen Kollegen nur ein paar Minuten plaudern, um ein recht verlässliches Bauchgefühl dafür zu entwickeln, ob wir Spaß daran haben werden, mit ihm zusammenzuarbeiten. Wir kosten die Suppe und erkennen ganz ohne biochemische Messgeräte, dass sie mit etwas mehr Petersilie wohl noch besser schmecken würde. Wir brauchen keine mathematischen Formeln, um mit akzeptabler Genauigkeit vorherzusagen, ob sich die Tante am Geburtstag über ein Quantenphysik-Lehrbuch freuen würde oder eher nicht.

Unsere täglichen Entscheidungen treffen wir nicht, indem wir alle Fakten auflisten, übersichtlich sortieren und rational abwägen, sondern indem wir unser lückenhaftes Halbwissen zu einer fragwürdigen Brühe verrühren und auf recht undurchsichtige Weise eine Meinung daraus hervorziehen. Erstaunlicherweise liegen wir damit ziemlich oft richtig.

Ähnlich wie unser rationaler Verstand ist auch das Bauchgefühl eine Form von Intelligenz. Es ist ein grandioser Mechanismus, mit dem es uns Tag für Tag gelingt, mit ziemlich wenig Information in ziemlich kurzer Zeit ziemlich gute Entscheidungen zu treffen.

Dafür hat die Evolution gesorgt: Über viele Tausend Generationen hinweg hatten unsere Vorfahren dann eine höhere Überlebenschance, wenn sie die vielen verwirrenden Fakten, die ihnen das Leben Tag für Tag an den Kopf warf, ganz intuitiv auf einigermaßen sinnvolle Weise verarbeiten konnten. Wissenschaftliche Präzision hingegen war in unserer Evolutionsgeschichte meistens ziemlich nutzlos.

Stellen wir uns vor, wie vor Hunderttausenden Jahren ein Rudel unserer entfernten Vorfahren nach langer Wanderung erschöpft unter den Bäumen saß. Plötzlich raschelt es im Gebüsch, eine hungrige Raubkatze springt hervor, packt einen von ihnen und nimmt ihn mit. Die anderen ziehen zitternd weiter, mit beißender Raubkatzenangst im Bauch. Am nächsten Tag suchen sie wieder Zuflucht im Wald, wieder hören sie ein verdächtiges Rascheln im Gebüsch. In Panik springen sie auf und laufen davon – ganz intuitiv, ohne viel nachzudenken.

„Immer mal langsam!", würde ein urzeitlicher Wissenschaftler nun vielleicht warnen: „Bleibt doch erst mal sitzen, verlasst euch nicht bloß auf euer Bauchgefühl! Die Faktenlage ist extrem dünn, und auf einer einzelnen Beobachtung lässt sich keine verlässliche Theorie aufbauen. Bevor wir überstürzte Entscheidungen treffen, sollten wir anhand einer größeren Anzahl von Experimenten sorgfältig untersuchen, inwieweit tatsächlich ein statistisch nachweisbarer Zusammenhang zwischen dem Rascheln im Gebüsch und lebensbedrohlichen Raubkatzen nachweisbar ist!"

Kein Zweifel: Dieser frühzeitliche Naturwissenschaftler wurde aufgefressen. Seine Einwände waren vielleicht methodisch korrekt, aber praxistauglich waren sie nicht. Kein Wunder, dass uns die Evolution nicht auf ganz natürliche Weise mit der Fähigkeit zum wissenschaftlich präzisen Denken ausgestattet hat.

Wir sollten dankbar sein, dass wir ein gut entwickeltes Bauchgefühl haben, aber eines ist klar: Verlässlich ist es nicht – zumindest nicht immer. Unser Bauchgefühl schützt uns zwar davor, schlecht gelaunten Raubtieren in der Nase zu bohren. Aber es sagt uns auch, dass Alkohol Spaß macht und daher völlig ungefährlich ist, dass die Jugend immer dümmer und respektloser wird und dass beim Roulette ganz sicher Rot kommen muss, wenn fünfmal hintereinander Schwarz an der Reihe war. Manchmal ist unser Bauchgefühl ein ziemlicher Trottel.

Unsere Welt sieht heute ganz anders aus als zur Zeit unserer prähistorischen Vorfahren. Wir leben nicht mehr in überschaubaren Gruppen, wir sind eine weltweit vernetzte Gemeinschaft geworden. Wir fürchten uns nicht mehr vor Raubtieren, sondern vor abstrakten negativen Zahlen auf unserem Bankkonto. Wir forschen nicht mehr an den besten Methoden, ein Feuer zu entfachen, sondern an den kleinsten Bausteinen der Materie, an den molekularbiologischen Eigenschaften unseres Körpers und an den größten Strukturen des Kosmos.

Wir stellen heute Fragen, auf die unsere Vorfahren nicht in ihren verrücktesten Träumen gekommen wären. Unsere Gene, unsere angeborenen Fähigkeiten und unser Bauchgefühl wurden aber an die Welt unserer prähistorischen Vorfahren angepasst. Wir haben gerade erst ein paar Jahrtausende Kulturgeschichte hinter uns – auf einer evolutionsbiologischen Zeitskala ist das lächerlich wenig. Wir dürfen uns daher nicht wundern, dass unser Bauchgefühl für eine atemberaubend komplexe Welt, die wir uns mithilfe von Kultur, Technik und Wissenschaft gestaltet haben, nicht mehr ausreicht.

Das ist nicht schlimm. Wir Menschen finden immer wieder Strategien, über unsere natürlich angeborenen Möglichkeiten hinauszuwachsen. Wir können mit bloßen Händen keine Armbanduhr reparieren, wir können nicht einfach mit dem ausgestreckten Zeigefinger eine Knieoperation durchführen, und durch Hautkontakt auszuprobieren, ob ein Stück Draht an den Stromkreis angeschlossen wurde, ist auch keine gute Idee. Deshalb haben wir für solche Aufgaben nützliche Werkzeuge entwickelt.

Dasselbe gilt für unser Bauchgefühl. Es ist völlig ungeeignet, um die Wirksamkeit eines Medikaments zu beurteilen. Dafür gibt es andere Methoden, zum Beispiel klinische Studien. Das Bauchgefühl hilft uns nicht, die Geheimnisse des Universums zu verstehen, dafür brauchen wir Teleskope und mathematische Formeln. Ob es am Nachmittag regnen wird, können wir manchmal vielleicht intuitiv vorhersagen. Aber meteorologische Simulationsrechnungen haben trotzdem eine höhere Trefferquote.

In vielen Situationen brauchen wir ein höheres Maß an Zuverlässigkeit, als das Bauchgefühl uns bieten kann. Und genau dafür haben wir die Wissenschaft entwickelt. So wie die Arbeit unserer Finger präziser wird, wenn wir Pinzetten verwenden, wird unsere geistige Arbeit präziser, wenn wir uns die Wissenschaft zunutze machen.

Wie Einstein Raum und Zeit verbog

Manchmal bringt uns die Wissenschaft sogar auf Gedanken, die unserem Bauchgefühl ziemlich heftig widersprechen. Ein besonders schönes Beispiel dafür ist Albert Einsteins allgemeine Relativitätstheorie.

Einstein beschäftigte sich mit einem der ältesten physikalischen Rätsel überhaupt – mit der Schwerkraft. Eigentlich haben wir dafür ein ziemlich gutes Bauchgefühl entwickelt: Wenn ich einen Kirschkern aus dem Fenster spucke, dann fliegt er in parabelförmigem Bogen durch die Luft und bewegt sich am Ende mit großer Zuverlässigkeit nach unten, Richtung Erdmittelpunkt. Und wer unten davon getroffen wird, weiß sofort ganz intuitiv: Dieses Ding muss von oben gekommen sein.

Einsteins Gedanken über die Schwerkraft waren allerdings deutlich komplizierter. Er arbeitete an einer völlig neuen Theorie von Raum und Zeit. Im Jahr 1905 hatte er bereits gezeigt, dass Raum und Zeit zusammengehören. Man kann sie streng genommen gar nicht getrennt voneinander betrachten, sie bilden gemeinsam eine vierdimensionale Raumzeit. Schon dieser Gedanke ist etwas, womit unser Bauchgefühl niemals zurechtkommt: Für uns sind Raum und Zeit zwei völlig unterschiedliche Dinge. Aber Einsteins Ideen wurden noch viel seltsamer: Diese Raumzeit ist nämlich noch dazu verbogen. Ein fliegender Kirschkern weit draußen im leeren Weltraum bewegt sich entlang einer geraden Linie. Aber hier auf der Erde, wo die Masse des gesamten Planeten Raum und Zeit verbiegt, muss der Kirschkern einer gekrümmten Bahn folgen.

Anschaulich vorstellen kann man sich eine solche „verbogene Raumzeit" leider nicht. Niemand kann das. Auch Albert Einstein selbst konnte das nicht. Unser menschlicher Verstand ist für die Relativitätstheorie nicht geschaffen. Aber das macht nichts, denn die Relativitätstheorie ist in der Sprache der Mathematik geschrieben, und mathematischen Regeln kann man auch gehorchen, ohne sich darunter etwas vorstellen zu können.

Allerdings ist die Mathematik, die man zum Bezwingen der allgemeinen Relativitätstheorie benötigt, schrecklich kompliziert. Jahrelang quälte sich Albert Einstein damit herum, oft genug hatte ihn seine Arbeit an den Rand der Verzweiflung getrieben, weil er die entscheidende Formel für die Gravitation und die Krümmung der Raumzeit nicht finden konnte. Doch im Lauf der Zeit verstand Einstein immer besser, welche Eigenschaften eine solche Formel haben muss – und im Herbst 1915 hatte er das Gefühl, ganz knapp vor dem Durchbruch zu stehen.

In diesen Tagen arbeitete aber nicht nur Albert Einstein angestrengt daran, das große Rätsel der Relativitätstheorie zu lösen. David Hilbert, damals der berühmteste Mathematiker der Welt, beschäftigte sich zur gleichen Zeit mit genau demselben Problem. Im Sommer 1915 war Einstein zu Hilbert nach Göttingen gefahren, um vom aktuellen Stand der Forschung zu berichten. Beide Wissenschaftler waren beeindruckt von den Ideen des jeweils anderen. Einstein wurde klar, dass er sich wohl beeilen müsse, um seine allgemeine Relativitätstheorie präsentieren zu können, bevor es Hilbert gelang.

Um seine Ideen gründlich durchzudenken, fehlte Einstein die Zeit. Im November veröffentlichte er eine erste Version seiner Theorie, doch sie enthielt noch entscheidende Fehler. Hilbert lud Einstein ein, noch einmal zu ihm nach Göttingen zu kommen, er hätte gerne seine eigenen Gedanken dazu präsentiert – doch Einstein lehnte ab. Er habe Magenschmerzen, behauptete er, und blieb zu Hause in Berlin. In Wirklichkeit arbeitete er fieberhaft weiter an seinen Formeln.

Die Antwort ist – dreiundvierzig

Und plötzlich war es so weit. Eines Tages war es da, das Ergebnis, nach dem Einstein so lange gesucht hatte: dreiundvierzig. Um dreiundvierzig Bogensekunden verschiebt sich die Bahn des Merkurs pro Jahrhundert. Der Planet bewegt sich entlang einer Ellipse um die Sonne, aber die lange Achse dieser Ellipse wandert langsam um die Sonne herum, wie ein träger kosmischer Uhrzeiger – ein merkwürdiger Effekt, den Astronomen zwar schon lange beobachtet hatten, den aber bisher niemand erklären konnte. Mit Einsteins neuen Formeln ließ sich diese seltsame Unregelmäßigkeit der Merkurbahn zum ersten Mal berechnen. Und sein Ergebnis stimmte mit den Beobachtungen bestens überein.

Am 25. November 1915 veröffentlichte Albert Einstein die entscheidenden Formeln der allgemeinen Relativitätstheorie, die heute als „Einstein'sche Feldgleichungen" weltberühmt sind. David Hilbert kam wenig später auf dasselbe Ergebnis – doch Einstein war schneller gewesen.

War Einsteins verrückte, bauchgefühlzerrüttende neue Theorie bewiesen, bestätigt und allgemein anerkannt? Natürlich nicht. Wer so haarsträubende Thesen aufstellt wie die von der gravitationsverbogenen vierdimensionalen Raumzeit, muss

überzeugende Beweise vorlegen. Die Verschiebung der Merkur-
bahn zu berechnen ist ein Erfolg, genügt aber nicht.

Bald gab es aber eine interessante Möglichkeit, die Relativitätstheorie zu testen: Wenn wir einen Stern am Himmel sehen,
dann bewegt sich sein Licht auf schnurgerader Bahn zu uns, bis es
in unser Auge gelangt. Doch wenn sich knapp neben dieser geraden
Linie etwas Großes, Schweres befindet, zum Beispiel unsere Sonne,
dann sieht die Sache anders aus. Wenn die allgemeine Relativitätstheorie stimmt, dann wird durch die Sonne der Raum gekrümmt
und der Lichtstrahl ein kleines bisschen verbogen. Das bedeutet,
dass sich ein Stern, den wir am Himmel knapp neben der Sonne
sehen, in Wirklichkeit in einer geringfügig anderen Richtung
befindet, als es für uns den Anschein hat. Sternenkonstellatio-
nen, die sich knapp neben der Sonne befinden, sollten daher ein
bisschen verbogen aussehen, verglichen mit dem unverbogenen
Bild, das wir in der Nacht sehen können.

Das ist zwar eine schöne, einleuchtende, klare Vorhersage, aber
es ist ziemlich schwierig, sie im Experiment präzise zu überprüfen.
Tagsüber sind die Sterne kaum zu sehen. Die exakte Position von
Sternen zu vermessen, die sich knapp neben der Sonnenscheibe
befinden, ist genauso hoffnungslos, wie das schüchterne Fiepen
einer Maus zu hören, während der Lärm eines Presslufthammers
alles übertönt.

Doch durch einen erstaunlichen, glücklichen Umstand ließ
sich dieses Problem lösen: Zufällig leben wir nämlich auf einem
der ganz wenigen Planeten, auf dem eine totale Sonnenfinsternis
möglich ist. Der Mond hat aus purem Zufall exakt die richtige
Größe, um die Sonne vollständig zu verdecken, den Blick auf die
Sterne knapp daneben aber freizulassen. Sollten physikinteressierte
Außerirdische ebenfalls eine allgemeine Relativitätstheorie aufgestellt haben, grübeln sie vielleicht noch heute, wie sich Sternen-
lichtverbiegungen auf elegante Weise messen lassen. Auf der Erde
musste man nur auf eine totale Sonnenfinsternis warten.

Und die kam im Jahr 1919. Der britische Astronom Arthur Stanley Eddington beschloss, der Sache mit den gekrümmten Lichtstrahlen auf den Grund zu gehen. Zwei Expeditionen wurden gestartet. Eddington selbst reiste zur Insel Principe im Golf von Guinea, ein anderes Team machte sich auf den Weg nach Brasilien. Am Tag der Sonnenfinsternis, als der Mond seinen Schatten um die halbe Erde, quer über Südamerika bis nach Afrika zog, fotografierte man sorgfältig die mondverdeckte Sonnenscheibe und die Sterne, deren Licht von der Sonne verbogen wurde. Die Genauigkeit dieser Messungen war beschränkt, doch nach sorgfältigen Analysen und Auswertungen verkündete Arthur Eddington ein positives Ergebnis: Die Sternbilder seien tatsächlich verzerrt, Einsteins allgemeine Relativitätstheorie war bestätigt.

Es war ein Triumph, wie er in der Wissenschaft nur selten vorkommt. Auf der ganzen Welt wurde davon berichtet: „Die Lichter am Himmel sind alle verschoben!" titelte die *New York Times* am 10. November 1919. Von diesem Tag an war Einstein nicht mehr bloß ein großer Theoretiker, er wurde zum ersten Popstar der Wissenschaftsgeschichte.

Aus der Geschichte von der allgemeinen Relativitätstheorie kann man viel darüber lernen, wie Wissenschaft funktioniert: Zunächst muss jede neue naturwissenschaftliche Theorie zu den Ergebnissen passen, die bereits bekannt sind. Aber das genügt nicht. Sie muss darüber hinaus auch neue Aussagen über die Natur liefern, die man dann durch gezielte Beobachtung überprüfen kann. Wenn sich die Theorie immer wieder als nützlich erweist und die Ergebnisse von Messungen richtig vorhersagt, dann ist es klug, an sie zu glauben – selbst wenn sie seltsam klingt.

Außerdem lernen wir daraus, dass in der Wissenschaft nicht immer alles perfekt laufen muss: Auch die klügsten Menschen der Welt sind manchmal verzweifelt, weil die Mathematik zu kompliziert ist, veröffentlichen Ergebnisse, die sich später als falsch herausstellen, oder schwindeln ein bisschen, weil sie schneller ans Ziel kommen wollen als die Konkurrenz. Das sollten sie nicht – aber entscheidend ist, dass am Ende das Richtige herauskommt.

Die Geschichte von der allgemeinen Relativitätstheorie zeigt uns auch, dass man mit bloßer Intuition und Bauchgefühl in der Wissenschaft nicht weit kommt. Unser bauchgefühlter Alltagsverstand versagt jämmerlich, wenn es um komplizierte Physik geht. Was die Relativitätstheorie behauptet, erscheint auf den ersten Blick völlig verrückt: Raum und Zeit können sich verbiegen, und Lichtstrahlen, die sich durch das leere Nichts des Weltalls bewegen, werden plötzlich gekrümmt? Das klingt fast wie die Behauptung eines esoterischen Wunderheilers, der sich das falsche Räucherstäbchen angezündet hat. Sollen wir das tatsächlich glauben?

Ja, das sollten wir. Wissenschaftliche Wahrheiten hängen nicht davon ab, ob sie uns gefallen oder nicht. Niemand sagt, dass wissenschaftliche Theorien zu unserer Intuition passen müssen. Fakten sind Fakten. Die Schwerkraft ist kein Bauchgefühl.

Der Dunning-Kruger-Effekt

Wir müssen lernen, wo wir uns auf unser Bauchgefühl verlassen können und wo nicht. Aber können wir ein verlässliches Bauchgefühl für die Verlässlichkeit des Bauchgefühls entwickeln? Die Sache ist kompliziert. Leider fällt es uns ziemlich schwer, uns selbst richtig einzuschätzen.

Wenn man die gesamte Bevölkerung nach Intelligenz reihen würde – wo würden wir uns selbst einordnen? Im obersten Drittel? Bei den besten drei Prozent? Wie sieht es mit anderen Qualitäten aus – zum Beispiel mit unserem Sinn für Humor? Oder mit der Fähigkeit, zuverlässige Nachrichten von frei erfundenem Unsinn zu unterscheiden? Fast jeder ist davon überzeugt, das besser zu können als die meisten anderen. Aber wenn sich neunzig Prozent zu den besten zehn Prozent zählen, dann muss irgendetwas falsch sein. Um das zu erkennen, muss man gar nicht zu den neunzig Prozent zählen, die zu den besten zehn Prozent im Prozentrechnen gehören.

Offensichtlich überschätzen wir oft unsere eigenen Fähigkeiten, wenn wir uns mit anderen vergleichen. Diesem Phänomen liegt der „Dunning-Kruger-Effekt" zugrunde, benannt nach den Psychologen Justin Kruger und David Dunning, die ihre Experimente zu diesem Phänomen im Jahr 1999 veröffentlichten.

Dunning und Kruger legten ihren Versuchspersonen unterschiedliche Aufgaben vor, etwa Logik- oder Grammatiktests. Danach wurden die Probanden befragt, wie gut sie ihre eigene Leistung im Vergleich zur Leistung anderer Leute einschätzen würden. Erstaunlicherweise lagen viele von ihnen ziemlich weit daneben. Sogar unter den Versuchspersonen, die in Wahrheit zum schlechtesten Viertel gehörten, hielten sich viele für eher gut. Die Leute, die zum besten Viertel zählten, schätzten die eigene Leistung auch als gut ein, sie waren in Wirklichkeit aber sogar noch deutlich besser, als sie dachten.

Im nächsten Schritt ließ man die Versuchspersonen dann die Antworten anderer Leute bewerten. Je besser sie selbst beim Test abgeschnitten hatten, umso eher gelang es ihnen auch, die Qualität fremder Leistungen richtig einzuschätzen. Das ist nicht überraschend. Wer kaum lesen kann, ist mit Sicherheit kein guter Literaturkritiker, und wer Angst vor mehr als zweistelligen Zahlen hat, sollte nicht unbedingt als Rechnungsprüfer arbeiten.

Interessant ist allerdings, welche Schlüsse die Versuchspersonen daraus in Bezug auf ihre eigene Leistung zogen. Nachdem sie die Antworten anderer Leute gesehen hatten, wurden sie ein weiteres Mal gebeten, ihre eigene Leistung einzuschätzen. Die besonders guten Testpersonen hatten nun erkannt, dass die meisten anderen schlechter abgeschnitten hatten als sie selbst, und korrigierten ihre Einschätzung der eigenen Leistung nach oben. Die unbegabteren Testpersonen hingegen konnten aus den fremden Ergebnissen überhaupt keine zusätzliche Information gewinnen. Sie schätzten sich selbst danach noch immer viel zu positiv ein.

Genau das ist der „Dunning-Kruger-Effekt": Um korrekt beurteilen zu können, ob man etwas gut kann, muss man es gut können. Die Fähigkeiten, die man braucht, um Leistungen einzuschätzen, sind dieselben Fähigkeiten, die man auch benötigt, um diese Leistungen selbst zu vollbringen. Wer das eine nicht kann, wird meist auch am anderen scheitern. Gerade den ahnungslosesten, unfähigsten und inkompetentesten Leuten fällt es daher ganz besonders schwer, die eigene Ahnungslosigkeit zu erkennen.

Wenn man jemandem klarmachen möchte, was er nicht kann, muss man dafür sorgen, dass er es lernt. Dunning und Kruger gaben Personen, die beim Logiktest schlecht abgeschnitten hatten, Logiknachhilfe. Damit verbesserten sich die Antworten, doch die Einschätzung der eigenen Leistung verschlechterte sich. Wenn man dazulernt, kann man auch die eigenen Schwächen besser wahrnehmen.

Diese bittere Erfahrung haben wir wohl alle schon einmal gemacht – auf ganz unterschiedlichen Gebieten. Man kauft sich eine Gitarre und würgt die ersten verkrampften Akkorde aus ihr heraus. Die Begeisterung ist groß, und man zweifelt nicht daran: Der Aufstieg zum gefeierten Weltstar ist sicher nur noch eine Frage der Zeit. Doch dann übt man weiter, schult das eigene Gehör, bekommt ein Gefühl für die Feinheiten des Instruments und erkennt: Was die wahren Profis zustande bringen, ist doch noch einmal etwas völlig anderes. Die eigene Leistung wird zwar kontinuierlich besser, aber die Zufriedenheit mit dem Resultat nimmt eher ab.

Dasselbe lässt sich auch im Bereich der Wissenschaft beobachten: Begeisterte Hobbyforscher finden ein Buch über die Relativitätstheorie und sind plötzlich überzeugt davon, Albert Einstein widerlegen zu können. Hoffnungsvolle Esoteriker lassen sich im Wochenendseminar zum Teilzeitwunderheiler ausbilden und glauben dann, der wissenschaftlichen Medizin widersprechen zu können. Enthusiastische Garagenbastler schrauben an einem elektrischen Generator herum und sind zuversichtlich, ihn mit ein bisschen Schmieröl und technischem Geschick in ein Perpetuum mobile umbauen zu können. Wenn ein paar Naturgesetze etwas dagegen haben, dann muss man sich eben neue suchen!

Sie alle sind Opfer des Dunning-Kruger-Effekts. Ihnen fehlt das nötige Wissen über wissenschaftliche Fakten, um einzusehen, dass sie über wissenschaftliche Fakten sehr wenig wissen. Im besten Fall lernen sie dazu und sehen irgendwann ein, dass man als Einzelperson nicht so einfach die gesamte Wissenschaft zerschlagen kann. Im schlechtesten Fall bleiben sie dauerhaft im Stadium der Selbstüberschätzung stecken – dann verbringen sie ein selbstbewusstes, aber wissenschaftlich höchst unproduktives Leben als Esoteriker.

Mit Wissenschaft lässt es sich besser streiten

Aber ist es überhaupt ein echtes Problem, wenn es ein paar seltsame Leute gibt, die zwischen Wissenschaft und Bauchgefühl nicht unterscheiden können – oder gar nicht unterscheiden wollen? Für die Wissenschaft ist es doch völlig egal, ob sich irgendjemand seine eigenen alternativen Fakten zusammenträumt oder nicht. Wissenschaft ist das, was stimmt, auch wenn man nicht daran glaubt. Wenn sich manche Menschen unbedingt einreden möchten, dass die Erde eine Scheibe ist, dass man durch feinstoffliche Auramassage wieder gesund wird oder dass die Erde vor sechstausend Jahren erschaffen wurde – sollten wir sie dann nicht einfach lächelnd ignorieren? Schaden diese Leute nicht ohnehin nur sich selbst?

Ganz so einfach ist es leider nicht. Das friedliche Zusammenleben der Menschheit kann nur gelingen, wenn wir uns alle an gewisse logisch-rationale Grundregeln halten. Wenn wir gemeinsam Probleme lösen wollen, dann müssen wir uns zuallererst darüber einig sein, welche Sorte von Argumenten überhaupt zulässig ist.

Bei jedem Spiel muss man die Regeln festlegen, bevor man beginnt. Wer beim Tennis seinen Gegner mit drohend erhobenem Schläger dazu zwingt, den Ball aufzuessen, bekommt dafür keine Punkte. Eine solche Aktion mag zwar kurzfristig wie ein Erfolg aussehen, aber sie gehört nicht zu den Verhaltensweisen, die in diesem Sport allgemein anerkannt werden.

In einer demokratischen Diskussion ist es ähnlich. Wir müssen erlaubte, konstruktive Beiträge und sinnloses, destruktives Verhalten auseinanderhalten. Wenn wir darüber diskutieren, ob in der Landwirtschaft bestimmte Pestizide verboten werden sollen, dann sind biochemische Analysen und ökologische Studien zulässige Argumente. Wenn uns hingegen jemand erzählt, er habe die letztgültige Wahrheit telepathisch von einem intergalaktischen Grottenolm aus einer fremden Dimension übermittelt bekommen, werden wir das eher nicht als akzeptablen Diskussionsbeitrag gelten lassen.

Genau auf dieses Problem stoßen wir ziemlich oft: Wir bekommen Scheinargumente präsentiert, die in einer sinnvollen Debatte eigentlich gar nicht als Argument zählen dürften: „Das muss man verbieten, denn das gehört sich einfach nicht!", sagen die einen. „Das steht aber so in meinem heiligen Buch", entgegnen die anderen. Der eine versucht Wählerstimmen zu gewinnen, indem er ohne echten Grund Angst verbreitet, der andere ignoriert die Wirklichkeit und wirft bei der Wahlkampfrede dem Publikum frei erfundene Zahlen entgegen. Der eine sieht die Moral auf seiner Seite, weil er im intensiven Gebet erleuchtet wurde, der andere behauptet, zu einem Herrenvolk zu gehören, mit dem naturgegebenen Anrecht auf die Weltherrschaft. Alle haben ein sehr ausgeprägtes Gefühl, recht zu haben – aber das dürfen wir nicht gelten lassen.

Manche Meinungen sind fundiert und durch überprüfbare Fakten belegbar, manche Meinungen sind bloß ein vages Gefühl und manche Meinungen sind nichts als faktenverachtender Unsinn. Demokratie kann nur funktionieren, wenn wir zwischen diesen Kategorien unterscheiden. Dafür brauchen wir die Wissenschaft.

Wissenschaft bedeutet nicht, selbstbewusst zu verkünden, was andere glauben müssen. Nichts hält uns bei der Suche nach der Wahrheit so sehr auf wie die voreilige Überzeugung, man sei schon am Ziel. Wir müssen erkennen, was wir alles noch nicht erkannt haben. Wir müssen lernen, dass wir noch vieles lernen müssen. Erst dann können wir uns auf die Suche nach wissenschaftlichen Wahrheiten machen, die für uns alle gelten – unabhängig davon, auf welchem Kontinent oder in welchem Jahrhundert wir geboren wurden. Wissenschaft ist die Suche nach dem, worauf wir uns gemeinsam verlassen können.

EINS PLUS EINS IST ZWEI

Warum es Wahrheiten gibt, denen niemand widersprechen kann, wie man unendlich viele Gäste in ein voll belegtes Hotel bringt und wie ein Wunderkind aus Indien auf verblüffende Formeln kam: die bemerkenswerte Macht der Logik.

Der englische Naturforscher William Buckland war dafür bekannt, alles zu kosten. Eines Tages zeigte man ihm in einer Kirche einen wundersamen Blutfleck: Ein Heiliger war dort gestorben, und seither erneuerte sich der nasse Fleck jede Nacht. Buckland kniete sich hin, leckte an der feuchten Stelle und meinte: „Das ist kein Blut, das ist nur Fledermaus-Urin." Ja, William Buckland kostete tatsächlich alles.

Wenn wir Naturwissenschaft betreiben wollen, sind wir auf unsere Sinneseindrücke angewiesen. Das ist nicht immer schön, aber nur durch sorgfältiges Beobachten lernen wir etwas über die Welt. Leider ergeben sich dadurch oft Meinungsverschiedenheiten: Was für den einen aussieht wie heiliges Blut, wirkt auf den unerschrockenen Geschmacksexperten völlig anders.

Es gibt nur eine einzige Wissenschaft, in der man solche Schwierigkeiten umgehen kann: die Mathematik. In allen anderen Wissenschaften geht es darum, in unserem Kopf ein vereinfachtes Abbild der Welt zu erschaffen. Die Mathematik ist auf die Welt nicht angewiesen. Sie kann ganz für sich allein wertvoll und wahr sein, ganz unabhängig davon, ob diese Wahrheiten mit irgendetwas Beobachtbarem in Verbindung stehen.

In der Mathematik führt man keine Messungen durch, bei denen sich ein Messfehler ergeben könnte. Man denkt sich keine Experimente aus, deren Ergebnis man mühsam interpretieren muss. Man plant keine Expeditionen in der Hoffnung, Augenzeuge neuer mathematischer Phänomene zu werden. Die Mathematik beschreibt nicht das, was der Fall ist. Sie beschäftigt sich damit, was der Fall sein kann und was der Fall sein muss.

Genau dadurch erreicht die Mathematik den höchsten Grad an Zuverlässigkeit, den es überhaupt gibt. Was mathematisch bewiesen ist, das stimmt. An der Mathematik ist nicht zu rütteln. Wenn wir herausfinden möchten, worauf wir uns wirklich verlassen können, dann müssen wir bei der Mathematik beginnen, bei der Mutter des wissenschaftlichen Argumentierens.

Das, was anders nicht gedacht werden kann

Natürlich gibt es auch in anderen Wissenschaften Erkenntnisse, die als absolut zuverlässig gelten. Was man aus dem Fenster wirft, wird von der Schwerkraft nach unten gezogen. Sauerstoff ist für Säugetiere unverzichtbar. Heizöl ist als Hundenahrung ungeeignet. Solche Aussagen können wir nicht ernsthaft anzweifeln. Und wenn doch, dann sollten wir uns zumindest nicht darüber wundern, wenn uns der Nachbar nicht erlaubt, auf seinen Hund aufzupassen.

Doch nur in der Mathematik können wir völlige logische Klarheit erwarten. Wenn zwei Leute zu widersprüchlichen Ergebnissen kommen, dann ist irgendetwas falsch. Wenn drei plus acht zwölf ist, dann kann drei plus acht nicht sechzehn sein. Eventuell ist sogar mehr als nur ein Fehler passiert.

Wir irren uns, wir verrechnen uns, wir stolpern über unsere eigenen Gedanken. Aber unser Denken lässt sich von den Gesetzen der Logik nicht lösen: Wenn ich jeden zweiten Tag die Blumen gießen muss und gestern die Blumen nicht gegossen habe, dann muss ich heute die Blumen gießen. Das ist logisch. Daran zu zweifeln ist gar nicht möglich, es gelingt uns nicht, diesen Zusammenhang anders zu denken.

Ich kann selbstverständlich die Annahmen hinterfragen, die hier getroffen wurden: Ich kann daran zweifeln, dass die Blumen jeden zweiten Tag gegossen werden müssen, ich kann vergessen haben, ob ich sie gestern gegossen habe, oder ich kann vielleicht in einem Anfall gröberer Geistesverwirrung völlig abstreiten, dass es Blumen überhaupt gibt. Doch wenn ich die Voraussetzungen als wahr akzeptiere, dann folgt daraus zwingend, dass die Blumen heute gegossen werden müssen – mit mathematischer Unanfechtbarkeit. Dagegen kann sich niemand wehren, wir können gar nicht zu einem anderen Schluss kommen.

Das ist bemerkenswert, denn in allen anderen Wissenschaften ist das anders. Wir schaffen es, uns eine Welt ohne Schwerkraft vorzustellen. Problemlos können wir darüber nachdenken, wie unangenehm der Alltag wohl wäre, wenn man sich ständig mit Haken am Boden verankern müsste, um nicht versehentlich ins leere Weltall davonzudriften. Wir können auch über ein Universum nachdenken, das ausschließlich aus negativ geladenen Teilchen besteht, die einander abstoßen. Unser gesamter Kosmos wäre bloß eine explodierende Wolke aus Einzelteilchen, die unaufhaltsam voneinander fortgetrieben werden, ohne jemals etwas Interessantes wie ein Molekül, einen Blumentopf oder einen Planeten hervorzubringen. Im Gegensatz dazu können wir uns aber kein Universum vorstellen, in dem zwei plus drei sieben ist, in dem jedes Dreieck vier Ecken hat oder in dem x genau dann größer als y ist, wenn y größer ist als x.

Wenn etwas mit sich selbst in Widersprüche gerät und logisch nicht erlaubt ist, dann ist es nicht nur in unserem Universum unmöglich, es kann nicht einmal in unserem Denken Gestalt annehmen. Man könnte das sogar als Definition der Mathematik betrachten: Mathematik untersucht, was sich alles denken lässt. Nicht alles, was die Mathematik als möglich erweist, ist in unserer Welt auch tatsächlich der Fall. Doch was der Mathematik widerspricht, kann nicht wahr sein. Die Mathematik ist die Wissenschaft des Denkmöglichen.

Axiome: Wo das richtige Denken beginnt

Das macht die Mathematik zu einer wunderbar menschheitsverbindenden Sache: Es spielt keine Rolle, aus welchem Kulturkreis wir kommen. Es ist egal, welche politischen Ansichten wir haben, welche Sprache wir sprechen oder welche Schriftzeichen wir benutzen. Über mathematische Aussagen können wir uns einigen. Und aus jeder mathematischen Aussage lassen sich nach den Gesetzen der Mathematik wieder andere mathematische Aussagen ableiten, über die wir uns dann ebenso einig sind. An verlässliche Wahrheiten können wir immer weitere verlässliche Wahrheiten anbinden, und so knüpfen wir Schritt für Schritt ein großes Netz an Wahrheiten, an denen niemand zweifeln kann.

Wenn wir das tun, müssen wir allerdings auch fragen: Woran ist das ganze Netz eigentlich befestigt? Welche Wahrheiten stehen ganz am Anfang? Gibt es Grundwahrheiten, auf die sich alles andere logisch zurückführen lässt? Kinder lernen das oft schon im Alter von zwei oder drei Jahren: Man kann immer „Warum?" fragen und für die Begründung dann wieder eine Begründung fordern: Warum darf der Hamster nicht mit in die Badewanne? Warum kann er ertrinken? Warum ist es schlimm, wenn sich die Hamsterlunge mit Wasser füllt? Warum braucht der Hamster Sauerstoff? Irgendwann muss diese Fragenkette enden, irgendwann geben selbst die geduldigsten

Eltern auf und sagen: Das musst du mir jetzt einfach glauben, das ist einfach so.

In der Wissenschaft ist das ähnlich. Wir führen unsere Erkenntnisse auf Grundannahmen zurück, die sich irgendwann nicht weiter begründen lassen – oft nennt man sie „Axiome". Ein gutes Axiom ist so klar und einfach, dass es jeder als Wahrheit akzeptieren wird. Wenn niemand mehr das Bedürfnis verspürt, „Warum?" zu fragen, weil man bei etwas offensichtlich Wahrem angekommen ist, dann hat man ein solides Fundament gefunden, auf dem man weitere Argumente aufbauen kann.

Solche Axiome, solche verlässlichen Grundwahrheiten, spielen in der Mathematik eine besonders wichtige Rolle. Eines der bedeutendsten Werke der gesamten Wissenschaftsgeschichte schrieb der griechische Mathematiker Euklid um das Jahr 300 v. Chr. – die *Elemente*. Euklid wollte das damalige Wissen über Geometrie und Zahlenkunde in eine schlüssige, logische Form bringen. Seither haben sich fast alle Aspekte des menschlichen Lebens verändert. Über Politik, über Moral oder über den Aufbau des Universums denken wir heute völlig anders als die Menschen zu Euklids Zeiten. Aber die Wahrheiten über Punkte, Linien, Kreise oder Dreiecke, die Euklid in den *Elementen* zusammenfasste, gelten heute noch genauso wie damals. Sie sind unveränderlich wahr – auch wenn andere Leute seither noch auf andere, kompliziertere Wahrheiten gestoßen sind.

So wie man beim Hausbauen damit beginnt, ein solides Fundament zu errichten, fängt Euklid in seinen *Elementen* zunächst mit den wichtigen Definitionen und Axiomen an: Eine Linie ist eine Länge ohne Breite. Alle rechten Winkel sind gleich groß. Von jedem Punkt kann man zu jedem anderen Punkt eine Linie ziehen. Das erscheint alles so klar, dass es keine weitere Begründung benötigt. Und diese fundamentalen Grundsätze benutzt Euklid dann, um Schritt für Schritt eine Geometrie zu entwickeln: Er erklärt, wie man ein gleichseitiges Dreieck konstruiert. Er beschreibt, wie man Winkel oder Strecken halbiert. Er beweist, dass in jedem Dreieck die längste Seite dem größten Winkel gegenüberliegt.

So schrieb Euklid ein Werk mit fast poetischem Zauber. Die Reihenfolge der Beweise ist klug durchdacht, sodass Euklid in jedem Schritt ausschließlich auf Erkenntnisse zurückgreift, die er vorher schon präsentiert hat. Wie man beim Hausbauen eine Ziegelreihe auf die andere schichtet, fügt Euklid Satz auf Satz, bis eine kunstvolle Struktur aus unbestreitbaren mathematischen Wahrheiten entsteht.

Die allerersten Aussagen erscheinen vielleicht simpel und nicht besonders nützlich. Die banale Feststellung, dass man zwei Punkte mit einer Linie verbinden kann, gibt uns noch nicht das Gefühl, wirklich etwas Neues gelernt zu haben. Doch mit wenigen Schritten gelingt es Euklid, solche einfachen Grundwahrheiten zu wichtigen Lehrsätzen zusammenzufügen, die wir aus der Schule kennen, etwa den Satz des Pythagoras. Bis in die Neuzeit blieben Euklids *Elemente* das wichtigste und meistverbreitete wissenschaftliche Lehrbuch der Welt.

Von null bis unendlich

Wenn die Methode des logischen Schließens auf der Basis von unbezweifelbaren Axiomen in der Geometrie so gut funktioniert, dann ist es doch verlockend, dasselbe auch anderswo auszuprobieren. Genau das versuchte der italienische Mathematiker Giuseppe Peano. Er suchte nach einer soliden, logischen Basis für die Theorie der natürlichen Zahlen. Das klingt zunächst vielleicht seltsam – wozu brauchen die natürlichen Zahlen überhaupt eine Theorie? Sind die nicht einfach da? Sind die nicht völlig selbstverständlich?

Schon als kleine Kinder haben wir begriffen, wie die natürlichen Zahlen funktionieren: Vier Teddybären in der Badewanne und vier Schokoflecken auf Omas Sofa sind sehr unterschiedliche Dinge, aber sie haben etwas gemeinsam – es sind jeweils vier. Sie teilen sich die

Eigenschaft der Vierheit. Es gibt Wörter für die Anzahl von etwas. Die Anzahl wovon? Das spielt keine Rolle.

Wenn man das verstanden hat, ist der Rest einfach: Man malt einen Schokofleck aufs Sofa, dann zwei, dann drei. Man kann immer noch einen weiteren Fleck dazumalen. Und wenn der Sofabezug dann aus der Reinigung zurückkommt, hat er null Schokoflecken – mit der Null haben wir ein ganz besonderes Zahlwort, das die Anzahl von gar nichts beschreibt.

Der Umgang mit diesen natürlichen Zahlen ist uns so vertraut, dass wir kaum darüber nachdenken, was die natürlichen Zahlen überhaupt ausmacht. Warum können wir uns auf sie verlassen? Welche Eigenschaft muss ein Gedanke eigentlich haben, damit wir ihn „natürliche Zahl" nennen können? Giuseppe Peano konnte im Jahr 1889 zeigen, dass man mit fünf einfachen Axiomen eine Theorie der natürlichen Zahlen bauen kann. Diese berühmt gewordenen fünf Peano-Axiome gehören zu den klarsten, fundamentalsten Wahrheiten, die man in der Wissenschaft finden kann.

Das erste Axiom legt eigentlich bloß einen Namen fest: „Null ist eine natürliche Zahl." Das zweite Axiom sagt bereits etwas Wichtiges über die Struktur der Zahlen aus: „Jede natürliche Zahl hat eine natürliche Zahl als Nachfolger." Auf diesen Nachfolger kann man dann natürlich gleich dieselbe Regel anwenden, auch diese Zahl muss wieder eine natürliche Zahl als Nachfolger haben. Das bedeutet, dass es eine Kette natürlicher Zahlen gibt, die keinen Endpunkt hat. Aber wie sieht diese Kette aus? Das dritte Axiom sagt: „Null ist nicht der Nachfolger einer natürlichen Zahl." Die Null spielt also eine Sonderrolle: Sie ist der Anfangspunkt der Kette.

Auch mit dem vierten Axiom lernen wir wieder etwas Bedeutendes über die Struktur unserer Zahlenkette dazu: „Natürliche Zahlen mit gleichem Nachfolger sind gleich." Wenn also die Acht nach der Sieben kommt, bedeutet das, dass es keine andere Zahl gibt, nach der die Acht an der Reihe ist. Das ist wichtig, denn sonst könnte es sein, dass nach der Elf wieder die Acht kommt, die Zahlenreihe somit in sich selbst zurückgeführt wird und es außer den Zahlen von null bis elf keine weiteren Zahlen mehr gibt.

Die Zahlenkette darf also keine inneren Kreise oder Verknotungen haben, sie ist eine ordentlich aufgefädelte Reihe, in der eine Zahl auf die andere folgt. Nun wissen wir auch, dass die Kette niemals aufhört – es muss unendlich viele Zahlen geben. Das fünfte und letzte Axiom stellt noch sicher, dass die natürlichen Zahlen die kleinste Menge sind, für die diese Aussagen gelten. Damit wird ausgeschlossen, dass neben den natürlichen Zahlen, wie wir sie kennen, zusätzlich noch weitere natürliche Zahlen herumliegen, die von unserer unendlichen Zahlenkette niemals erreicht werden.

Auf diese Grundsätze können wir uns alle einigen. Und auf dieser Basis lässt sich Schritt für Schritt eine umfangreiche Zahlentheorie definieren – Addition, Multiplikation, Primzahlen. Wenn man von einer kleineren Zahl eine größere abzieht, stößt man auf eine neue Sorte von Zahlen – die negativen Zahlen. Aus ganzen Zahlen kann man Brüche bilden – die rationalen Zahlen. Das gesamte Gedankengebäude der Mathematik ist auf Basis der natürlichen Zahlen aufgebaut. Oder umgekehrt betrachtet: Die gesamte Mathematik lässt sich, wenn man ausreichend oft „Warum?" fragt, am Ende auf die natürlichen Zahlen zurückführen, so wie man von jedem winzigen Zweig eines großen Baumes Schritt für Schritt zum Stamm gelangen kann.

Auf den ersten Blick kann man das für wissenschaftliche Liebhaberei halten, für ein hübsches, aber relativ nutzloses Spiel. Wenn wir an unserer Steuererklärung herumrechnen oder wenn wir herausfinden möchten, wie viele Fliesen wir für die Badezimmersanierung kaufen müssen, dann brauchen wir keine Axiome. Wenn wir auf dem Konto ein Minus vorfinden, ist uns ziemlich egal, wie diese seltsame negative Zahl zu Peanos Regeln passt. In all diesen Fällen befinden wir uns in dem Bereich der Mathematik, für den die meisten Leute ein ziemlich gutes Bauchgefühl haben. Und in solchen

Situationen kommen wir auch ohne die logische Strenge eines klar definierten Axiomensystems zurecht.

Es gibt aber auch komplizierte Gebiete der Mathematik, in denen wir uns mit logischen Rechenregeln gewissenhaft von einer Wahrheit zur nächsten weiterarbeiten müssen, um von einer Wahrheit zur nächsten zu gelangen. Es ist so ähnlich wie beim Klettern im Gebirge: So lange die Sonne scheint, kann man ziemlich frei und unbekümmert mit Blick zum Gipfel einen Schritt nach dem anderen machen. Wenn wir uns aber in Gebiete wagen, wo uns der Nebel die freie Sicht verdeckt, dann wird es gefährlich. Dann müssen wir uns an etwas Zuverlässigem festhalten. Glück haben wir, wenn es eine Leiter gibt, die uns nach oben führt. Die Regeln einer Leiter sind einfach und klar: Wenn man die unterste Sprosse findet und weiß, wie man von einer Sprosse zur nächsten gelangt, ist es nur eine Frage der Zeit, bis man ans Ziel kommt.

Leute wie Peano zeigten: Die mathematische Logik dient nicht nur dazu, Zahlen auszurechnen und neue mathematische Wahrheiten zu finden, wir können sie auch verwenden, um die Regeln unseres Denkens genauer unter die Lupe zu nehmen. Dadurch ergaben sich für die Mathematik spannende neue Aufgaben.

Der Ärger mit der Unendlichkeit

In dieser Aufbruchsstimmung fand im Jahr 1900 der internationale Mathematiker-Kongress in Paris statt. Aus Göttingen, damals wohl gerade die Welthauptstadt der Mathematik, reiste der junge Professor David Hilbert an. Mit seinen achtunddreißig Jahren galt er bereits als einer der ganz Großen seines Fachs. Man erwartete von ihm eigentlich einen Rückblick, eine Zusammenfassung großer mathematischer Erfolge der Vergangenheit. Doch stattdessen beschloss Hilbert nach vorne zu schauen und dem Publikum eine Liste großer, ungelöster mathematischer Aufgaben zu präsentieren, die im neuen

Jahrhundert gelöst werden sollten. Es war die größte Verteilung von Mathematik-Hausaufgaben der Wissenschaftsgeschichte.

Als die „Hilbert'schen Probleme" ging diese Aufgabensammlung in die Geschichte ein. Und die Nummer zwei auf dieser Liste sollte die Welt der Mathematik dauerhaft verändern. Es war eine Frage, in der es um die Axiome der Mathematik ging: Lässt sich mathematisch beweisen, dass Peanos Axiome (oder ähnliche andere Konzepte) in sich widerspruchsfrei sind?

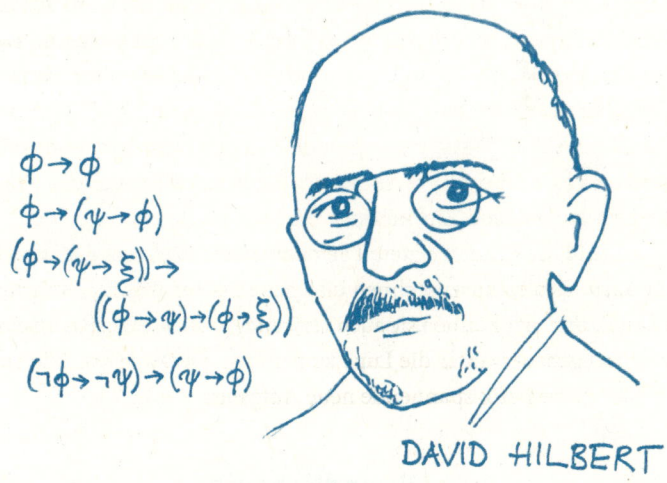

DAVID HILBERT

Das ist vielleicht die wichtigste Forderung, die man an die Mathematik stellen kann: Niemals darf die Mathematik zwei Aussagen zulassen, die einander widersprechen. Die beiden Sätze „A ist B" und „A ist nicht B" können niemals beide richtig sein, sonst würde die gesamte logische Struktur der Mathematik zusammenbrechen. Man könnte dann jede beliebige Aussage beweisen – etwa „Acht mal sieben ist vier" oder „Deine Mutter ist ein Pinguin".

Der große Logiker Bertrand Russell erklärte das in einer Vorlesung und wurde dann von einem Studenten gefragt: „Das heißt, unter der Annahme, dass 1=0 ist, können Sie beweisen, dass Sie der

Papst sind?" Für Russell war das kein Problem: „Wir addieren auf beiden Seiten eins – dann bekommen wir die Gleichung 2=1. Die Menge, die nur mich und den Papst enthält, hat zwei Elemente. Aber 2=1, also hat sie nur ein Element, also bin ich der Papst."

Ist es möglich, dass aus Peanos Axiomen derart widersprüchliche Aussagen folgen? Lässt sich streng beweisen, dass ein solcher Widerspruch niemals auftreten kann? Das ist doch gar nicht nötig, könnte man vermuten. Peanos Axiome über die natürlichen Zahlen klingen doch so harmlos, so einfach und eindeutig – wie sollten sich daraus innere Widersprüche ableiten lassen? Aber solche Vermutungen sind in der Mathematik nicht genug. Ein zwingender Beweis muss her.

Dass David Hilbert einen solchen Beweis suchen wollte und dieses Projekt zu den bedeutendsten Aufgaben für die Mathematik des zwanzigsten Jahrhunderts zählte, hatte nicht zuletzt damit zu tun, dass in der Mathematik damals nicht alles so glatt und reibungslos lief, wie man sich das gewünscht hätte. Es gab einige verwirrende Probleme, über die in Mathematikerkreisen heftig gestritten wurde.

Zu den besonders komplizierten mathematischen Themen, mit denen man im neunzehnten Jahrhundert ziemlichen Ärger hatte, gehört der Begriff der Unendlichkeit. „Unendlich" ist keine Zahl, mit der man nach den üblichen Regeln rechnen kann. Fünf ist immer fünf, und wenn das Ergebnis einer anderen Rechnung wieder fünf ist, dann ist das genau dasselbe Fünf wie vorher. Aber ist auch das Unendliche immer gleich? Gibt es unterschiedliche Arten von unendlich? Ist unendlich mal unendlich ein größeres Unendlich als unendlich plus unendlich?

Mit solchen Fragen beschäftigte sich der Mathematiker Georg Cantor. Er begründete die Mengenlehre, um die Gesetze des Unendlichen fassbar zu machen. Wenn die menschliche Intuition versagt, dann muss man eben schwammige Begriffe durch exakte

Definitionen ersetzen, schlampige Gewohnheiten fallen lassen und präzise Regeln aufstellen.

Dabei stieß Georg Cantor auf erstaunliche Überraschungen, etwa als er über folgende Frage nachdachte: Haben auf einer Fläche mehr Punkte Platz als auf einer Linie? Sowohl auf einer Linie als auch auf einer Fläche lassen sich unendlich viele Punkte einzeichnen. Aber eine Fläche kann man sich aus unendlich vielen Linien zusammengesetzt denken. Sollte die Unendlichkeit der Punkte auf der Fläche also nicht noch viel unendlicher sein?

Verblüfft saß Cantor schließlich vor seinen Ergebnissen und stellte fest: Das stimmt nicht. Beide Unendlichkeiten sind tatsächlich gleich groß. „Ich sehe es, aber ich glaube es nicht", schrieb er an seinen Freund und Kollegen Richard Dedekind. Wenn es schon Cantor selbst schwerfiel, seinen eigenen Beweisen zu vertrauen, dann darf man sich nicht wundern, wenn manche Fachkollegen die merkwürdigen Unendlichkeitsregeln Cantors noch viel kritischer sahen. Als „Verderber der Jugend" beschimpfte man ihn, als er seine Thesen unterrichtete.

Das unendliche Hotel

Ein bisschen besser verstehen kann man Cantors Schwierigkeiten mithilfe eines Gedankenspiels, das unter dem Namen „Hilberts Hotel" berühmt geworden ist. Stellen wir uns vor, wir führen ein Hotel mit unendlich vielen Zimmern. Das Hotel ist voll ausgebucht, in jedem Zimmer liegt ein Gast. Wir nehmen unendlich viel Geld ein, dafür müssen wir morgens auch unendlich viele Betten machen. Nun treffen aber noch zehn weitere Gäste ein, die gerne ein Zimmer hätten. Was können wir tun?

Ganz einfach: Wir bitten den Gast in Zimmer 1, ins Zimmer 11 zu übersiedeln. Der Gast aus Zimmer 2 kommt ins Zimmer 12, Gast 3 ins Zimmer 13 und so weiter. Danach hat jeder der unendlich

vielen Gäste wieder ein Zimmer, aber die Zimmer 1 bis 10 sind frei
für die neu angekommenen Gäste.

Das bedeutet also: Unendlich plus 10 ist immer noch unendlich – und zwar genau dieselbe Sorte von unendlich wie vorher.
Genau auf diese Weise definierte Cantor, was es bedeutet, wenn
man von „gleich großen Mengen" spricht: Zwei Mengen sind genau
dann gleich groß, wenn man immer jeweils ein Element der einen
Menge und ein Element der anderen Menge zu Paaren zusammenfügen kann, sodass am Ende in keiner der beiden Mengen ein
Element partnerlos übrig bleibt.

Bei nicht-unendlichen Mengen ist das offensichtlich richtig.
Wenn ich fünf Katzen und fünf Schalen Katzenfutter habe, kann
ich beweisen, dass die Katzenmenge und die Futterschalenmenge
gleich groß sind, indem ich jeder Katze eine Futterschale zuteile.
Am Ende sind alle Katzen satt und alle Futterschalen leergefressen.
Bei unendlichen Mengen – wie bei den Zimmern und Gästen in
Hilberts Hotel – ist das weniger selbstverständlich, aber die Sache
funktioniert grundsätzlich genauso.

Wenn in Hilberts Hotel nicht zehn neue Gäste ankommen,
sondern tausend oder eine Milliarde, ändert das natürlich nichts.
Man kann auch sie mit demselben Trick unterbringen. Aber was
können wir tun, wenn unendlich viele zusätzliche Gäste vor der Tür
stehen? Nehmen wir an, es gibt nebenan noch ein zweites unend-
liches Hotel, das wegen eines unendlich schwerwiegenden Wasser-
rohrbruchs kurzfristig schließen muss. Nun suchen die unendlich
vielen Gäste dieses Hotels Unterschlupf bei uns.

Auch das ist kein Problem: Wir müssen nur Gast 1 ins
Zimmer 2 übersiedeln, Gast 2 ins Zimmer 4 und Gast 3 ins
Zimmer 6. Jeder kommt in das Zimmer, das dem Doppelten seiner
bisherigen Zimmernummer entspricht. Danach sind alle Zimmer
mit gerader Zimmernummer belegt, alle ungeraden Zimmer
hingegen sind frei – und das sind unendlich viele. Die unendlich vielen Zusatzgäste finden dort ebenfalls Platz. Das zeigt uns:

Unendlich plus unendlich ist wieder dieselbe Art von unendlich. Oder anders gesagt: Es gibt genauso viele ganze Zahlen wie es gerade Zahlen gibt. Das ist seltsam – unser Bauchgefühl kommt nicht wirklich damit zurecht, dass die Hälfte von etwas genauso groß sein soll wie das Ganze. Aber wenn man das aus den Grundregeln der Mengenlehre so ableiten kann, dann hat das Bauchgefühl eben verloren.

Wer an diesem Punkt noch immer nicht verwirrt ist, kann aber noch einen entscheidenden Schritt weitergehen: Stellen wir uns vor, das Hotel ist leer, und wieder kommen unendlich viele Gäste. Doch diesmal sind sie nicht mit ganzen Zahlen nummeriert wie vorher, sondern mit allen möglichen reellen Zahlen zwischen null und eins. Unendlich viele Nachkommastellen sind erlaubt. Nun fällt uns keine elegante Lösung mehr ein, wie wir diese Gäste in eine sinnvolle Reihenfolge bringen können. Nun gut – es gibt einen Gast mit der Nummer null, also null komma null null null, mit unendlich vielen Nullen hinter dem Komma. Das ist der Erste, den können wir ins Zimmer 1 schicken. Aber wer kommt dann? Es gibt keine nächstkleinste Zahl nach der Null.

Wir seufzen und rufen in die unendliche Menge wartender Gäste: Es ist uns egal, in welcher Reihenfolge ihr euch anordnet – sucht euch doch selbst ein Zimmer aus! Die Gäste stürmen los, und tatsächlich ist das Hotel bald vollständig belegt. Doch hat man dabei alle Gäste erfolgreich untergebracht? Nein! Und das konnte Georg Cantor mit einem genialen Argument beweisen.

Egal, wie sich die Gäste im Hotel angeordnet haben, wir können immer eine Zahl ermitteln, die garantiert keinen Platz im Hotel gefunden hat. Das funktioniert so: Wir gehen der Reihe nach von Zimmer zu Zimmer. Dabei notieren wir die erste Nachkommastelle des Gastes aus Zimmer 1, die zweite Nachkommastelle des Gastes aus Zimmer 2 und so weiter. Auf diese Weise konstruieren wir uns eine unendlich lange Ziffernfolge – und null komma diese

Ziffernfolge ist wieder eine Zahl, die zu irgendeinem der Gäste gehören muss.

Doch nun kommt Cantors entscheidender Trick: Wir verändern unsere Ziffernfolge an jeder einzelnen Stelle. Wir können zum Beispiel an jeder Stelle eins dazuzählen (und wenn eine Neun vorkommt, machen wir sie zur Null). Dann haben wir eine Ziffernfolge konstruiert, die sicher nicht der Ziffernfolge des ersten Gastes entspricht – denn von dem haben wir ja die erste Nachkommastelle übernommen und dann geändert. Unsere neue Zahl muss sich also auf jeden Fall in der ersten Nachkommastelle von der Zahl des Gastes in Zimmer 1 unterscheiden (und vermutlich auch noch in unendlich vielen anderen Stellen). Dasselbe gilt aber auch für alle anderen Zimmer: Unsere Zahl und die Zahl des Gastes in Zimmer 2 unterscheiden sich zumindest in der Nachkommastelle 2 und so weiter – in keinem der Zimmer ist ein Gast mit dieser Nummer. Das bedeutet, dass dieser Gast noch irgendwo außerhalb des Hotels steht und schimpft, weil er kein Zimmer bekommen hat.

Es gibt also keine Möglichkeit, restlos alle Zahlen zwischen null und eins eindeutig auf die Menge der natürlichen Zahlen abzubilden. Egal, welche Zuordnung man sich ausdenkt, man kann immer Zahlen finden, die nicht zugeordnet wurden – und zwar sogar unendlich viele. Das bedeutet, dass zwischen null und eins mehr reelle Zahlen liegen, als es natürliche Zahlen gibt. Beide Mengen sind unendlich, aber die Unendlichkeit der reellen Zahlen zwischen null und eins stellt sich als unvergleichlich viel größer heraus als die Unendlichkeit der natürlichen Zahlen.

Hilberts Hotel kann uns ein Gefühl dafür geben, wie mächtig die mathematische Logik ist: Bei komplizierteren mathematischen Fragen passiert es leicht, dass sich unsere Intuition plötzlich grußlos verabschiedet und uns zitternd im Nebel stehen lässt. Das ist keine Schande, schließlich ging es sogar dem großen Georg Cantor anfangs so. Aber wenn man seine Gedanken gut sortiert und auf kluge Weise die richtigen Regeln anwendet, dann kann man auch Fragen mit überzeugender Klarheit beantworten, für die unser menschliches Gehirn eigentlich gar nicht gemacht ist.

Ramanujans Bauchgefühl für Mathematik

Wir können neue mathematische Wahrheiten finden, indem wir bereits bewiesene mathematische Sätze auf die richtige Weise ineinanderfügen wie perfekt geschliffene Zahnräder. Das bedeutet aber nicht, dass mathematische Forschung eine mechanische, maschinenhafte Arbeit ist wie das Zusammenschrauben eines Bücherregals nach einer präzise vorgegebenen Bauanleitung. Mathematische Gesetze sind leblos und unveränderlich – doch die mathematische Arbeit, sie zu entdecken, ist etwas zutiefst Kreatives und Lebendiges. Dafür braucht man Bauchgefühl und Intuition, einen Sinn für das Schöne und Klare, und manchmal vielleicht sogar ein kleines bisschen Verrücktheit.

Eine gewisse mathematische Intuition hat jeder von uns – zumindest im Umgang mit einfachen Zahlen. Vielleicht können wir nicht spontan sagen, wie viel achtundvierzig mal dreihundertzwölf ist, aber die Antwort ist nicht vier komma drei. Da sind wir ziemlich sicher. Wer beim Berechnen des Fliesenbedarfs für die Badezimmersanierung zum Ergebnis kommt, dass er zwölf Quadratkilometer Badezimmerfliesen einkaufen muss, hat sich verrechnet. Unser mathematisches Bauchgefühl sagt uns sofort, dass hier irgendetwas nicht stimmt.

Dass sich unser Bauchgefühl trainieren lässt, wissen wir: Wer viele Badezimmerflächeninhalte berechnet hat, kann das Ergebnis zuverlässiger einschätzen, als es ihm bei der ersten Berechnung dieser Art gelingt. Erstaunlich ist aber, dass manche Menschen sogar eine bauchgefühlte Intuition für mathematische Objekte entwickeln können, die mit unserer Alltagserfahrung überhaupt nichts zu tun haben.

Und so passiert es oft, dass mathematisch gebildete Leute über Dinge reden, die sich kein Mensch vorstellen kann, und trotzdem ganz spontan eine intuitive Meinung dazu haben. Wie viele fünfdimensionale Kugeln kann man im fünfdimensionalen Raum so aneinanderpacken, dass sie alle die Kugel in der Mitte berühren? Wenn die letzte Stelle einer Primzahl eine Sieben ist, wie groß ist dann die Wahrscheinlichkeit, dass bei der nächstgrößeren Primzahl wieder eine Sieben am Ende steht?

Mit ausreichend mathematischer Erfahrung kann man spüren, wie die Antwort aussehen könnte, man hat eine spontane Vermutung, wie sich eine Antwort finden ließe, man fühlt Verbindungen zu anderen mathematischen Fragen, die schon gelöst sind. Aber das genügt natürlich nicht. Auch das beste mathematische Bauchgefühl wird erst zur anerkannten Mathematik, wenn man eine Antwort kennt, die exakt bewiesen ist. Vermutungen sind zu wenig. Aber sie sind ein wichtiger Ausgangspunkt auf der Suche nach neuen mathematischen Wahrheiten.

So wie manchmal musikalische Wunderkinder geboren werden, die fast ohne Mühe ganz neue, atemberaubende Melodien aus dem Klavier hervorzuzaubern, gibt es ab und zu auch Menschen mit einer ganz besonderen Intuition für die Schönheiten der Mathematik. Einer von ihnen war Ramanujan, ein hochtalentierter Mann aus Südindien, mit der vielleicht seltsamsten Karriere, die ein Mathematiker jemals hatte.

Ramanujan (mit vollem Namen Srinivasa Ramanujan Aiyangar) wurde 1887 geboren. Er wuchs in einfachen Verhältnissen auf. Während sich in Europa große Mathematiker den Kopf über Unendlichkeiten zerbrachen, blätterte der junge Ramanujan in Mathematikbüchern, die für sein Alter eigentlich viel zu schwierig waren. Ganz allein erkundete er komplizierte mathematische Gesetze und verblüffte seine Lehrer mit neuen Formeln.

Für seine mathematischen Leistungen bekam er viel Lob und sogar ein Stipendium für ein angesehenes College. In

anderen Fächern hingegen glänzte er nicht so sehr, daher verlor
er sein Stipendium wieder und schaffte es auch nicht, an der
Universität von Madras aufgenommen zu werden. Ramanujan
hatte keinen höheren Bildungsabschluss, keinen festen Beruf
und kaum Geld, doch die Mathematik ließ ihn nicht los. Er
hörte nicht auf, seine Notizbücher mit immer neuen Formeln
vollzuschreiben.

Eines Tages stieg Ramanujan in den Zug und machte sich
auf den Weg in die Bezirkshauptstadt. In der Hoffnung, dort
eine Arbeitsstelle zu bekommen, traf er den Finanzbeamten
Ramaswami Iyer. Ramaswami Iyer interessierte sich sehr für
Mathematik und hatte selbst kurz vorher die Indian Mathemati-
cal Society gegründet. Ihm legte Ramanujan nun seine mathematischen Notizbücher vor, und Ramaswami Iyer war beeindruckt.
Eine Anstellung wollte er dem jungen Ramanujan allerdings nicht
verschaffen: „Mir kam es nicht in den Sinn, sein Talent durch eine
Anstellung auf der untersten Sprosse der Finanzabteilung zu unter-
drücken", schrieb Ramaswami Iyer später. Stattdessen schickte er
ihn mit Empfehlungsschreiben weiter zu einflussreicheren Leuten.

Eigentlich strebte Ramanujan ein größeres Ziel an: Er wollte
seine Formeln den berühmtesten Mathematikern seiner Zeit präsentieren und sie in wissenschaftlichen Journalen veröffentlichen.
Und so schickte er Briefe an Professoren in London und Cambridge. Seite für Seite listete er einige seiner schönsten Resultate
auf: unendliche Summen, komplizierte Integrale mit merkwürdigen Lösungen, sperrige Formeln mit einer seltsamen inneren
Symmetrie. Einer dieser Briefe ging an Godfrey Harold Hardy,
einen berühmten Mathematiker am Trinity College der Universität Cambridge. Hardy war verblüfft: Nur ein Mathematiker aller-
höchsten Ranges konnte das geschrieben haben, das wurde ihm
rasch klar. Und gerade weil die Formeln so merkwürdig erschienen, war er überzeugt, dass sie stimmten: Wären sie nicht richtig,
hätte niemand die Fantasie besessen, sie zu erfinden.

Es gab nur ein großes Problem an den wundersamen Formeln: Ramanujan hatte keine Beweise geliefert, er hatte nur die End-ergebnisse aufgeschrieben. Er dachte über mathematische Gleichungen nach, wie ein Komponist schöne neue Melodien erfindet: Sie flogen ihm ganz einfach zu. Ihm kam es auf die Resultate an, der Weg dorthin erschien ihm unwichtig. Doch in der Mathematik will man sich nicht bloß an einer hübschen Formel erfreuen, man braucht einen unanfechtbaren Beweis, einen klaren Weg, der Schritt für Schritt von bereits bekannten Tatsachen zu den neuen Ergebnissen führt.

Auch wenn Godfrey Harold Hardy in Cambridge Ramanujans Resultate spannend und aufregend fand, für sich allein genommen waren sie ähnlich unbefriedigend wie eine Schatzkarte, auf der bloß steht: „Zwölf Schritte südwestlich von der größten Palme ist eine Kiste voller Gold vergraben." Das mag verheißungsvoll klingen – aber solange man nicht Schritt für Schritt erklären kann, wie man von bereits bekanntem Gelände zu dieser Palme gelangt, ist die Schatzkarte ziemlich nutzlos.

Hardy beschloss, Ramanujan nach Cambridge einzuladen. 1914 machte sich der junge Inder auf den Weg nach England, mit seinen Notizbüchern im Gepäck. Wie sich herausstellte, waren manche von Ramanujans Formeln falsch, andere waren zwar richtig, aber bereits bekannt – es handelte sich teilweise um Ergebnisse, die große Mathematiker wie Leonhard Euler oder Carl Friedrich Gauß bereits veröffentlicht hatten. Aber bei vielen Formeln handelte es sich tatsächlich um bemerkenswerte neue Wahrheiten.

Für Hardy und andere Mathematiker in Cambridge bestand kein Zweifel, dass sie es mit einem Talent zu tun hatten, wie es in der Geschichte der Mathematik noch nicht oft vorgekommen war. Aber um aus Ramanujans Intuition echte mathematische Forschung werden zu lassen, mussten sie ihm die strengen Regeln mathematischer Beweisführung beibringen. Für Ramanujan war es schwierig, seine Gedankensprünge zu zügeln und in geordneter

Form aufs Papier zu bringen. Jede ganze Zahl war für ihn wie ein persönlicher Freund, sagte man in Cambridge.

Hardy erzählte später, dass er eines Tages mit einem Taxi zu einem Treffen mit Ramanujan gefahren war. Er hatte über die Nummer des Taxis nachgegrübelt: 1729. Leider eine sehr langweilige, nichtssagende Zahl, fand Hardy. Doch Ramanujan widersprach: „Es ist eine sehr interessante Zahl! Es ist die kleinste Zahl, die man auf zwei verschiedene Weisen als Summe zweier Kubikzahlen ausdrücken kann." Tatsächlich ist 1729 sowohl die Summe aus 1^3 und 12^3 als auch das Ergebnis von $9^3 + 10^3$. Nachprüfen konnte man das leicht. Aber nur einem Genie wie Ramanujan fliegen solche Gedanken scheinbar ohne jede Mühe zu.

Unter Hardys Anleitung gelang es Ramanujan im Lauf der Zeit, eine Reihe wichtiger Ideen in eine mathematisch klare Form zu bringen, die auch für andere Leute verständlich war. Sein Traum, seine Resultate in wissenschaftlichen Journalen zu publizieren, erfüllte sich. Akademische Ehrungen folgten: Ramanujan wurde zum Fellow der Cambridge Philosophical Society ernannt, er wurde Fellow der Royal Society und Fellow des Trinity College.

Trotzdem fühlte sich Ramanujan in England nicht wohl und hatte auch mit schweren gesundheitlichen Problemen zu kämpfen. Im Alter von zweiunddreißig Jahren – Ramanujan war in Mathematikerkreisen inzwischen berühmt und hochangesehen – reiste er nach Indien zurück und starb dort wenig später an Tuberkulose.

Niemand weiß, welche großen Entdeckungen er noch gemacht hätte, wenn ihm noch ein paar Jahrzehnte Zeit geblieben wäre. Genauso wenig lässt sich sagen, wie er sich entwickelt hätte, wenn er von früher Jugend an in strengen mathematischen Formalismen trainiert worden wäre, anstatt unbekümmert mit ausgeliehenen Mathematikbüchern herumzuträumen. Vielleicht wäre dann ein noch viel größerer Mathematiker aus ihm geworden – vielleicht hätte klassischer Mathematikunterricht aber auch nur einen braven, langweiligen Gleichungslöser aus ihm gemacht, der es niemals geschafft hätte, mit unbeschwerter Kreativität mathematische Wahrheiten zu erraten.

Fest steht, dass bauchgefühlte Intuition und präzises Argumentieren einander nicht ausschließen – das zeigt Ramanujans Beispiel ganz deutlich. Woher der kreative Funke kommt, der eine neue Idee in bunten Farben explodieren lässt, ist gar nicht entscheidend. Manchmal blitzt ein genialer wissenschaftlicher Gedanke ganz plötzlich auf wie eine Sternschnuppe, manchmal muss die wissenschaftliche Kreativität erzwungen werden, mit knochenharter Arbeit und viel sinnlos vollgekritzeltem Papier.

Aber in jedem Fall muss man es schaffen, die eigenen kreativen Gedanken für andere Leute nachvollziehbar werden zu lassen. Etwas selbst als wahr zu erkennen, ist noch keine Wissenschaft. Schließlich könnte es sein, dass jemand anderer mit ähnlich kreativen Ideen das Gegenteil für richtig hält. Die Arbeit ist erst dann erledigt, wenn man sie so klar formuliert hat, dass jeder Widerspruch zwecklos geworden ist.

Die Kunst des logischen Denkens

Diese Art zu denken fällt uns meistens schwer. Im Alltag legen wir normalerweise keinen Wert darauf, unsere Gedanken in logische Ketten zu ordnen, in denen jede Aussage zwingend aus der vorangegangenen folgt. Viel häufiger denken wir in Analogien: Wir gehen davon aus, dass in ähnlichen Situationen ähnliche Gesetze gelten. Eine Kerzenflamme kann man mit Wasser löschen. Daher kann ich vermutlich auch ein Lagerfeuer mit Wasser löschen. Eine Kartoffel wird weich, wenn ich sie in Wasser koche. Daher kann ich vermutlich auch eine Rübe in Wasser weichkochen. Wenn mir jemand meine Schokolade wegnimmt, werde ich ungemütlich. Daher verstehe ich, dass mich der Hund böse anknurrt, wenn ich ihm seine Wurst weggenommen habe.

Analogien sind auch in der Wissenschaft oft nützlich. Sie helfen uns, in unserem Kopf Bilder entstehen zu lassen: Im Atom kreisen Elektronen um den Atomkern, ähnlich wie Planeten um die Sonne. Das können wir uns einigermaßen vorstellen. Eine logische Erklärung oder gar ein Beweis ist es aber nicht. Den Elektronen sind die Planeten völlig egal. Sie bewegen sich nicht deswegen so, weil sie von den Planeten dazu gezwungen wurden.

Besonders heikel sind Analogieschlüsse, die einen wissenschaftlichen Gedanken in ein ganz anderes Teilgebiet der Wissenschaft verpflanzen. In der klassischen Physik gilt Newtons Gesetz vom Gleichgewicht der Kräfte: Jede Kraft hat eine gleich große, aber entgegengerichtete Gegenkraft. Die Sonne zieht durch ihre Schwerkraft die Erde zu sich, die Erde zieht mit derselben Kraft die Sonne in die andere Richtung. Wenn ein Buch auf dem Tisch liegt, drückt es nach unten auf die Tischplatte, die Tischplatte drückt mit derselben Kraft von unten gegen das Buch.

Daran fühlt man sich vielleicht erinnert, wenn man kleinen Kindern etwas vorschreiben möchte und sie dann aus purem Trotz ihre Kräfte genau in die entgegengesetzte Richtung lenken. Man möchte sie mit sanftem Druck dazu bringen, endlich ins Bett zu gehen, und plötzlich sind sie erst recht hellwach. Man weist sie darauf hin, dass mit Cremespinat eher nicht herumgekleckert werden soll, und dann wird das Tischtuch erst recht in ein dunkelgrünes Schütt-bild verwandelt.

Wenn nun jemand stolz verkündet: „Das muss so sein, laut Newtons Gesetz gibt es zu jeder Kraft eine entgegengesetzte Gegen-kraft!", dann demonstriert er damit nicht seine naturwissenschaft-liche Bildung, sondern er beweist, dass er von der Physik nichts verstanden hat. Natürlich hat das Trotzverhalten von Kindern nichts mit Newton'scher Mechanik zu tun. Vielleicht mag uns das eine an einem bestimmten Punkt an das andere erinnern, aber eine logische Verbindung dazwischen gibt es nicht.

Analogieschlüsse fühlen sich in unserem Kopf wunderbar sinnvoll an, auch wenn sie überhaupt keine Beweiskraft haben. In der Esoterik verzichtet man oft überhaupt auf logische Argumente und gibt sich von vornherein mit Analogien zufrieden: In meinem Leben gibt es bessere und schlechtere Zeiten. Und am Himmel stehen die Planeten mal in diesem, mal in jenem Sternzeichen. Also muss beides miteinander zu tun haben. Mein Wasserkocher funktioniert nicht, wenn das Stromkabel kaputt ist. Mein Körper funktioniert momentan auch nicht richtig. Also müssen da auch irgendwelche Energieflüsse gestört worden sein. Die Quantenphy-sik ist etwas Verwirrendes. Und das menschliche Bewusstsein ist auch etwas Verwirrendes. Also lässt sich das menschliche Bewusst-sein mit Quantenphysik erklären.

Das alles sind nur Scheinargumente. Man lernt durch sie nichts Neues. Es ist, als würde man gefragt werden, wie eine elek-trische Eisenbahn funktioniert, und einfach nur antworten: Im Atom drehen sich die Elektronen um den Atomkern, und in der Eisenbahn drehen sich die Räder. Deshalb fährt die Eisenbahn. Das ist keine Erklärung. Man könnte eine logische Brücke bauen, von den Elektronen, die sich durch einen Draht bewegen, über die mechanische Kraft, die dadurch im Elektromotor erzeugt wird, bis zum Drehmoment, das am Ende die Räder antreibt. Aber solange man eine solche logische Brücke nicht baut, sind Analogien wissenschaftlich wertlos.

Das ist ein guter Grund, sich mit Mathematik zu beschäftigen: Mathematik zeigt uns, wie weit man kommen kann, wenn man mit präziser Logik vorgeht. Sie zwingt uns, Ordnung in unserem eigenen Kopf zu schaffen. Sie bringt uns bei, die Welt zu verstehen, als Verkettung logisch zwingender Zusammenhänge, als Geflecht von Grundannahmen und logischen Regeln, von Prämissen und Schlussfolgerungen.

Wir beginnen mit ganz einfachen Gedanken, auf die wir uns alle einigen können. Und dann überlegen wir, welche anderen Ideen daraus folgen. Schritt für Schritt gelangen wir von einer Wahrheit zur nächsten. Jeder einzelne Schritt ist nachvollziehbar und einfach. Und wenn wir es richtig machen, stoßen wir dabei vielleicht auf großartige Ergebnisse, die wir mit reiner Intuition niemals erraten hätten.

DIESER SATZ IST FALSCH

Wie man mit logischen Argumenten Lebensträume zerstört, warum manche Aussagen weder wahr noch falsch sind und wie der größte Logiker der Welt ein höchst unlogisches Ende fand: Die Mathematik kann niemals alles beweisen, aber das muss sie auch nicht.

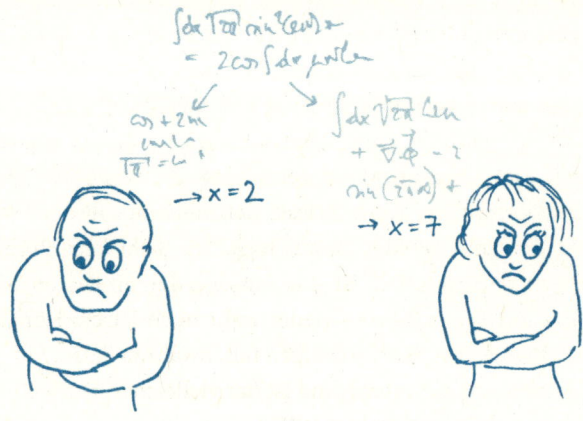

Der Barbier von Sevilla rasiert alle Männer der Stadt, die sich nicht selbst rasieren. Rasiert er sich also selbst oder nicht? Wenn nicht, dann gehört er zu den Männern, die sich nicht selbst rasieren, und sollte daher vom Barbier von Sevilla rasiert werden. Aber wenn er das tut, rasiert er sich ja selbst und ist deshalb gar nicht für den eigenen Bart zuständig. Was nun?

Elegant auflösen lässt sich das Problem, wenn man annimmt, dass der Barbier von Sevilla eine Frau ist. Aber wie auch immer – diese berühmte Denkaufgabe zeigt uns, dass man in der mathematischen Logik manchmal auf Probleme stoßen kann: Wenn aus einem Satz sein Gegenteil folgt – was machen wir dann?

So wunderschön und nützlich die Methode des axiomatischen, logischen Argumentierens auch ist: Wenn ein logischer Widerspruch auftritt, haben wir ein ernstes Problem.

Widersprüche dieser Art sind nicht neu, man kannte sie schon in der Antike. „Alle Kreter sind Lügner!", behauptete Epimenides. Das ist nicht besonders nett, aber logisch gesehen noch kein Problem – bis man erfährt, dass Epimenides selbst aus Kreta kommt. Wenn seine Aussage stimmt, muss er also auch selbst ein Lügner sein. Dann stimmt die Aussage aber nicht, und er spricht möglicherweise doch die Wahrheit, woraus aber wiederum folgen würde, dass er lügt. Egal, wie sehr man sich das Hirn verbiegt, man kommt auf kein sinnvolles Ergebnis.

Wir sehen aber an diesen Beispielen bereits: Vorsichtig sein muss man immer dann, wenn eine Aussage etwas über sich selbst behauptet. Manchmal ist das völlig in Ordnung: „Dieser Satz besteht aus sechs Wörtern" ist wahr. „Dieser Satz beginnt mit dem Buchstaben A" ist falsch. Beides ist aus logischer Sicht kein Problem. Aber „Dieser Satz ist falsch" ist eine Aussage, der wir keinen Wahrheitswert zuordnen können – weder wahr noch falsch. Könnte es passieren, dass solche merkwürdigen falschwahren Aussagen auch in der Mathematik auftreten? Und ist das vielleicht eine Gefahr für die Zuverlässigkeit der Mathematik?

Bertrand Russell und die Zerstörung eines Lebenswerks

Im Jahr 1902 lebte Gottlob Frege als Honorarprofessor in Jena und vollendete gerade den zweiten Band seines großen Werks *Grundgesetze der Arithmetik*. Frege beschäftigte sich mit der Mengenlehre, mit der Georg Cantor zuvor versucht hatte, die seltsamen Rätsel um die Unendlichkeit zu lösen. Er hatte eine neue formale Sprache für die Mengenlehre entwickelt, ein System aus Symbolen und Regeln, mit denen man rechnen und Schlüsse ziehen konnte – allerdings nicht, um Zahlen auszurechnen, wie man das sonst oft macht, sondern um logische Aussagen zu beweisen.

Mengen, wie sie in Freges Werk vorkamen, gehören zu den allgemeinsten und vielseitigsten mathematischen Ideen, die man sich überhaupt ausdenken kann. Eine Menge ist einfach eine Zusammenfassung von Objekten – zum Beispiel die Menge von Gottlob Freges Nasenlöchern, eine Menge mit genau zwei Elementen. Eine Menge kann auch unendlich viele Elemente enthalten, etwa die Menge der ungeraden Zahlen. Es kann auch sein, dass sie überhaupt kein Element enthält, wie die Menge der Nasenlöcher in Gottlob Freges Ohr, dann spricht man von der leeren Menge.

Natürlich können die Elemente einer Menge auch andere Mengen sein, zum Beispiel wenn man die Menge aller Mengen bildet, die man aus den Zahlen eins bis zehn bilden kann. Das sieht vielleicht auf den ersten Blick noch nicht besonders nützlich aus, ist aber ein mächtiges Konzept, um die Grundbausteine der Mathematik genau zu beschreiben.

Während Frege in Jena über die Gesetze der Mengenlehre nachdachte, forschte in England der junge Philosoph Bertrand Russell an ganz ähnlichen Fragen. Und er stieß auf ein merkwürdiges Problem: Was passiert, wenn wir die Menge all jener Mengen bilden, die sich nicht selbst enthalten? Enthält sich diese Menge selbst oder nicht? Genau dann, wenn sie sich selbst enthält, dürfte sie sich eigentlich nicht selbst enthalten – und umgekehrt. Das führt genauso zu einem Widerspruch wie das Lügner-Paradoxon des Epimenides oder die Geschichte vom Barbier von Sevilla. Bertrand Russell schrieb einen Brief an Gottlob Frege und erklärte ihm das Problem.

Frege war tief getroffen: Dieser junge Engländer hatte recht! Seine *Grundgesetze der Arithmetik* befanden sich bereits im Druck, und nun schickte ein junger Mann aus Cambridge einen Brief, der sein über Jahre hinweg aufgebautes Gedankengebäude mit einer einzigen Frage zum Einsturz brachte. Wenn Freges Mengenlehre solche inneren Widersprüche zuließ, dann war sie offenbar doch nicht das logisch perfekte Fundament der Mathematik, von dem er geträumt hatte.

Frege ließ sein Buch noch mit einer Ergänzung versehen: „Einem wissenschaftlichen Schriftsteller kann kaum etwas Unerwünschteres begegnen, als daß ihm nach Vollendung einer Arbeit eine der Grundlagen seines Baues erschüttert wird. In diese Lage wurde ich durch einen Brief des Herrn Bertrand Russell versetzt, als der Druck dieses Bandes sich seinem Ende näherte." Frustriert wandte sich Frege schließlich von seinem großen Projekt ab.

Doch andere Mathematiker wollten unbedingt weitermachen. Bertrand Russell wurde selbst zu einem der führenden Forscher im Bereich der mathematischen Logik. Aufbauend auf Freges Ideen versuchte er, die fundamentalen Grundlagen der Mathematik bis ins Detail zu analysieren. Nicht der geringste Zweifel, nicht die winzigste Unklarheit, nicht der kleinste Anschein von Widersprüchlichkeit sollte in der Mathematik übrig bleiben. Alles sollte auf Basis unbestreitbarer Logik begründet werden. Gemeinsam mit seinem Kollegen Alfred North Whitehead veröffentlichte er die *Principia Mathematica*, ein dreibändiges Werk über die Grundlagen der Mathematik.

Ein Beweis aus den *Principia Mathematica* wurde besonders bekannt: Nach seitenlangem Hantieren mit logischen Symbolen und Gleichungen gelangen die beiden Autoren schließlich zum Ergebnis 1+1=2. Das hatten wir auch vorher schon stark vermutet, aber seit Russell und Whitehead wissen wir auch, dass es garantiert nicht anders sein kann. Allerdings braucht man ein gewisses Durchhaltevermögen, um diese Erkenntnis in ihrer vollen Tragweite zu verstehen. Wer die *Principia Mathematica* in der Originalausgabe von 1910 studiert, muss sich bis zur Seite 379 durchkämpfen, um bis zum Ende dieses Beweises zu gelangen.

Hat sich diese Mühe wirklich gelohnt? Wäre es vielleicht klüger gewesen, die lästige Mengenlehre, die Gottlob Frege in die Verzweiflung getrieben hatte, einfach fallen zu lassen? Für David Hilbert, der inzwischen so etwas wie eine Vaterfigur der internationalen Mathematik geworden war, kam das nicht in Frage. Trotz aller Probleme fühlte er sich in Cantors Mengenlehre nach wie vor recht wohl: „Aus dem Paradies, das Cantor uns geschaffen, soll uns niemand vertreiben können", war Hilbert überzeugt. Wichtiger als je zuvor erschien es ihm nun, die Widerspruchsfreiheit der Mathematik sauber zu beweisen.

Dieses Ziel, das er schon 1900 in Paris zu den wichtigsten Aufgaben der Mathematik gezählt hatte, erklärte David Hilbert in den 1920er-Jahren überhaupt zum zentralen Projekt der Mathematik. Als „Hilbertprogramm" ging diese große Aufgabe in die Geschichte ein: Die Mathematik sollte als großes formales Gesamtsystem neu definiert werden, und dieses strenge System sollte zwei wichtige Eigenschaften miteinander verbinden: Erstens soll es widerspruchsfrei sein und zweitens vollständig.

Die Widerspruchsfreiheit ist die Eigenschaft, die Hilbert schon im Jahr 1900 gefordert hatte: Wenn eine Aussage wahr ist, darf keine andere Aussage wahr sein, die ihr widerspricht. Wenn zwei Leute dieselbe mathematische Aufgabe lösen und beide keinen Fehler machen, dürfen sie nicht zu zwei unterschiedlichen, widersprüchlichen Ergebnissen kommen.

Eine zweite große Forderung kam im Hilbertprogramm noch hinzu, und sie ist ebenso wichtig: Es sollte bewiesen werden, dass die Mathematik vollständig ist – das bedeutet, dass sich jeder wahre Satz beweisen lässt und dass man von jedem falschen Satz beweisen kann, dass er falsch ist. So ähnlich wie man zum Kirschenpflücken auf einem hohen Baum eine ausreichend lange Leiter haben möchte, mit der man garantiert jeden Ast, jeden Zweig und jede Kirsche des Baums erreichen kann, möchte man Grundregeln der Mathematik haben, mit denen man garantiert jede mathematische Wahrheit erreichen kann – und zwar durch einen logischen Beweis, der auf den Grundaxiomen beruht. Am allerschönsten wäre es, jeden beliebigen mathematischen Satz in eine Maschine stecken zu können, die dann nach klar definierten, logischen Regeln berechnet, ob dieser Satz wahr oder falsch ist.

Kurt Gödel und die Zerstörung des Hilbertprogramms

Es war eine Zeit hoffnungsvoller Aufbruchsstimmung und enthusiastischer Visionen: „Wir müssen wissen – wir werden wissen!" war Hilberts Parole, die dann später sogar auf seinem Grabstein eingraviert werden sollte. Die Mathematik hatte begonnen, nicht nur Objekte wie Formeln oder Zahlen mit logischen Methoden zu untersuchen, sondern auch sich selbst. Mit den Methoden der Mathematik wollte man ergründen, was sich mit den Methoden der Mathematik alles ergründen lässt. Man begann dadurch viel klarer zu sehen, auf welche Weise wichtige mathematische Grundgedanken miteinander verwoben sind und was Beweisen eigentlich bedeutet. Es war das goldene Zeitalter der Logik.

Doch mitten in dieser Phase des Erfolgs, gerade als man dachte, dem großen Ziel Schritt für Schritt immer näher zu kommen, änderte sich plötzlich alles. Der Traum des berühmten David Hilbert zerplatzte im Jahr 1931. Überraschend, abrupt und unwiderruflich war das Hilbertprogramm gescheitert. Und schuld daran war ein merkwürdiger schrulliger junger Mann aus Wien mit dem Namen Kurt Gödel.

Kurt Gödel war vielleicht eines der größten Genies des zwanzigsten Jahrhunderts, aber ein einfaches Leben hatte er nicht. Er wurde 1906 in Brünn geboren. Schon als Kind plagten ihn Ängste, er bildete sich ein, einen Herzfehler zu haben, der medizinisch aber nie nachgewiesen wurde. In der Schule beschäftigte er sich früh mit komplizierten Themen, er las Goethe, Kant und Newton und grübelte über mathematische Literatur nach, die eigentlich für die Universität gedacht war. An der Universität Wien begann er dann theoretische Physik zu studieren, doch bald erkannte er, dass er sich in der Mathematik eher zu Hause fühlte.

In Wien wurde damals viel über Logik diskutiert: Viele große Naturwissenschaftler und Philosophen waren damals fasziniert davon, wie man mit mathematischer Präzision, mit einfachen Axiomen und klaren Regeln zu unbezweifelbaren Wahrheiten gelangen kann. Man diskutierte über Gottlob Frege, Bertrand Russell, David Hilbert und viele andere.

Es ist nicht überraschend, dass Kurt Gödel in diesem Umfeld beschloss, Hilberts Forderung nach einer vollständigen, widerspruchsfreien Mathematik zu untersuchen. Doch dabei stieß er auf ein Ergebnis, das für das Hilbertprogramm vernichtende Konsequenzen hatte: Gödel konnte beweisen, dass Hilberts großer Traum prinzipiell unmöglich war. Jedes mathematische System, das zumindest mächtig genug ist, um eine Theorie der natürlichen Zahlen zu liefern, erlaubt zwangsläufig Aussagen, die zwar wahr sind, sich aber aus den Axiomen niemals beweisen lassen. Eine Mathematik, in der sich vollständig alle wahren Aussagen Schritt für Schritt aus einer kleinen, überschaubaren Zahl wahrer Grundannahmen ableiten lassen, kann es niemals geben.

Das klingt zunächst so abstrakt, dass man sich darüber wundert, wie so etwas überhaupt bewiesen werden kann. Wir haben in der Schule gelernt, wie sich bestimmte mathematische Gesetze beweisen lassen – der Satz des Pythagoras etwa. Aber wie beweist man die Unvollständigkeit der mathematischen Beweisführung? Oder die Unbeweisbarkeit einer bestimmten Behauptung? Kurt Gödel gelang das mithilfe einer genialen Idee: Er fand einen Weg, wie man nicht nur mit Zahlen oder Variablen, sondern mit mathematischen Sätzen rechnen kann.

In der Logik hat man es oft mit Aussagen zu tun, die uns etwas über Zahlen verraten – zum Beispiel: „Für alle beliebigen natürlichen Zahlen x und y ist x plus y dasselbe wie y plus x." So ein Satz lässt sich in der formalen Sprache der Logik in einer einfachen

Formel aufschreiben. Gödel erkannte, dass man solche Aussagen über Zahlen ihrerseits wieder in eine Zahl verwandeln kann. Man muss nur einen passenden Weg finden, den einzelnen Symbolen, die man in der Logik verwendet, Zahlen zuzuweisen und sie dann auf sinnvolle Weise zu einer großen Zahl zusammenzufügen.

Das ist nichts besonders Geheimnisvolles. Im digitalen Zeitalter sind wir es gewohnt, dass sich fast beliebige Inhalte als Zahl codieren lassen. Auch unsere Urlaubsfotos sind am Computer als lange Zahl abgespeichert, genau wie unsere Lieblingsmusik. Und auf ähnliche Weise lässt sich jeder mathematischen Aussage eine Zahl zuweisen – die sogenannte „Gödel-Zahl".

Wenn man eine passende Codierung festgelegt hat, kann man also manche Zahlen als mathematischen Satz lesen. Bestimmte unvorstellbar große Zahlen sind sogar die Gödel-Zahl für einen langen mathematischen Beweis.

Wenn sich aber nun Zahlen und mathematische Sätze direkt ineinander übersetzen lassen, dann kann man in der Sprache der Mathematik über Mathematik reden. Man kann mathematische Sätze formulieren, die nicht nur Aussagen über Zahlen treffen, sondern auch Aussagen über mathematische Sätze – etwa: „n ist nicht die Gödel-Zahl eines Beweises des Satzes S." Und auch diese Aussage lässt sich ihrerseits wieder als Gödel-Zahl aufschreiben.

Wenn uns nun aber mathematische Sätze etwas über mathematische Sätze erzählen können, dann entsteht auch hier wieder die Gefahr innerer Widersprüche – so ähnlich wie bei Epimenides, dem Kreter, der behauptet, dass alle Kreter lügen. Kurt Gödel gelang es, eine Aussage zu konstruieren, die besagt: „Keine Zahl ist die Gödel-Zahl eines Beweises dieser Aussage." Die Aussage behauptet also von sich selbst: „Ich bin nicht beweisbar."

Diese Aussage muss entweder wahr oder falsch sein. Wenn die Aussage „Ich bin nicht beweisbar" falsch wäre, dann würde das bedeuten, dass sie doch beweisbar ist. Dann gäbe es aber einen korrekten Beweis für eine falsche Aussage – das ist ein innerer

Widerspruch. Dann muss die Aussage aber wahr sein – und das bedeutet, dass es eine wahre Aussage gibt, die sich niemals beweisen lässt, egal, wie sehr man sich auch bemüht. Den Beweis kann es aus Gründen der Logik gar nicht geben.

Damit lautet Gödels berühmter erster Unvollständigkeitssatz (in einer etwas unmathematisch-umgangssprachlichen Formulierung): „Jedes logische System (das zumindest mächtig genug ist, eine Theorie der natürlichen Zahlen zu enthalten) ist entweder widersprüchlich oder unvollständig." Gödel konnte daraus auch noch seinen zweiten Unvollständigkeitssatz ableiten: „Ein konsistentes System kann die eigene Konsistenz nicht beweisen."

Kurt Gödel war noch keine fünfundzwanzig Jahre alt, als er mit seinen Ergebnissen die Welt der Mathematik erschütterte. Seine Unvollständigkeitssätze sorgten für Aufsehen, unter anderem in den USA, beim großen Mathematiker und Informatik-Pionier John von Neumann. Gödel reiste wiederholt ans Institute for Advanced Study in Princeton, er hielt Vorlesungen in Wien und in Göttingen.

Schon als Student hatte er seine große Liebe Adele Porkert kennengelernt, eine Wiener Nachtclubtänzerin, sechs Jahre älter als er – und bereits verheiratet. Sie ließ sich scheiden und heiratete Kurt Gödel schließlich im Jahr 1938. Trotz alledem hatte Gödel auch in dieser Zeit immer wieder mit schweren psychischen Problemen zu kämpfen.

Zusätzlich wurde die politische Lage in seiner Heimat immer schlimmer: Die Nationalsozialisten hatten die Macht ergriffen. Dumpfgeistige Politiker, die menschenverachtende Gesetze des Unrechts verabschiedeten, durften regieren, während geniale Wissenschaftler, die wunderbare Gesetze des Universums untersuchten, emigrieren mussten.

Gödel war gewiss kein besonders politischer Mensch, aber nachdem ihn herumpöbelnde Nazis auf der Straße attackiert hatten, wurde es ihm schließlich auch zu viel. Im Jahr 1940, als der

Zweite Weltkrieg bereits durch Europa tobte, gelang Kurt Gödel und seiner Frau Adele noch die Flucht – mithilfe amerikanischer Freunde konnten sie über Sibirien in die USA einreisen, in Princeton fanden sie eine neue Heimat. Gödels Freund Oskar Morgenstern befragte ihn zu der Lage in Wien. „Der Kaffee ist erbärmlich", antwortete Gödel – über Politik verlor er kein Wort. „Er ist sehr spassig, in seiner Mischung von Tiefe & Weltfremdheit", vermerkte Morgenstern in seinem Tagebuch.

In Princeton lernte Kurt Gödel dann auch Albert Einstein kennen. Die beiden hatten einiges gemeinsam. Beide galten als Genies: Einstein hatte im Alter von fünfundzwanzig Jahren die Fundamente der Physik erschüttert, als er seine spezielle Relativitätstheorie veröffentlichte. Gödel war fast genauso alt, als er die Fundamente der Mathematik erschütterte. Einstein hatte dann zeitgleich mit David Hilbert an den Grundgleichungen der allgemeinen Relativitätstheorie geforscht und sich am Ende gegen den großen Mathematiker durchgesetzt. Gödel hatte zeitgleich mit David Hilbert an der Frage nach der Vollständigkeit formaler Systeme geforscht und am Ende den Traum des großen Mathematikers zerplatzen lassen. Zwischen Einstein und Gödel entwickelte sich eine enge Freundschaft. Einstein soll, so berichtete Oskar Morgenstern später, gesagt haben, dass er überhaupt nur ans Institut komme, um das Privileg zu haben, mit Gödel zu Fuß nach Hause gehen zu dürfen.

Doch in vielerlei Hinsicht hätten die beiden Freunde kaum unterschiedlicher sein können. Albert Einstein war ein politischer Intellektueller, ein internationaler Star, ein rationaler Denker, fest verankert im naturwissenschaftlichen Weltbild der Aufklärung. Kurt Gödel hingegen war ein zurückgezogener Grübler, der an Übernatürliches glaubte, gequält von irrationalen Ängsten. Im Lauf der Jahre entwickelte er immer stärkere Anzeichen von Paranoia, er fürchtete sich davor, vergiftet zu werden. Schließlich aß er kaum noch, nur die liebevolle Unterstützung durch seine Frau Adele hielt ihn am Leben. Als sie 1977 selbst für einige Monate ins Krankenhaus musste, verweigerte Gödel – ohne seine Vorkosterin – überhaupt jede Nahrung. Mit einem Körpergewicht von etwa 30 Kilogramm wurde er ins Krankenhaus eingeliefert. Der wohl größte Logiker in der Geschichte der Mathematik starb am 14. Jänner 1978, weil er sich weigerte, zu essen.

Die Logik hat noch immer recht

Die Welt der Mathematik ist nicht mehr dieselbe, seit Gödel seinen Unvollständigkeitssatz veröffentlichte. Die Methoden der Logik, an denen er arbeitete, spielen für die Mathematik bis heute eine wichtige Rolle. Man darf das mathematische Forschungsgebiet der Logik allerdings nicht mit dem verwechseln, was man im Alltag normalerweise unter „Logik" versteht. „Das ist doch logisch", sagen wir, wenn wir etwas völlig offensichtlich, klar und einfach finden. Dabei geht es normalerweise nicht um mathematische Formeln, sondern um leicht verständliche Nachvollziehbarkeit.

Ursprünglich hatte die Logik mit Mathematik nicht besonders viel zu tun. Im antiken Griechenland war die Logik eher ein Teilgebiet der Rhetorik. Es ging darum, korrektes Argumentieren von Trugschlüssen zu unterscheiden. „Alle Menschen sind sterblich. Sokrates ist ein Mensch. Also ist Sokrates sterblich." – Das ist ein Beispiel für ein logisch korrekt geführtes Argument. „Geniale Ideen stoßen immer auf Widerspruch. Meine Ideen stoßen auf Widerspruch. Also sind meine Ideen genial." – Diese Argumentation klingt zwar auch so ähnlich, sie ist aber falsch.

Aristoteles beschäftigte sich mit solchen Mustern logischer Schlüsse – sogenannten „Syllogismen". Um solche Gedankenspielereien zu durchschauen, muss man keine Gleichungen und Formeln aufschreiben, unsere einfache Alltagssprache genügt.

Die mathematische Logik hingegen ist keine Wissenschaft, die sich auf banale Alltagsaussagen beschränkt. Sie ist ein diffiziler, abstrakter Teilbereich der Mathematik. Man hat eine ganz eigene Formelsprache entwickelt, in der man mit speziellen Zeichen und Schriftregeln logische Aussagen aufschreiben kann. Ähnlich wie man in der Schule mathematische Gleichungen umformt, bis man am Ende den Wert einer Variable ausgerechnet hat, kann man logische Aussagen umformen, um neue Wahrheiten aus ihnen abzuleiten. Jeder einzelne Schritt ist leicht nachzuvollziehen und gehorcht ganz einfachen Grundregeln. Aber am Ende gelangt man zu einer neuen Erkenntnis, die alles andere als offensichtlich ist.

Ganz besonders bedeutsam wurde die Logik für eine Wissenschaft, an die zu Kurt Gödels Zeiten noch gar nicht zu denken war – für die moderne Informatik. Heute gibt es Computerprogramme, die ganz automatisch, nach vorgegebenen logischen Regeln Beweise für bestimmte mathematische Aussagen liefern können. Es gibt Computerprogramme, die andere Computerprogramme nach Fehlern durchsuchen, oder auch Computerprogramme, die beweisen können, dass ein bestimmter Computercode unter allen logisch möglichen Bedingungen das richtige Ergebnis liefert.

All das sind wunderbare, nützliche Fortschritte, die wir der formalen Logik zu verdanken haben. Gödels logischer Beweis der Unvollständigkeit mathematischer Systeme wird allerdings immer wieder völlig falsch interpretiert. Manche Leute deuten Gödels Unvollständigkeitssätze als Hinweis darauf, dass auch die Mathematik etwas Unscharfes, Unklares, Mystisches birgt. Das ist natürlich völlig falsch. Die Logik lässt sich nicht in ein esoterisch-mystisches Weltbild einbauen.

Hat Gödel mit seinen Unvollständigkeitssätzen bewiesen, dass die Mathematik ein löchriges Gebilde von zweifelhafter Stabilität ist, das jederzeit einstürzen könnte? Nein, das hat er nicht. Hat Gödel behauptet, dass die Logik nicht immer richtig liegt oder dass exaktes Beweisen gar nicht möglich ist? Niemals wäre er auf so unsinnige Ideen gekommen. Hat Gödel angezweifelt, dass es so etwas wie wahre oder falsche Aussagen überhaupt gibt? Nein, sonst wäre er kein historisch bedeutsamer Wissenschaftler, sondern ein längst vergessener Wirrkopf.

Selbstverständlich gibt es nach wie vor wahre und falsche Aussagen. Ein gleichseitiges Dreieck in der Ebene schließt in jeder Ecke einen Winkel von sechzig Grad ein – das ist wahr. Achtundvierzig ist eine Primzahl – das ist falsch. Beides lässt sich beweisen. Die Tatsache, dass man durch Gödels Aussagen-Nummerierung auch Sätze konstruieren kann, bei denen die Sache komplizierter ist, hat damit nichts zu tun. Eine logisch bewiesene Aussage ist nach Gödel noch genauso unverrückbar wahr wie vorher. Und wenn aus wahren Aussagen eine neue Aussage logisch folgt, dann muss diese neue Aussage auch wieder wahr sein. Daran besteht kein Zweifel.

Wir müssen uns nur damit abfinden, dass es wahre Aussagen gibt, für die wir niemals einen Beweis finden können. Vieles in der Mathematik lässt sich wunderbar beweisen – etwa die Tatsache, dass es unendlich viele Primzahlen gibt. Aber manche Dinge bleiben lange Zeit eine bloße Vermutung, so lange, bis man endlich einen Beweis gefunden hat.

So vermutet man zum Beispiel schon lange, dass jede gerade Zahl größer als zwei die Summe von zwei Primzahlen ist – das ist die sogenannte „Goldbach'sche Vermutung". Sechs ist drei plus drei, acht ist fünf plus drei, vierundzwanzig ist dreizehn plus elf. Man kann das für Milliarden Zahlen nachprüfen, immer findet man mindestens eine Möglichkeit, die Zahl aus zwei Primzahlen zusammenzusetzen. Aber ob das wirklich für alle Zahlen gilt, bis ins Unendliche, ist bis heute nicht bewiesen.

David Hilbert wäre in jungen Jahren noch völlig überzeugt gewesen, dass es nur eine Frage der Zeit sein kann, bis man entweder beweisen kann, dass die Goldbach'sche Vermutung für alle geraden Zahlen gilt, oder aber beweisen kann, dass irgendeine Zahl dagegen verstößt. Heute wissen wir: Es kann sein, dass es einen solchen Beweis einfach nicht gibt.

Je nach persönlichem Geschmack kann man das schön oder traurig finden – es ist einfach so. Gödels Ergebnisse entwerten die Mathematik nicht, sie schärfen unseren Blick darauf, was die Mathematik aussagen kann und was nicht. Dass wir nicht alles beweisen können, mindert nicht die Zuverlässigkeit des bereits Bewiesenen. Wenn uns die Astronomie sagt, dass es viele Sterne gibt, die wir niemals sehen können, weil uns ihr Licht niemals erreichen wird, dann entwertet das auch nicht unser Wissen über die Sterne, die wir bereits kennen. Wir verstehen dadurch nur besser, auf welches Wissen wir in Zukunft hoffen dürfen und warum manches für immer im Dunkeln bleiben wird.

SCHMUTZIGE GLÄSER UND REINE WAHRHEIT

Wie der Wiener Kreis nach der perfekten Philosophie suchte, wie man mysteriöse Strahlen entdeckt, die es gar nicht geben kann, und warum man eine Nobelpreisidee auch mal mit Taubenmist verwechseln kann: Naturwissenschaft ist immer auf Beobachtungen angewiesen, aber unsere Beobachtungen sind niemals perfekt.

Selten zuvor war eine Küche von so klugen Leuten geputzt worden. Den Nobelpreisträger Niels Bohr hatte man zum Geschirrspülen abkommandiert, der Nobelpreisträger Werner Heisenberg war für den schmutzigen Herd zuständig. Es war das Jahr 1933, mehrere Physiker verbrachten einen gemeinsamen Skiurlaub auf einer Almhütte und hatten die Hausarbeit untereinander aufgeteilt.

Als Niels Bohr das Geschirr spülte, wurde ihm klar, dass Geschirrspülen eigentlich eine ziemlich merkwürdige Angelegenheit ist: Man nimmt ein schmutziges Tuch und wäscht damit in schmutzigem Wasser das schmutzige Geschirr – und trotzdem kommt auf wundersame Weise am Ende etwas Sauberes heraus. Bohr blickte auf die blitzblanken Gläser und meinte: „Wenn man das einem Philosophen sagen würde, er würde es nicht glauben!"

Das erinnerte stark an die wissenschaftsphilosophischen Probleme, die von den Physikern auf der Almhütte damals diskutiert wurden: Auch die Wissenschaft ist oft eine schmutzige Angelegenheit. Man führt ungenaue Experimente durch und verwendet unklare Begriffe, um inexakte Ergebnisse zu erklären. Und trotzdem kann man dann am Ende auf wundersame Weise die Regeln der Natur in ihrer glänzenden Klarheit durchschauen.

Die Frage ist nur: Genügt uns das? Darf man sich in der Naturwissenschaft mit Unklarheiten zufriedengeben, solange das Endergebnis einigermaßen sauber aussieht?

In der Mathematik hat man es einfacher. Dort kann man hoch komplizierte Aussagen perfekt beweisen, mit unerbittlicher Endgültigkeit, sodass an ihrer Wahrheit absolut kein Zweifel mehr besteht. Wäre es dann nicht vielleicht möglich, die gesamte Wissenschaft mit dieser Präzision zu betreiben? Können wir die strengen Regeln der Logik auch in alle anderen Forschungsbereiche hineintragen, um überall unantastbare Wahrheiten zu erschaffen, denen einfach jeder zustimmen muss?

Der Wiener Kreis

Dieser große Traum von der perfekten Wissenschaft wurde in Wien heftig diskutiert, in den 1920er- und 1930er-Jahren. Rund um Philosophen wie Moritz Schlick oder Rudolf Carnap hatte sich der „Wiener Kreis" zusammengefunden, eine Gruppe wissenschaftlich und philosophisch interessierter Intellektueller. Auch der junge Kurt Gödel war oft mit dabei. Man traf sich im mathematischen Seminar der Universität Wien in der Boltzmanngasse und arbeitete gemeinsam an einer logischen, rationalen, wissenschaftlichen Weltanschauung.

Mit großer Bewunderung blickte man im Wiener Kreis auf die großen Fortschritte in der Mathematik, die möglich geworden waren, weil man auf Basis einfacher Grundannahmen nach klaren, logischen Regeln vorging. In der Philosophie hingegen schien es keine vergleichbaren Fortschritte zu geben. Immer noch stritt man über Fragen, die auch Jahrhunderte zuvor bereits diskutiert worden waren: Was können wir wissen? Wie gelangen wir zu neuer Erkenntnis? Wie lässt sich aus Einzelbeobachtungen auf allgemeingültige Gesetze schließen?

Musste man das nicht als Hinweis darauf sehen, dass in der Philosophie etwas grob falschlief? Wenn sich die Philosophie offenbar nicht von der Stelle bewegte – musste man dann vielleicht ihre Grundannahmen neu überdenken? Musste man die logischen Werkzeuge der Philosophie vielleicht einfach mal ordentlich zurechtpolieren?

Wichtig schien es den Philosophen des Wiener Kreises vor allem, wissenschaftliche Aussagen klar und eindeutig von unwissenschaftlichen zu trennen. Das ist nicht immer ganz einfach. Es gibt Beispiele für zweifellos wissenschaftliche Aussagen – etwa das zweite Newton'sche Gesetz „Kraft ist Masse mal Beschleunigung". Wenn es uns gelingt, uns darauf zu einigen, was wir unter „Kraft", „Masse" und „Beschleunigung" verstehen, dann sagt uns dieser Satz ganz klar, wie wir diese Größen ineinander umrechnen können. Der Satz „Die Demokratie ist die gerechteste aller Herrschaftsformen" hingegen ist ein komplizierterer Fall. Was Demokratie ist, lässt sich vielleicht noch definieren. Aber wie können wir „Gerechtigkeit" messen und vergleichen?

Und dann gibt es auch Sätze, die mit Wissenschaft überhaupt nichts zu tun haben: „Alles Seiende wird durchdrungen von einer allgegenwärtigen kosmischen Energie, die jeden von uns mit dem Universum verbindet – und das Universum mit uns." Das ist grammatikalisch richtig, aber was soll es bedeuten? Hier kommen zwar die Begriffe „Energie" und „Universum" vor, die ein bisschen wissenschaftlich klingen, aber der Satz hat keine echte Aussage. Er ist genauso informativ wie „Trallala, hopsasa!" oder „Sehen wir nach, ob sich die Zahl fünf nächsten Dienstag salzig angehört hat." Aber warum ist das so und woran können wir erkennen, welche Sätze sinnvollen Inhalt haben und welche nicht?

Auf der Müllhalde des Unsinnigen

Auf ihrer Suche nach einer neuen, logischen Philosophie ließen sich Rudolf Carnap und seine Kollegen des Wiener Kreises von Logikern wie Gottlob Frege oder Bertrand Russell inspirieren. Ihr Programm nannten sie den „logischen Empirismus": Akzeptiert wurden nur die Ergebnisse wissenschaftlicher Experimente und logischer Analysen. Ein sinnvoller Satz muss etwas ausdrücken, was sich durch Beobachtung nachweisen lässt, oder er muss logisch aus etwas Beobachtbarem hervorgehen. Alles andere wurde vom Wiener Kreis als „Metaphysik" abgetan und damit für uninteressant und unwissenschaftlich erklärt.

Das ist ein ziemlich radikaler Schritt, denn ein beachtlicher Teil der Philosophiegeschichte landet nach diesen Kriterien auf der Müllhalde des Unsinnigen. „Liegt dem Universum eine göttliche Ordnung zugrunde?" Solche Fragen sind nach den Prinzipien des logischen Empirismus völlig sinnlos. Wie sollte man das mit Logik und wissenschaftlichen Experimenten überprüfen? Wenn nur präzise, logische Aussagen zugelassen sind, kann man über manche Fragen nicht diskutieren. Und, wie Ludwig Wittgenstein es ausgedrückt hatte: Wovon man nicht sprechen kann, darüber muss man schweigen.

Viele große Philosophen waren nicht unbedingt für ihre glasklare, logische Formulierungskunst bekannt. Ein besonders beeindruckendes Beispiel dafür ist Martin Heidegger. Von ihm stammen Sätze wie „Das Nichts ist die schlechthinnige Verneinung der Allheit des Seienden". Man kann darüber streiten, ob das noch philosophische Sprache ist oder bloß Lautmalerei.

Schon David Hilbert hatte sich darüber lustig gemacht, dass dieser Satz gegen alle Grundsätze der Logik verstößt. Und aus Sicht der logischen Empiristen taugte der Philosophie-Star Heidegger höchstens als abschreckendes Beispiel. „Ich kam zu der Über-zeugung", schrieb Carnap, „dass viele traditionelle metaphysische Thesen nicht nur unnütz, sondern bar jedes kognitiven Gehalts seien. Es sind Scheinsätze, die nichts behaupten und folglich weder wahr noch falsch sind."

Den Philosophen des Wiener Kreises wurde allerdings auch bald klar, wie schwierig es ist, auf jede Metaphysik zu verzichten. Wenn man allzu radikal alles aussortiert, was unpräzise klingt, entsorgt man möglicherweise auch Ideen, die man eigentlich behalten möchte. Im Wiener Kreis hatte man große Hochachtung vor Ludwig Wittgenstein. Trotzdem war man sich nicht einmal bei Wittgensteins Hauptwerk, dem berühmten *Tractatus logico-philo-sophicus*, wirklich einig, ob es sich um klare, logische Philosophie oder um bloße Metaphysik handelte.

Besonders streng war der Nationalökonom Otto Neurath: Als man bei einem Treffen Wittgensteins Werk Satz für Satz gemeinsam durchging, ortete er immer wieder Metaphysik und beschwerte sich jedes Mal laut darüber. Moritz Schlick war genervt von Neuraths ständigen Unterbrechungen und bat ihn, sich etwas zurückzuhal-ten. Daraufhin schlug Neurath vor, nicht mehr „Metaphysik!" zu rufen, wenn ihm die Diskussion metaphysisch erschien, sondern bloß noch „M!". Kurz darauf meldete er sich ein weiteres Mal zu Wort: Vielleich sei es noch besser, wenn er einfach „non-M" riefe – und zwar nach den wenigen Sätzen, die ihm ausnahmsweise mal nicht metaphysisch erschienen.

Mathematische Präzision ist eine wunderbare Sache. Aber streng genommen ist sie eben nur in der Mathematik möglich. Schon in der Naturwissenschaft müssen wir uns zwangsläufig mit ungenauen Begriffen zufriedengeben, und in der Philosophie erst recht. Trotzdem sollten wir uns bemühen, durch klare Begriffe und eindeutige Formulierungen für möglichst viel Klarheit zu sorgen – so wie beim Spülen von schmutzigem Geschirr in schmutzigem Wasser mit schmutzigen Lappen. Das Ergebnis wird nicht perfekt sein. Aber meistens kommt man zu einem Resultat, mit dem man doch zufrieden sein kann.

Wir täuschen uns – und andere gleich mit

Eines stand für die Philosophen des Wiener Kreises jedenfalls fest: Die Basis der Wissenschaft ist die Beobachtung. Wer auf bloßes Bauchgefühl vertraut, ein Orakel befragt oder sich von göttlichen Eingebungen erleuchten lässt, handelt nicht wissenschaftlich. Wir müssen die Welt mit unseren Sinnen wahrnehmen. Das klingt einfach, bringt uns aber in grobe Schwierigkeiten. Wir haben keinen unverfälschten, garantiert fehlerfreien Zugang zur Welt um uns. Unsere Sinne sind nicht perfekt, unser Gehirn macht ständig Fehler beim Interpretieren unserer Wahrnehmungen und unser Gedächtnis speichert vieles ganz anders ab, als es in Wirklichkeit geschehen ist.

Sinnestäuschungen sind etwas ganz Alltägliches. Es ist ziemlich einfach, unsere Wahrnehmung zu überlisten. Ein Beispiel dafür ist die sogenannte Mondtäuschung: Wenn der Mond knapp über dem Horizont steht, dann kommt er uns viel größer vor als sonst. Dafür gibt es keinen physikalischen Grund. Wenn wir nachmessen, erkennen wir, dass der Mond natürlich immer gleich groß bleibt. Doch egal, wie oft wir das nachprüfen – unser Gehirn ist anderer Meinung.

Man muss unser Gehirn gar nicht mit optischen Täuschungen in die Irre führen, um es beim Versagen zu beobachten. Unsere Wahrnehmung scheitert oft auch bei ganz alltäglichen Aufgaben, für die uns die Evolution eigentlich recht gut ausgestattet haben sollte.

Daniel Simons und Daniel Levin, zwei US-amerikanische Psychologen, veröffentlichten 1998 die Ergebnisse eines merkwürdigen Experiments. Die Testmethode war recht einfach: Ein Wissenschaftler spazierte über den Campus der Cornell University, mit orientierungslosem Blick und einem Stadtplan in den Händen. Er ging auf zufällig ausgewählte Passanten zu und fragte nach dem Weg. Während er und der Passant ins Gespräch vertieft waren, kamen Arbeiter vorbei, die gemeinsam eine große Tür schleppten und sich unfreundlicherweise zwischen den beiden Gesprächspartnern hindurchzwängten.

Genau das war der entscheidende Moment: In dem kurzen Augenblick, in dem die vorbeigetragene Tür den Blick des Passanten blockierte, wurde nämlich sein Gesprächspartner ausgetauscht. Der Wissenschaftler ging von der Tür verdeckt weiter, dafür blieb einer der Arbeiter stehen und setzte das Gespräch nahtlos fort, mit dem gleichen Plan in der Hand, als sei er die Person, die den Passanten ursprünglich angesprochen hatte.

Der ursprüngliche und der neue Gesprächspartner sahen einander nicht besonders ähnlich, sie waren unterschiedlich groß und trugen unterschiedliche Kleidung. Trotzdem bemerkte mehr als die Hälfte der Passanten nicht, dass etwas Ungewöhnliches geschehen war. Sie plauderten weiter, ohne zu erkennen, dass sie vor wenigen Sekunden noch mit einer völlig anderen Person gesprochen hatten.

Wenn wir nicht einmal bemerken, dass unser Gesprächspartner mitten in einer Unterhaltung ausgetauscht wurde – welche anderen Irrtümer begehen wir dann wohl Tag für Tag mit der allergrößten Selbstsicherheit, ohne jemals an uns zu zweifeln?

Vor Gericht mögen Augenzeugenberichte eine wichtige Rolle spielen, aber in der Wissenschaft sind sie ein ziemlich schwaches Argument. Wer von einer Expedition zurückkehrt und ganz fest verspricht, das Loch-Ness-Monster gesehen zu haben, wird damit nicht besonders viele Fachleute überzeugen. Wenn wir uns auf die Suche nach wissenschaftlichen Wahrheiten machen, dann dürfen wir uns nicht auf die Beobachtungen und Erinnerungen anderer Menschen verlassen. Wir dürfen uns nicht einmal auf unsere eigenen Beobachtungen und Erinnerungen verlassen.

René Blondlot und die geheimnisvollen N-Strahlen

Deutlich zuverlässiger wird unsere wissenschaftliche Arbeit, wenn wir nicht nur beobachten, sondern messen. „Man soll messen, was messbar ist – und das nicht Messbare messbar machen" – dieser Satz wird oft Galileo Galilei angedichtet. Wahrscheinlich hat er das nie so gesagt, richtig ist der Ausspruch trotzdem. Nüchterne Zahlen verringern die Gefahr von Täuschungen ganz deutlich. Wir kennen das von Kochrezepten: „100 Gramm" ist eine nützlichere Mengenangabe als „zwei Handvoll".

Wir selbst sind leider ganz miserable Messgeräte – auch wenn das viele Leute nicht wahrhaben wollen: Manche Menschen suchen mit Wünschelruten nach Wasseradern oder geheimnisvollen Erdstrahlen, und die Wünschelrute schlägt irgendwann tatsächlich aus, wie ein Zeiger. Aussagekraft hat das keine. Wenn man mehrere Wünschelrutengeher über dieselbe Wiese schickt, finden sie völlig unterschiedliche Muster von Wasseradern und Erdstrahlen. Die Wünschelrute misst keine echten Wahrheiten, sondern bloß individuelle Bauchgefühle. Die Erwartungshaltung des Wünschelrutengehers führt unbewusst zu winzigen Handbewegungen, die dann die Wünschelrute beeindruckend zucken lassen.

Andere Leute schauen mit großer Besorgnis in den Himmel und studieren die weißen Streifen, die dort von Flugzeugen hinterlassen werden. Das sollen angeblich „Chemtrails" sein – Wolken aus gefährlichen Giftstoffen, die im Auftrag dunkler Mächte über unseren Köpfen versprüht werden. Mit chemischen, physikalischen oder meteorologischen Messgeräten kann man das untersuchen. Dann stellt man fest, dass es sich um ganz gewöhnliche Kondensstreifen handelt, die sich wissenschaftlich problemlos erklären lassen. Doch wenn man nur die eigenen Augen als Messgeräte verwendet und alles andere ignoriert, dann gerät man leicht in einen Wirbelsturm an Angst, Frust und Paranoia.

Wir sollten also Messgeräte benutzen, Ergebnisse ablesen und sie mit größter Ehrlichkeit aufschreiben. Aber selbst dann können wir immer noch in erstaunliche Selbstbetrugs-Fallen tappen. Sogar großen Wissenschaftlern kann das passieren – das beweist die Geschichte von den geheimnisvollen N-Strahlen, die wohl zu den bemerkenswertesten Irrtümern der Wissenschaftsgeschichte zählt.

Zu Beginn des zwanzigsten Jahrhunderts war die Strahlenphysik in Mode. Wilhelm Röntgen hatte die mysteriösen „X-Strahlen" entdeckt, die man im Deutschen heute Röntgenstrahlen nennt. Dafür bekam er 1901 den allerersten Physiknobelpreis. In Frankreich experimentierte Henri Becquerel mit Uransalzen – eigentlich suchte er nach Röntgenstrahlen, doch versehentlich entdeckte er dabei die Radioaktivität. Der großen Naturwissenschaftlerin Marie Curie gelang es dann, das Phänomen physikalisch zu erklären – sie wurde 1903 mit dem Physiknobelpreis ausgezeichnet, gemeinsam mit Becquerel und ihrem Ehemann Pierre Curie.

Auch der hoch angesehene Physiker René Blondlot von der Universität von Nancy in Frankreich forschte damals an Strahlen. Er erhitzte Drähte aus Platin und beobachtete, dass eine Gasflamme ein kleines bisschen heller wurde, wenn er den Platindraht gezielt auf sie richtete. Kein bekanntes Naturgesetz konnte diesen Effekt erklären, und so kam Blondlot zu dem Schluss, eine neue Art von Strahlung entdeckt zu haben. Zu Ehren seiner Universitätsstadt Nancy nannte er sie „N-Strahlung".

Damit war die Sache für René Blondlot noch lange nicht zu Ende. Wie sich das in der Wissenschaft gehört, versuchte er, über das Phänomen möglichst viel herauszufinden. Bald stellte er fest, dass nicht nur Platin N-Strahlen aussendet, sondern offenbar auch viele andere Materialien. Er beobachtete sogar, dass man N-Strahlen aufspalten kann: Ähnlich wie sich ein Lichtstrahl in alle Farben des Regenbogens zerlegt, wenn man ihn durch ein Glasprisma schickt, zerlegte Blondlot seine N-Strahlen in ein N-Strahlen-Spektrum, indem er sie durch ein Prisma aus Aluminium schickte. Er fand dabei charakteristische Streifen im Spektrum, wie man sie zuvor auch schon im Lichtspektrum von Gaslampen entdeckt hatte.

Das alles erregte natürlich großes Interesse, und bald machte man sich auch anderswo auf die Suche nach den N-Strahlen. An manchen Forschungsinstituten führte man ähnliche Experimente mit ähnlichen Ergebnissen durch, eine Fülle wissenschaftlicher Publikationen erschien, doch manche Physiker blieben nach wie vor skeptisch.

Sogar bis zum deutschen Kaiser Wilhelm II. gelangte die Nachricht von den seltsamen französischen N-Strahlen. Der Kaiser interessierte sich sehr für Wissenschaft und befahl dem Berliner Forscher Heinrich Rubens, ihm das Phänomen vorzuführen. Doch Rubens scheiterte. Zwei Wochen mühte er sich mit dem Versuch ab, Blondlots Experimente zu wiederholen, am Ende musste er dem Kaiser gestehen, dass er die N-Strahlen nicht finden konnte. Das war nicht nur eine persönliche Niederlage für Rubens selbst – in einer Zeit, in der in ganz Europa der Nationalismus immer stärker wurde, konnte man so etwas als Peinlichkeit für die gesamte deutsche Wissenschaft sehen.

Allerdings gab es auch in anderen Ländern Forscher, die von den seltsamen N-Strahlen noch immer nicht so ganz überzeugt waren. Um die Zweifel zu beseitigen, wurde der Physiker Robert Wood nach Nancy geschickt, um direkt in Blondlots Labor zu klären, was von den N-Strahlen denn wirklich zu halten war. Als US-Amerikaner konnte Wood als unparteiischer Schiedsrichter im Streit zwischen der französischen und der deutschen Forschung gelten.

Robert Wood durfte also die Messinstrumente genau studieren, und René Blondlot führte sein Experiment vor: Ein kleines Gaslicht wurde gezündet, das nach Blondlots N-Strahlen-Theorie immer wieder etwas heller werden sollte, wenn die Flamme von N-Strahlen getroffen wurde. Doch Wood konnte keinen

Unterschied sehen. Blondlot ließ sich dadurch nicht verunsichern: Woods Augen seien einfach nicht empfindlich genug, erklärte er. Daraufhin schlug Wood eine andere Methode vor: Blondlot selbst sollte die Helligkeitsveränderungen beobachten, während Wood den Strahl ganz zufällig manchmal unterbrach und manchmal auf das Gaslicht treffen ließ. Blondlot war einverstanden – doch er irrte sich fast immer: Oft registrierte er Schwankungen, obwohl Wood überhaupt nichts verändert hatte.

Zu diesem Zeitpunkt ahnte Robert Wood bereits, dass die geheimnisvollen N-Strahlen wohl mehr mit Augenflimmern und der Erwartungshaltung des Beobachters zu tun hatten als mit echter Physik. Doch er ließ sich von Blondlot noch das bemerkenswerteste der N-Strahlen-Experimente vorführen: Die Zerlegung des Strahls mithilfe eines Prismas aus Aluminium. Blondlot lenkte den Strahl also durch ein Prisma, wie er das schon so oft gemacht hatte, und vermaß die charakteristischen Streifen im Spektrum. Ohne jede Mühe schien Blondlot die typischen Zahlenwerte abzulesen, die seine Experimente auch zuvor schon immer wieder ergeben hatten. Für Blondlot war damit klar: Die früheren Messungen waren wieder einmal korrekt reproduziert und auf überzeugende Weise bestätigt worden – also wieder ein Grund, auf die N-Strahlen zu vertrauen.

Blondlot hatte allerdings etwas Wichtiges übersehen: In einem unbeobachteten Moment hatte Wood das Aluminium-Prisma aus dem Versuchsaufbau verschwinden lassen. Der entscheidende Teil des Experiments befand sich während der Messung gar nicht im angeblichen Strahl, sondern in Woods Tasche.

Damit war klar, dass Blondlot etwas zu sehen glaubte, was in Wirklichkeit gar nicht da sein konnte. Wood schrieb seine Beobachtungen in einem Artikel für die Zeitschrift *Nature* nieder, und damit war das Ende der N-Strahlen besiegelt.

War René Blondlot also ein Betrüger? Nein, das war er nicht. Offenbar war er tatsächlich von seinen Beobachtungen überzeugt.

Wenn man in einem dunklen Labor stundenlang an komplizierten Instrumenten herumschraubt, auf der Suche nach schwachen, kaum sichtbaren optischen Effekten, dann passiert so etwas sehr leicht: Man stellt sich vor, wie das gewünschte Resultat auszusehen hat, und wenn einem dann vor Erschöpfung die Messergebnisse vor den Augen herumtanzen, findet man mit etwas gutem Willen fast alles.

Uns allen passieren immer wieder solche Irrtümer, zum Beispiel, wenn wir eine teure Flasche Wein gekauft haben, die wir mit liebevoller Aufmerksamkeit verkosten. Allein schon durch die Erwartungshaltung, die der hohe Preis mit sich bringt, schmeckt uns der Wein besser als der aus der billigeren Flasche – selbst dann, wenn wir die beiden in einer Blindverkostung vielleicht gar nicht zuverlässig voneinander unterscheiden könnten.

Wir müssen also zur Kenntnis nehmen: Wer seinen eigenen Sinnen völlig vertraut, kann nicht ganz bei Sinnen sein. Aber worauf sollen wir uns denn sonst verlassen?

Darauf gibt uns die Geschichte von den N-Strahlen zumindest einen wertvollen Hinweis: Sie ist nicht nur die Geschichte eines Irrtums, sie ist vor allem die Geschichte einer geglückten Korrektur. Auch ein ehrenwerter Wissenschaftler wie René Blondlot kann sich irren. Wenn mehrere kluge Leute ihre Ergebnisse, Ideen und Überlegungen vergleichen, lässt sich ein solcher Irrtum aber meistens recht zuverlässig aufspüren. Und dann, wenn wir uns auf die Fakten geeinigt haben, kann der spannende Teil der Wissenschaft beginnen.

Von den Fakten zur Theorie

Wenn man im achtzehnten Jahrhundert auf einem Schiff der Königlichen-Britischen Marine diente, dann wusste man, dass man sich auf ein gefährliches Leben eingelassen hatte. Viele Seeleute starben in Kriegen gegen Frankreich und Spanien. Doch eine gefürchtete

Krankheit forderte sogar noch mehr Todesopfer als die feindlichen Waffen: der Skorbut. Nach längerer Zeit auf hoher See bildeten sich Geschwüre, Zähne und Haare fielen aus, es kam zu Müdigkeit, Blindheit und schließlich zum Tod. Heute wissen wir, dass es sich dabei um eine Vitamin-C-Mangelerkrankung handelt, doch damals erschien Skorbut völlig unerklärlich.

Als der schottische Schiffsarzt James Lind eine ganze Reihe von Skorbut-Patienten zu behandeln hatte, beschloss er, die Sache möglichst wissenschaftlich anzupacken: Er teilte die erkrankten Seeleute in mehrere Gruppen ein und verabreichte ihnen als Ergänzung zur gewöhnlichen Schiffsverpflegung verschiedene Nahrungszusätze: Die einen bekamen Orangen und Zitronen, die anderen Salzwasser, wieder anderen gab er verdünnte Schwefelsäure. Innerhalb weniger Tage ging es den Patienten, die Orangen und Zitronen bekommen hatten, deutlich besser.

Modernen wissenschaftlichen Regeln entsprach das Experiment natürlich nicht. Die Zahl der Versuchspersonen war ziemlich klein, und ob Menschenversuche mit Schwefelsäure eine gute Idee sind, würde eine Ethikkommission heute wohl auch anzweifeln. Aber immerhin führte James Lind auf diese Weise eines der ersten kontrollierten Experimente der Medizingeschichte durch.

Die Daten waren recht eindeutig: Orangen und Zitronen scheinen gegen Skorbut zu helfen. Doch leider gelang es James Lind nicht, aus seinen Beobachtungen eine sinnvolle, aussagekräftige Theorie zu machen. Was Vitamine sind, wusste damals noch niemand. Lind vermutete, dass Skorbut eine Art Fäulnis sei, die man mit Säure bekämpfen konnte. Doch dann sollte Schwefelsäure eigentlich mindestens so gut wirken wie Orangensaft. James Lind veröffentlichte seine Beobachtungen, aber ohne eindeutige These und ohne klare Empfehlung. Und so dauerte es noch Jahrzehnte, bis sich Zitrusfrüchte als Teil der Schiffsverpflegung durchsetzten.

Beobachtungen niederzuschreiben ist noch keine Wissenschaft. Fakten allein sind langweilig, auch wenn sie wahr sind.

Wer Krankheitsverläufe beobachtet und dokumentiert, wer Käfer sammelt und ihnen lateinische Namen gibt, wer die Position von Sternen vermisst und in langen Zahlenreihen aufschreibt, betreibt vielleicht Natur-Buchhaltung, aber noch keine Naturwissenschaft. Interessant werden die Daten erst, wenn man Zusammenhänge und Muster erkennt, wenn man aus der Fülle von Beobachtungen heraus ein einfaches, wissenschaftliches Gesetz erkennt, das kürzer, kompakter und nützlicher ist als die bloße Auflistung von Daten.

Dieser Schritt von der Beobachtung zum Naturgesetz, vom Experiment zur Theorie, ist nicht einfach. Es ist streng genommen nicht einmal ein Schritt, sondern eher ein komplizierter Tanz – einmal vor, dann wieder zurück. Wer einen Blick auf die Natur wirft, der hat Ideen für neue Theorien. Und gleichzeitig beeinflussen die Theorien in unserem Kopf unseren Blick auf die Natur.

Das beginnt schon mit der Frage, welche Experimente wir überhaupt durchführen sollten. Nicht alle messbaren Daten sind auch wirklich interessant. Ich kann mit teuren Messgeräten und ausgeklügelten Präzisionsverfahren herausfinden, ob das Gewicht meiner Socken mit den Mondphasen zusammenhängt oder mit der Zahl der Nsenene-Heuschrecken in Uganda. Niemand hätte große Hoffnung, dass wir dabei etwas Bedeutungsvolles über das Universum lernen. Aber woher wissen wir das? Um das einzusehen, brauchen wir bereits Theorien in unserem Kopf, die uns sagen, was womit zusammenhängt – und womit ganz sicher nicht.

Auch beim Bewerten der Ergebnisse spielen die Theorien, an die wir glauben, eine wichtige Rolle: Können wir wirklich glauben, was wir da gemessen, beobachtet oder ausgerechnet haben? Oder ist das Ergebnis so verrückt, dass wir es als offensichtlichen Fehler sofort wegwerfen sollten?

Vom Taubenmist zum Nobelpreis

Eine alte Grundregel aus dem experimentalphysikalischen Labor lautet: „Wer misst, misst Mist." Fast immer hat man es in der Wissenschaft mit einer Mischung aus besseren und schlechteren Experimenten zu tun, manche Ergebnisse sind bloß dummer Datenmüll, andere sind wichtige Wahrheiten. Haben wir gemessen, was wir messen wollten? Oder sind wir nur einem störenden Nebeneffekt auf der Spur?

Mit einem Problem dieser Sorte hatten Arno Penzias und Robert Wilson zu kämpfen, als sie Mitte der 1960er-Jahre mit ihrer superempfindlichen Spezialantenne den Himmel über New Jersey nach elektromagnetischen Wellen absuchten. Eigentlich wollten sie herausfinden, wie man Radiowellen messen kann, die von Satelliten im Orbit um die Erde reflektiert werden. Aber ihre Messergebnisse waren seltsam und unverständlich. Sie wollten einfach nicht zu den Theorien und Erwartungen passen, die Penzias und Wilson bei ihrer Arbeit im Kopf hatten. Egal, in welche Richtung sie ihre Antenne drehten, egal, ob sie tagsüber oder nachts ihre Messungen durchführten – immer hatten sie mit einem ärgerlichen Hintergrundrauschen zu kämpfen. Ein gleichbleibendes Zischen im Mikrowellenbereich, das sie einfach nicht losgwerden konnten, schien jedes sinnvolle Experiment unmöglich zu machen.

Monatelang grübelten Penzias und Wilson, welche Störeffekte dafür verantwortlich sein könnten. Waren es Radiowellen aus der nahe gelegenen Stadt New York? Konnte es eventuell mit dem Van-Allen-Gürtel zu tun haben, einem Ring aus geladenen Teilchen rings um den Erdball, festgehalten vom Erdmagnetfeld? Schließlich stellten die Forscher fest, dass Tauben in der Antennenschüssel ein Nest gebaut hatten. Die Tiere mussten übersiedeln, ihre wissenschaftsfeindlichen Hinterlassenschaften wurden in mühevoller Arbeit weggeschrubbt – doch nicht einmal dadurch war das Problem behoben. Der Taubendreck war weg, das Mikrowellenrauschen blieb. Die Ursache dafür war nach wie vor unerklärlich.

Nach langer Arbeit konnten die Forscher nur sagen: Es handelte sich um Mikrowellenstrahlung, die nicht von der Erde stammte. Sie wurde auch nicht von der Sonne abgestrahlt, sie kam nicht mal aus unserer Galaxie. Aber woher denn dann?

Penzias und Wilson hatten keine Ahnung, dass nur ein paar Dutzend Kilometer entfernt, an der Universität Princeton, andere Leute davon träumten, genau diese Art von Mikrowellenstrahlung aufzuspüren. Der Astrophysiker Robert Dicke hatte dort mit seinem Team über die Entstehung des Universums nachgedacht und war dabei auf einen Gedanken gestoßen, den eigentlich der russische Physiker George Gamow schon in den 1940er-Jahren gehabt hatte: Als das Universum nach dem Urknall expandierte, gefüllt mit heißer, dichter Materie, entstand auch eine gewaltige Menge Strahlung. Man kann ausrechnen, dass diese uralte Urknall-Strahlung, das älteste Licht, das es im Universum überhaupt gibt, heute mit einer Wellenlänge im Mikrowellen-Bereich bei uns eintreffen muss. Die Strahlung, die Penzias und Wilson so sehr geärgert hatte, war der Nachhall des Urknalls, den wir heute noch als Mikrowellenstrahlung messen können.

Die Theorie der kosmischen Mikrowellen-Hintergrundstrahlung brachte Penzias und Wilson dazu, ihre Daten völlig neu zu interpretieren. Was die beiden für eine lästige Störung gehalten hatten, wurde plötzlich zu wertvollem Datenmaterial. Was sie beim Taubenmistschrubben loswerden wollten, stellte sich als das wichtigste Messergebnis ihres Lebens heraus. 1978 wurden Arno Penzias und Robert Wilson für die Entdeckung der Mikrowellen-Hintergrundstrahlung mit dem Nobelpreis für Physik ausgezeichnet.

Schwarze Löcher und die Symmetrie des Universums

Die Geschichte von der Mikrowellen-Hintergrundstrahlung ist ein schönes Beispiel dafür, dass auch Irrtümer und

Fehlinterpretationen die Wissenschaft nach vorne bringen können. Manches erscheint uns auf den ersten Blick unsinnig, obwohl es völlig richtig ist. Es dauert manchmal bloß eine Weile, bis irgendjemand die passende Theorie dafür entwickelt, und dann ergibt plötzlich alles Sinn.

Aber natürlich sind wissenschaftliche Theorien nicht nur dazu da, Ordnung in das bunte Gewimmel unserer bisherigen Beobachtungen zu bringen. Sie sollen Vorhersagen ermöglichen. Sie sollen uns das Ergebnis von Experimenten verraten, bevor sie überhaupt jemand gemacht hat.

Und an diesem Punkt zeigt sich besonders deutlich, wie wertvoll die Mathematik für die Naturwissenschaft sein kann. Wenn es nämlich gelingt, eine wissenschaftliche Theorie mathematisch präzise zu beschreiben, kann sie eine grandiose Vorhersagekraft entwickeln. Das sehen wir etwa am Beispiel der Relativitätstheorie.

Als Albert Einstein zum ersten Mal seine berühmten Feldgleichungen niederschrieb, wusste er bereits, dass man damit die Planetenbahnen berechnen konnte. Von anderen Naturphänomenen, die ebenfalls von diesen Gleichungen beschrieben werden, hatte er noch keine Ahnung. Wenig später konnte der deutsche Astronom Karl Schwarzschild zeigen, dass sich aus Einsteins Gleichungen eine Klasse völlig verrückter Objekte ergab: Punkte mit unendlich hoher Massendichte, von denen Raum und Zeit so stark gekrümmt werden, dass nicht einmal das Licht ihnen entkommen kann – heute nennen wir sie „Schwarze Löcher".

Einstein hatte beim Hinschreiben seiner Gleichungen noch keine Ahnung von Schwarzen Löchern, doch in gewissem Sinn waren sie in seinen Gleichungen bereits enthalten. Man musste bloß die wohlbekannten Regeln der Mathematik anwenden, um von den Einstein-Gleichungen zur Physik eines Schwarzen Lochs zu kommen. Man könnte sagen, die Gleichungen wussten bereits etwas, was Einstein selbst noch nicht wusste. Es musste ihnen nur noch mathematisch entlockt werden.

Der vielleicht allerschönste Beweis für die ungeheure Bedeutung der Mathematik in der Naturwissenschaft stammt von Emmy Noether. Sie gehörte 1903 zu den ersten Frauen in Deutschland, die zum Mathematikstudium zugelassen wurden – in einer Zeit, in der man Wissenschaft noch überwiegend als Männersache sah. Bereits vier Jahre später schloss sie ihre Doktorarbeit ab, und ihre Ideen sorgten rasch für Aufsehen. David Hilbert lud sie nach Göttingen ein, wo sie bald darauf auch ihre Habilitationsschrift einreichen wollte – doch das war Frauen damals an einer preußischen Universität nicht erlaubt.

David Hilbert konnte das nicht verstehen: „Eine Fakultät ist doch keine Badeanstalt!", erklärte er und setzte sich für Noether ein. Doch nicht einmal Hilbert, der damals berühmteste Mathematiker der Welt, konnte sich damit durchsetzen. Erst 1919 durfte sich Noether schließlich habilitieren und wurde dann als erste Frau in Deutschland außerordentliche Professorin.

Emmy Noether beschäftigte sich mit Symmetrien. Davon gibt es unterschiedliche Sorten: Ein Quadrat kann man um 90 oder um 180 Grad drehen, dann sieht es wieder genauso aus wie vorher. Es gibt also einige ganz bestimmte Operationen, die den Zustand des Quadrats unverändert lassen – das bezeichnet man als „diskrete Symmetrie". Noch interessanter sind sogenannte „kontinuierliche Symmetrien" – einen Kreis beispielsweise kann man um einen beliebigen Winkel drehen, ohne sein Aussehen zu verändern.

Solche kontinuierlichen Symmetrien finden wir auch in den Naturgesetzen. Egal, in welche Richtung wir uns drehen – die Spielregeln des Universums sind immer dieselben. Es gibt im Universum kein allgemeingültiges Oben und Unten. Ebenso gilt auch die Regel, dass kein Ort im Universum von den Naturgesetzen irgendwie bevorzugt wird. Ob ich ein Experiment genau hier oder zwei Meter weiter links durchführe, sollte für das Ergebnis keine Bedeutung haben. Und schließlich gibt es auch noch eine Symmetrie der Zeit: Die Naturgesetze ändern sich nicht – ob ich

$$J^\mu = \frac{\partial \mathcal{L}}{\partial(\partial_\mu \varphi)} Q[\varphi] - f^\mu$$

$$\partial_\mu J^\mu = 0$$

EMMY NOETHER

das Experiment heute durchführe oder nächsten Mittwoch, spielt keine Rolle.

Emmy Noethers geniale Idee war, dass jede dieser kontinuierlichen Symmetrien mit einer Erhaltungsgröße in Verbindung steht – das ist das „Noether-Theorem", eines der wichtigsten, schönsten und weitreichendsten Resultate der modernen Physik.

Auf rein mathematische Weise konnte Emmy Noether beweisen: Wenn die Naturgesetze rotationssymmetrisch sind, dann muss der Drehimpuls im Universum gleich bleiben; wenn alle Punkte im Universum gleichberechtigt sind, dann muss das Gesetz der Impulserhaltung gelten, und aus der Zeitsymmetrie folgt das Gesetz der Energieerhaltung. Emmy Noether war es somit gelungen, mit reiner Mathematik eine der tiefsten und wichtigsten Wahrheiten der gesamten Physik zu beweisen: Dass Energie weder erzeugt noch vernichtet werden kann.

Das Wunderschöne an diesem Ergebnis ist, dass es für jede physikalische Theorie gelten muss – solange sie sich an die nötigen Symmetrien hält. Das bedeutet: Auch wenn wir in Zukunft neue physikalische Theorien entdecken, von denen wir heute noch keine Ahnung haben, wird auch in diesen Theorien die Energieerhaltung mit eingebaut sein. Das gilt völlig unabhängig von physikalischen Annahmen, bloß aufgrund der Symmetrien des Universums.

Nicht alles ist Mathematik

Die Mathematik tief in die Naturwissenschaft einziehen zu lassen, ist also eine gute Idee. Wir dürfen nur nicht verlangen, dass sich die gesamte Wissenschaft so betreiben lässt wie die Mathematik.

Man kann versuchen, in anderen Wissenschaften die Methoden der Mathematik so gut wie möglich zu imitieren. In der Physik kann man sich auf bestimmte Grundannahmen einigen und daraus dann eine Vielzahl beobachtbarer Wahrheiten ableiten. Das fühlt sich sehr mathematisch an, aber trotzdem bleibt ein wichtiger Unterschied: Die Axiome der Mathematik sind ganz einfach und unmittelbar einleuchtend – etwa „Null ist eine natürliche Zahl" oder „Jede natürliche Zahl hat eine natürliche Zahl als Nachfolger". Das können wir einfach als Definitionen sehen, die wir brauchen, um sinnvoll über mathematische Angelegenheiten reden zu können. Darüber muss man nicht diskutieren, dem kann niemand widersprechen.

Doch die Axiome einer physikalischen Theorie sind meist deutlich komplizierter und weniger offensichtlich: „Ein kräftefreier Körper bleibt in Ruhe oder bewegt sich mit gleichförmiger Geschwindigkeit" oder „Kraft ist gleich Masse mal Beschleunigung" – das sind die ersten beiden Gesetze der Newton'schen Mechanik. Sie müssen wir einfach glauben, wenn wir mit Newtons Gleichungen die Bewegung einer Pendeluhr oder eines Planetensystems berechnen wollen.

Dieser Glaube hat unbestreitbare Konsequenzen: Wenn wir den Newton'schen Gesetzen glauben, dann müssen wir auch glauben, dass die Planeten auf elliptischen Bahnen um die Sonne kreisen oder dass ein ausgespuckter Kirschkern auf einer parabelförmigen Bahn zu Boden fällt. Wenn aus einer physikalischen

Tatsache, auf die ich vertraue, mit mathematischer Sicherheit eine andere Tatsache folgt, dann sollte ich sie ebenfalls glauben. Ob Newtons Axiome allerdings wirklich die absolute Wahrheit sind – darüber kann man diskutieren. Sie beziehen ihre Verlässlichkeit letztlich daraus, dass sie zu unseren Beobachtungen passen.

Wir müssen uns also damit abfinden, dass die Naturwissenschaft auf Beobachtungen aufgebaut ist, die niemals perfekt sein können. Wir müssen akzeptieren, dass es eine ganze Reihe von Problemen gibt, auf dem Weg von der Beobachtung zur Theorie. Unsere Sinne täuschen uns, unsere Hoffnungen lassen uns Dinge wahrnehmen, die es gar nicht gibt, unsere Meinungen und Vorurteile hindern uns daran, neue Ergebnisse richtig einzuordnen. Und trotz all dieser schmutzigen Fehler kommen wir am Ende oft zu einer schönen, klaren Erkenntnis.

ALLE RABEN SIND SCHWARZ

Warum alle Verallgemeinerungen problematisch sind, wie man die Rabigkeit von Kirschen testet und wie wir uns mit Karl Popper vor Täuschungen schützen: Wenn es uns nicht gelingt, etwas zu beweisen, können wir stattdessen versuchen, etwas zu widerlegen.

Eine Ingenieurin, eine Physikerin und eine Mathematikerin fahren im Zug nach Schottland. Da sehen sie ein schwarzes Schaf, das einsam neben den Schienen auf der Wiese steht. „Interessant!", ruft die Ingenieurin. „In Schottland sind die Schafe schwarz!" „Nicht so schnell!", meint dazu die Physikerin. „Alles, was wir sagen können, ist: Manche schottischen Schafe sind schwarz." Die Mathematikerin schaut beide böse an und erklärt: „In Schottland existiert mindestens ein Schaf, das auf zumindest einer Seite schwarz ist."

Die Wahrheit herauszufinden ist eine mühsame Angelegenheit. Wir alle haben unzählige falsche Theorien im Kopf, und täglich kommen neue dazu. Wir werden von zwei verschiedenen Dackeln böse angekläfft und sind danach völlig überzeugt: Dackel sind unsympathische Rüpel. Wir spazieren in bester Urlaubsstimmung

Schokoladeneis schleckend durch Rom und können schwören: In Rom gibt es das beste Schokoladeneis der Welt. Solche Gedanken sind völlig verständlich und ganz natürlich, aber von wissenschaftlicher Präzision ziemlich weit entfernt. Wenn wir versuchen wollen, uns weniger zu irren, müssen wir überlegen, wie wir von der Beobachtung zu allgemeinen Regeln gelangen können und welche Kriterien diese Regeln erfüllen müssen, damit man sie ernst nehmen darf.

Im Allgemeinen kann man nicht verallgemeinern

Die möglicherweise einfachste Form des Regelfindens ist die Verallgemeinerung: Ich beobachte eine große Zahl von Raben. Ich stelle fest, dass sie alle schwarz sind. Das bringt mich auf die Idee, eine Regel zu formulieren: Alle Raben sind schwarz. Das ist ein induktiver Schluss: Aus vielen speziellen Einzelfällen schließe ich auf eine allgemeine Regel.

Das kann man auch umdrehen: Wenn ich eine allgemeine Regel habe, kann ich auf einen Einzelfall schließen – das ist dann ein deduktiver Schluss: Alle Raben sind schwarz. Theo ist ein Rabe. Also ist Theo schwarz. Daneben gibt es noch den abduktiven Schluss – den Schluss auf die plausibelste Erklärung: Alle Raben sind schwarz. Durch den Garten hüpft ein schwarzer Vogel. Also ist der Vogel vermutlich ein Rabe.

Diese drei Arten von Schlussfolgerungen – Induktion, Deduktion und Abduktion – unterscheiden sich stark voneinander, nicht zuletzt in Hinblick auf ihre Verlässlichkeit. Der deduktive Schluss ist eine klare Sache: Wenn alle Raben schwarz sind und Theo ein Rabe ist, dann ist Theo zweifellos schwarz. Jede Diskussion darüber ist sinnlos. Ich kann die gegebenen Voraussetzungen anzweifeln – ich kann überlegen, ob es nicht irgendwo vielleicht auch weiße Raben gibt oder ob Theo in Wahrheit ein

Buntspecht ist, der nur von extremistischen Rabenfans als Rabe getarnt wurde. Aber sobald ich die zwei Prämissen als wahr akzeptiere – dass Raben schwarz sind und dass Theo ein Rabe ist –, habe ich gar keine andere Möglichkeit mehr, als fest an Theos Schwärze zu glauben.

Der abduktive Schluss hingegen ist eine wackelige Angelegenheit. Er stellt gar nicht erst den Anspruch, eine verlässliche Wahrheit zu liefern, er schlägt nur eine plausible Möglichkeit vor. Für wissenschaftliche Beweise taugt er somit nicht, er hat in der Wissenschaft trotzdem eine große Bedeutung, etwa in der Medizin: Wenn ein Kind nicht gegen Masern geimpft ist und während einer Masernepidemie mit Fieber und Hautausschlag im Bett liegt, dann wird es wohl die Masern haben. Das ist aber zunächst nur eine Vermutung. Größer wird unsere Sicherheit, wenn wir einen Labortest machen lassen – dann landen wir nämlich wieder beim deduktiven Schluss: Wer Antikörper gegen Masern hat, wurde mit Masernviren infiziert. Das Kind hat Antikörper gegen Masern entwickelt, also wurde es mit Masernviren infiziert.

Am interessantesten ist aber wohl der induktive Schluss. Auch er ist nicht verlässlich, wenn man ihn mit logischer Präzision betrachtet: Selbst wenn ich mich seit vielen Jahren mit Raben beschäftigt habe, die immer alle schwarz waren, kann niemand völlig ausschließen, dass morgen ein knallroter Rabe auf meinem Fensterbrett ein Nest baut und mich auslacht. Ich kann nicht einmal ausschließen, dass alle Raben dieser Welt irgendwann wie auf ein geheimes Kommando hin ihr schwarzes Federkleid abwerfen und darunter ihr neues hellblaues Gefieder zum Vorschein kommt.

Induktion beruht auf Erfahrungswissen, und jede Art von Erfahrungswissen ist unzuverlässig. Trotzdem müssen wir uns darauf verlassen, wir haben nämlich nichts anderes. Der induktive Schluss von Einzelfällen auf eine allgemeingültige Regel ist für uns alle etwas völlig Normales. Wir sehen mehrere Patienten, denen ein bestimmtes Medikament hilft, und schließen daraus auf die Wirksamkeit des Medikaments. Wir probieren eine neue Maschine aus, und wenn sie bei mehreren Versuchen immer das tut, was wir wollen, schließen wir daraus, dass wir sie richtig eingestellt haben. Wir lesen mit großem Genuss mehrere Bücher einer Schriftstellerin und schließen daraus, dass es sich um eine großartige Autorin handelt, deren zukünftige Werke uns auch gefallen werden. Je größer die Zahl solcher Beobachtungen wird, umso größer erscheint uns die Wahrscheinlichkeit, dass unsere These stimmt. Irgendwann schwindet jeder Zweifel, und wir betrachten die These als zuverlässige Tatsache.

Warum ist unser Vertrauen in das Verfahren des induktiven Schließens so groß? Ganz einfach, weil es sich bewährt hat. Wir haben in der Vergangenheit immer wieder aus Einzelerfahrungen auf allgemeine Regeln geschlossen. Und es hat meistens funktioniert. Daher nehmen wir an, dass wir auch jetzt wieder aus unseren Erfahrungen neue Regeln ableiten können, die uns in Zukunft nützlich sein werden. Das ist allerdings auch wieder ein induktiver Schluss. Wir rechtfertigen die Gültigkeit einer logischen Methode, indem wir genau diese Methode benutzen – das ist keine besonders solide Argumentation.

Der schottische Philosoph David Hume beschäftigte sich im achtzehnten Jahrhundert ausführlich mit diesem Problem: Aus bisherigen Beobachtungen können wir nur dann auf die Zukunft schließen, wenn die Zukunft so sein wird wie die Vergangenheit. Aber woher wollen wir das wissen? In der Vergangenheit war es tatsächlich immer so, dass die Zukunft so war wie die Vergangenheit. Daher gehen wir davon aus, dass das auch weiterhin gelten wird. Das kann uns freilich niemand garantieren – die Natur könnte auch eines Tages aufhören, sich regelkonform zu verhalten. Ein natürlicher Instinkt sagt uns, dass das nicht so sein wird, und wir können gar nicht anders, als diesem Instinkt zu vertrauen, meinte Hume.

Bertrand Russell erklärte das Problem der Induktion mit der Geschichte von einem Huhn, das Tag für Tag vom Bauern gefüttert wird. Aus seiner Erfahrung schließt das Huhn, dass der Bauer sein Freund ist und ihm nur Gutes tun will. Jedes Mal, wenn der Bauer wieder vorbeikommt, um das Huhn zu füttern, wird die Gewissheit ein kleines bisschen größer. Und dann, am Ende, genau an dem Tag, an dem die Gewissheit für das Huhn ihr allergrößtes Ausmaß erreicht hat, dreht ihm der Bauer den Hals um, rupft ihm die Federn aus und mariniert es in Orangensoße.

Bei naturwissenschaftlichen Beobachtungen fühlt sich das Problem der Induktion nicht so besorgniserregend an: Dass wir aus den Planetenbahnen der letzten Jahrhunderte auch auf die Bewegung der Planeten übernächsten Donnerstag schließen können, wird niemand ernsthaft bezweifeln. Aber es gibt kompliziertere Fälle: „Jede technologische Entwicklung hat langfristig die Lebensqualität der Menschheit erhöht." Das ist wahrscheinlich richtig, aber muss es deshalb in Zukunft auch so sein? „Die Umweltprobleme, die der Mensch verursacht hat, haben den Fortbestand der Menschheit nie gefährdet." Können wir uns darauf verlassen? „Bisher war immer entweder Krieg oder Zwischenkriegszeit." Heißt das, dass Kriege für immer unausweichlich bleiben?

Wer sich naiv auf die Induktion verlässt, der endet möglicherweise so wie das Russell'sche Huhn oder wie jemand, der aus dem sechzigsten Stockwerk in die Tiefe stürzt und denkt: An fünfzig Stockwerken bin ich jetzt schon problemlos vorbeigefallen. Dann werden die letzten zehn doch auch nicht mehr gefährlich sein!

Goodmans Rabenrätsel: schwarz, gelb oder schwelb?

Dass die Induktion eine komplizierte Sache ist, zeigt auch ein Gedankenspiel, das in seiner ursprünglichen Form aus einem

Artikel des US-amerikanischen Philosophen Nelson Goodman aus dem Jahr 1946 stammt: Wir beobachten wieder eine große Zahl von Raben und stellen fest, dass sie alle schwarz sind. Doch nun erfinden wir, einfach so zum Spaß, ein neues Wort – nämlich „schwelb". Um seine Bedeutung festzulegen, markieren wir zunächst im Kalender einen bestimmten Zeitpunkt, zum Beispiel übernächsten Dienstag. Und jetzt definieren wir: Von der Entstehung des Universums bis übernächsten Dienstag ist ein Objekt genau dann schwelb, wenn es schwarz ist. Für alle Zeitpunkte danach gilt: Ein Objekt ist genau dann schwelb, wenn es gelb ist.

Ein Stück Kohle ist heute schwarz und damit auch schwelb. Wenn es nach dem übernächsten Dienstag allerdings immer noch schwarz ist, wird es dann nicht mehr als schwelb gelten. Der Schein einer Natriumdampflampe hingegen ist heute gelb, aber nicht schwelb. In drei Wochen wird dieselbe Lampe weiterhin gelb und damit gleichzeitig auch schwelb leuchten.

Wenn ich heute viele Raben beobachte, die alle schwarz sind, dann kann ich daraus mittels Induktion schließen: Auch in Zukunft werden Raben vermutlich schwarz sein. Allerdings kann ich auch anders argumentieren: Alle Raben, die ich bisher beobachtet habe, waren schwelb. Ich vermute daher, dass Raben auch in Zukunft schwelb sein werden. Das würde aber bedeuten, dass alle Raben ab übernächstem Dienstag gelb sein müssen.

Das ist natürlich völlig unsinnig, und niemand wird so etwas glauben. Das Gedankenspiel soll uns nur herausfordern, durch scharfes Nachdenken den logischen Fehler aufzuspüren. Das ist aber gar nicht so einfach, wie man auf den ersten Blick glauben könnte. Man kann sogar Beispiele konstruieren, bei denen eine ganz ähnliche Argumentation völlig richtig ist: Nehmen wir an, Herr Hahn gründet eine Firma, die er mit großer Begeisterung persönlich leitet. Jedes Jahr wird eine kleine Jahresabschlussfeier veranstaltet, bei der Herr Hahn eine Rede hält. Wer das mehrmals beobachtet, kann daraus die Regel ableiten: Die Jahresansprache wird von Herrn Hahn gehalten, und das wird auch in Zukunft so sein.

Nun übergibt Herr Hahn die Firma aber eines Tages an Frau Meitner. Sie leitet nun die Geschäfte und hält von nun an auch die Rede bei den Jahresabschlussfeiern. Die Regel „Herr Hahn hält die Jahresansprache" gilt also nicht mehr. Wir hätten die Regel aber von Anfang an klüger formulieren können: Genauso wie wir vorhin das Wort „schwelb" eingeführt haben, können wir nun das Wort „Firmenleitung" verwenden und sagen: Wer die Firma leitet, hält auch die Rede. Bis zu einem bestimmten Datum liegt die Firmenleitung bei Herrn Hahn, danach wird jemand anderer übernehmen. Die logische Struktur dieser Aussage ist genau die gleiche wie bei den schwelben Raben. Wir haben einen Begriff, der zu einem bestimmten Zeitpunkt seine Bedeutung wechselt – schwelb wechselt von schwarz auf gelb, die Firmenleitung wechselt von Herrn Hahn zu Frau Meitner. Aber während die Argumentation bei Raben ziemlich dämlich ist, ergibt sie bei der Firma Sinn.

Wir sehen daran, dass man vorsichtig sein muss, Beobachtungsaussagen aus dem Alltag logisch zu manipulieren wie mathematische Gleichungen. Wenn wir über Raben, Firmenfeiern oder wissenschaftliche Beobachtungen nachdenken, schwingen in unserem Kopf oft viele wichtige Erkenntnisse mit, die uns vielleicht zunächst gar nicht bewusst sind. Wir können eine Aussage nicht völlig isoliert vom Rest unseres Wissens betrachten.

Uns ist einfach klar, dass Raben nicht an einem bestimmten Tag ihre Farbe ändern werden. Das würde vielem widersprechen, was wir über die Biologie von Vögeln und die Physik von Farben längst wissen. Gleichzeitig ist uns auch klar, dass Firmen manchmal eben von einer Person an eine andere übergeben werden. Es sind diese unausgesprochenen Nebenannahmen, die das Beispiel von den schwelben Raben so unsinnig und das Beispiel von der Firmenfeier so natürlich erscheinen lassen.

Wie rabenhaft ist meine Kirsche?
Hempels Rabenparadoxon

Es gibt noch andere logische Probleme mit dem Verallgemeinern. Angenommen, wir treten beim Würfelspielen gegen jemanden an, der immer eine Sechs würfelt. Wir haben den Verdacht, dass er einen gezinkten Würfel verwendet. Nach dem fünften Mal könnte es ja vielleicht noch Zufall sein, aber je öfter wir beobachten, dass er eine Sechs würfelt, umso größer erscheint uns die Wahrscheinlichkeit, dass unsere These stimmt: Der Würfel kann gar nicht anders, er bleibt immer so liegen, dass die Sechs nach oben zeigt. Und irgendwann ist mein Vertrauen in diese Verallgemeinerung so groß, dass ich erbost aufspringe und den Schwindler zwinge, mir meinen Wetteinsatz zurückzuzahlen.

Ebenso steigt mit jeder Beobachtung eines schwarzen Raben die Wahrscheinlichkeit, dass tatsächlich alle Raben schwarz sind. Wir können das genauso gut auch anders formulieren: Wenn etwas nicht schwarz ist, kann es kein Rabe sein. Diese beiden Aussagen sind logisch identisch – so wie „Eine gerade Zahl ist durch zwei teilbar" und „Wenn eine Zahl nicht durch zwei teilbar ist, dann ist sie nicht gerade". Es handelt sich nur um zwei verschiedene Ausdrucksweisen für dieselbe Aussage. Vielleicht klingt eine einfacher und eine etwas umständlicher, aber wenn ich an die eine glaube, muss ich auch an die andere glauben.

Nun wird die Angelegenheit kompliziert: Die Aussage „Wenn etwas nicht schwarz ist, kann es kein Rabe sein" lässt sich nämlich durch die Beobachtung beliebiger Dinge überprüfen, die keine Raben sind. Ich untersuche eine rote Kirsche und stelle fest, dass sie tatsächlich kein Rabe ist – damit wird die These bestätigt. Je mehr nicht-schwarze Nicht-Raben ich finde, umso stärker sollte mein Vertrauen in die These werden, dass nicht-schwarze Objekte keine Raben sein können. Damit sollte aber ebenfalls mein Vertrauen in die These wachsen, dass alle Raben schwarz sind – denn wir haben ja bereits festgestellt, dass beide Aussagen gleichbedeutend sind.

Das bringt uns zu einer ziemlich widersinnigen Schlussfolgerung: Ich kann Beobachtungen machen, die eigentlich mit meiner These überhaupt nichts zu tun haben, und dabei trotzdem die Wahrscheinlichkeit für meine These erhöhen. Ich kann auf einen Baum klettern, stundenlang rote Kirschen pflücken und danach kann ich nicht nur einen Kirschkuchen backen, ich habe so ganz nebenbei auch noch zusätzliche Sicherheit in der Rabenfrage gewonnen. Und wenn mich jemand fragt, ob wirklich alle freilebenden Tiger dieser Erde in Asien zu Hause sind, dann antworte ich: Vermutlich schon, aber lass mich mal kurz die Töpfe in meiner Küche untersuchen, danach weiß ich es genauer! Und nicht nur das: Ich stärke mit der Untersuchung meiner Töpfe gleichzeitig auch die These, dass alle Pandabären Bambus fressen, dass in allen leuchtenden Sternen Kernfusion stattfindet und dass es auf allen bewohnbaren Planeten flüssiges Wasser gibt. Für wissenschaftsbegeisterte Stubenhocker wird ein Traum wahr: Um wichtige Fragen der Wissenschaft zu erforschen, muss man das Haus nicht mehr verlassen.

Das Paradoxon von den nicht-schwarzen Nicht-Raben stammt vom deutschen Philosophen Carl Gustav Hempel. Er schrieb es in den 1940er-Jahren nieder, und seither hat es ziemlich viele Menschen verwirrt. Irgendetwas stimmt hier nicht – aber wo genau liegt das Problem? Wir müssen präzise definieren, was hier bei welchem Experiment eigentlich untersucht werden soll: Zuerst ging es um die These „Alle Raben sind schwarz". Wir testen sie, indem wir viele Raben untersuchen. Dass es sich bei unseren Untersuchungsobjekten um Raben handelt, wissen wir bereits – danach haben wir sie ja ausgewählt. Unser Experiment besteht darin, ihre Farbe zu überprüfen.

Im zweiten Fall hingegen wollen wir die Annahme testen, dass nicht-schwarze Objekte keine Raben sein können. Dafür untersuchen wir nicht-schwarze Objekte. Die Farbe muss uns nun nicht mehr interessieren. Diesmal besteht unser Experiment darin, sie auf ihre Rabigkeit zu überprüfen. Die Frage ist, ob sich eines der nicht-schwarzen Objekte als Rabe herausstellt, denn dann ist unsere Annahme widerlegt.

Bei einem Experiment kann man aber immer nur dann etwas dazulernen, wenn das Ergebnis nicht schon vorher eindeutig bekannt ist. Wir wissen, dass jedes Quadrat vier Ecken hat, denn sonst wäre es kein Quadrat. Wenn ich Hunderte Quadrate untersuche und die Anzahl ihrer Ecken zähle, erfahre ich dabei nichts Neues. Und genauso nutzlos ist es, rote Kirschen zu pflücken und bei jeder einzelnen sorgfältig zu überprüfen, ob sie ein Rabe ist. Wir wussten bereits, dass Kirschen keine Raben sind, daher sind wir danach nicht klüger als zuvor. Die Wahrscheinlichkeit einer These wie „Was nicht schwarz ist, kann kein Rabe sein" kann durch so ein nutzloses Experiment nicht beeinflusst werden. Unser Bauchgefühl, dass man beim Kirschenpflücken nichts über die Farbe von Raben lernt, ist völlig richtig.

Ganz anders sieht die Sache aber aus, wenn wir das Resultat unseres Experiments vorher tatsächlich noch nicht kennen. Stellen wir uns ein anderes Szenario vor: Um herauszufinden, ob alle Raben schwarz sind, treffen wir eine Vogelkundlerin, die seit vielen Jahren unterschiedlichste Vögel sammelt, ausstopft und aufbewahrt. Sie hat ihre Exponate nach Farben sortiert: Im einen Saal sind alle schwarzen Vögel zu finden, im zweiten Saal alle anderen. Was sollen wir nun tun? In diesem Fall ist es tatsächlich sinnvoll, in den zweiten Saal zu gehen, die bunte Vogelsammlung durchzusehen und zu überprüfen, ob einer der nicht-schwarzen Vögel ein Rabe ist. Wir untersuchen nicht-schwarze Objekte – aber diesmal lernen wir bei jeder Beobachtung etwas dazu: Wir stellen jedes Mal fest, dass sich die nicht-schwarzen Vögel in verschiedenen Eigenschaften von Raben unterscheiden – nicht nur in der Farbe. Während diese Untersuchung hinsichtlich der Rabenhaftigkeit bei Kirschen sinnlos war, bringt sie nun den entscheidenden Erkenntnisgewinn.

In diesem Szenario hat Carl Gustav Hempel mit seinem Rabenparadoxon recht: Mit jedem nicht-schwarzen Vogel, der sich als Nicht-Rabe herausstellt, wächst unsere Überzeugung, dass nicht-schwarze Objekte keine Raben sein können – und damit auch unsere Überzeugung, dass alle Raben schwarz sind.

Ganz egal, wie sehr man sich von solchen schrägen Widersinnigkeiten das Gehirn verwackeln lässt – das große Dilemma werden wir nicht los: Die Induktion ist keine zuverlässige Methode – aber wie sollen wir ohne induktive Schlüsse Wissenschaft betreiben? Eine rein deduktive Naturwissenschaft kann es nicht geben. Wir haben schließlich bereits erkannt: Das Fundament jeder Naturwissenschaft muss immer die Beobachtung sein, sonst ist es keine Wissenschaft, sondern bloße Träumerei. Und aus Beobachtungen muss man dann Regeln, Gesetze und Theorien machen, sonst ist es keine Wissenschaft, sondern bloße Buchhaltung. Wie man es auch dreht und wendet: Dieser Schritt von konkreten Einzelbeobachtungen zu allgemeinen Regeln ist niemals unfehlbar.

Auch wenn wir noch so viele Einzelbeobachtungen machen, aus denen wir eine allgemeine Regel ableiten wollen, wir werden nie eine Garantie haben, dass wir dabei keinen Fehler machen. Lange Zeit dachte man in Europa, dass alle Schwäne weiß sind – bis der holländische Kapitän Willem de Vlamingh bei einer Australien-Expedition auf schwarze Schwäne stieß. So etwas kann passieren.

Man kann eine naturwissenschaftliche Theorie niemals wirklich beweisen – zumindest nicht im mathematisch-logischen Sinn. Naturwissenschaft ist im strengen Sinn des Wortes niemals wirklich verifizierbar. Die Mathematik bleibt die einzige Wissenschaft, in der man perfekt unbezweifelbare Wahrheiten konstruieren kann.

Für Leute, die gerne die gesamte Wissenschaft mit mathematischer Strenge betrachten würden, ist das ein schockierender Gedanke. Bertrand Russell, der in der Mathematik mit den Methoden der reinen Logik so erfolgreich für Klarheit gesorgt hatte, formulierte das besonders drastisch: Wenn sich das Problem mit der Induktion nicht lösen lässt, meinte Russell, dann bestehe

überhaupt kein Unterschied mehr zwischen Gesundheit und
Geisteskrankheit. Denn dann wäre eine wissenschaftlich beobach-
tete Regel genauso unbeweisbar wie eine verrückte Einbildung.
Was können wir also tun?

Karl Popper: Wissenschaft ist das, was falsch sein kann

Wenn man es nicht ertragen will, dass induktive Schlüsse ziemlich
ärgerliche Logik-Probleme mit sich bringen, dann hat man zwei
Möglichkeiten: Entweder man versucht doch noch eine Begründung
zu finden, warum der induktive Schluss von Einzelbeobachtungen
zur allgemeinen Regel erlaubt ist – oder man macht es wie der Philosoph Karl Popper und lehnt Induktion einfach radikal ab.

Popper wurde 1902 in Wien geboren. Die Versuche des Wiener
Kreises, Wissenschaft auf ein logisch unanfechtbares Fundament
zu stellen, kannte er gut. Die Suche nach logischen Lösungen für
das Induktionsproblem hielt er allerdings für hoffnungslos und
unnötig. Die Wissenschaft braucht gar keine Induktion, meinte
Popper. Es gibt keinen vorprogrammierten Weg, wissenschaftliche
Theorien zu konstruieren, daher muss man sich dabei auch nicht
an bestimmte Vorschriften halten. Man darf sich frei nach Bauchgefühl aussuchen, wie man sich seine Theorien zurechtbastelt. Was
dabei im Detail vor sich geht, mag vielleicht für die Psychologie
interessant sein oder für die Wissenschaftsgeschichte – aber wer
die Naturwissenschaft vorantreiben möchte, muss darüber gar
nicht nachdenken.

Eine Möglichkeit, absolute Gewissheit über wissenschaftliche Theorien zu erlangen, gibt es aber doch, meinte Karl Popper:
Man kann sie zwar nicht mit Sicherheit beweisen, aber man kann
sie mit Sicherheit widerlegen. Wer ein Leben lang Raben beobachtet und feststellt, dass sie alle schwarz sind, hat damit noch lange
nicht bewiesen, dass die These „Alle Raben sind schwarz" wirklich

stimmt. Aber wer auch nur einen einzigen grünen Raben entdeckt, hat die These widerlegt – und zwar eindeutig und unwiderruflich.

Es gibt also einen deutlichen Unterschied zwischen dem Beweis, dass eine Verallgemeinerung korrekt ist, und dem Beweis, dass sie falsch ist. Auf dieser Asymmetrie basiert Karl Poppers Wissenschaftstheorie, der kritische Rationalismus. Man soll sich nicht mit dem Versuch abmühen, eine wissenschaftliche These zu beweisen, weil das ohnehin nie wirklich gelingen kann. Stattdessen soll man sich darauf konzentrieren, eine These so zu formulieren, dass sie widerlegbar ist. Wissenschaftlich ist eine Aussage nur dann, wenn sie falsifizierbar ist. Sie muss an der Beobachtung scheitern können.

Wenn ich diese Regel nicht befolge, kann ich mir ziemlich seltsame Dinge zurechtträumen. Ich kann zum Beispiel eine neue Theorie der Gravitation aufstellen: Alles im Kosmos ist durchdrungen von himmlischer Liebe, die nach Vereinigung strebt. Unser lebensspendender Heimatplanet, die Erde, trägt viel mehr himmlische Liebe in sich als die kalte Leere des Weltraums. Daher fühlen sich Kometen aus dem All so häufig von der Erde angezogen und verglühen dann in der Atmosphäre, in einem leuchtenden Feuersturm interplanetarer Lust. Aus demselben Grund werden Objekte, die man fallen lässt, unwiderstehlich zur Erde gezogen – sie spüren das natürliche Bedürfnis, dem liebenden Mutterplaneten möglichst nahe zu sein.

Neben der stürmischen Liebe gibt es aber auch noch die respektvolle Freundschaft – eine enge Bindung, bei der doch eine gewisse Distanz erhalten bleibt. Genau das beobachten wir bei den Himmelskörpern: Erde und Sonne finden einander anziehend, fallen aber nicht wild und stürmisch übereinander her. Die Erde zieht friedlich ihre Kreise um ihren leuchtenden Stern, an den sie in ewiger Freundschaft für immer gebunden bleibt.

Mit dieser Theorie der himmlischen Liebes-Gravitation kann man bemerkenswert viele Phänomene erklären, vom fallenden

Apfel bis zur Planetenbahn. Man kann damit begründen, warum größere Objekte eine stärkere Anziehungskraft ausüben – sie haben einfach viel mehr Platz, um himmlische Liebe zu speichern. Und man kann sogar erklären, warum bei einer Explosion die Trümmer in alle Richtungen voneinander wegfliegen – schließlich ist etwas so Unfreundliches und Gewalttätiges wie eine Explosion gewissermaßen das Gegenteil der himmlischen Liebe. Dadurch muss aus Anziehung also Abstoßung werden. Logisch.

Trotzdem ist das alles purer Unfug. Kein vernünftiger Mensch käme jemals auf die Idee, die himmlische Liebes-Gravitation als wissenschaftliche Theorie ernst zu nehmen. Sie hat einen ganz entscheidenden Schwachpunkt: Man kann sie nicht widerlegen. Jede denkbare Beobachtung lässt sich zu einer Bestätigung der Theorie umdeuten: Ein Planet bewegt sich auf einer merkwürdig langgezogenen Bahn, auf der er seinem Stern manchmal sehr nahe kommt und sich dann wieder weit von ihm entfernt? Nun, dann haben sich die beiden Himmelskörper eben manchmal sehr lieb, brauchen dann aber eben doch wieder ein bisschen Abstand voneinander. Ein Planet in einem Doppelsternsystem gerät in einen unregelmäßigen Orbit und wird schließlich aus dem Sternensystem fortgeschleudert? Der mochte eben beide Sterne sehr gerne, konnte sich aber nicht entscheiden und beschloss daher, lieber ganz alleine zu bleiben.

Solche Theorien kann man mit einem Satz beschreiben, der dem Physiker Wolfgang Pauli zugeschrieben wird: „Das ist nicht nur nicht richtig, es ist nicht einmal falsch!" Nur Theorien, die prinzipiell falsifizierbar sind, kann man ernst nehmen – das ist Karl Poppers Falsifizierbarkeitskriterium. Wer eine Theorie präsentiert, muss gleichzeitig auch sagen können, unter welchen Umständen er bereit wäre, sie wieder fallen zu lassen. Welche denkbaren Beobachtungen würden das Ende der Theorie bedeuten? Bei welchem experimentellen Ergebnis würde man zugeben, dass man falsch gelegen hat? Wer darauf keine Antwort hat, arbeitet nicht wissenschaftlich.

Mut zum Risiko!

Besonders beeindruckt war Karl Popper von Albert Einsteins
Relativitätstheorie. Sie mag auf den ersten Blick verrückt
und verwirrend aussehen, aber sie macht klare und eindeutig überprüfbare Vorhersagen. Wenn es Einstein nur darum
gegangen wäre, bei seinen Fans als Genie zu gelten, hätte er
einen viel einfacheren Weg wählen können. In spekulativen
Vorträgen hätte er über gekrümmten Raum und verbogene
Zeit plaudern können, er hätte stundenlang über den Zusammenhang von Energie und Masse philosophieren können,
ohne je eine Formel aufzuschreiben. Nichts daran wäre falsch
gewesen, und niemand hätte ihm widersprechen können.
Ein großer Wissenschaftler wäre Einstein dann aber nicht
gewesen.

In Wirklichkeit entschied sich Einstein für eine viel ris-
kantere Variante. Er wagte klare Prognosen, die sich überprüfen ließen: Wenn die Relativitätstheorie wahr ist, dann muss das
Licht der Sterne um einen bestimmten Winkel abgelenkt werden,
wenn es sich knapp an der Sonne vorbeibewegt. Indem Einstein
diese merkwürdige Lichtablenkung ausrechnete, machte er seine
eigene Theorie verwundbar. Er ging damit das Risiko ein, durch
ein einziges Experiment widerlegt zu werden. Wäre Einsteins Vorhersage bei der Sonnenfinsternis im Jahr 1919 falsifiziert worden,
würden wir heute Albert Einsteins Namen wohl gar nicht kennen.
Aber die Relativitätstheorie widerstand diesem Falsifikationsver-
such – und erst dadurch wird eine Theorie wertvoll. Wissenschaft
ist das, was falsch sein könnte.

Besonders nützlich ist das Falsifizierbarkeits-Kriterium für
die Abgrenzung der Wissenschaft von Pseudowissenschaft und
Esoterik. Jemand möchte uns einreden, dass es neben unserer
sinnlich wahrnehmbaren Welt noch eine geistige, feinstoffliche
Welt gibt, in der unsichtbare Einhörner wohnen, die geheime
Botschaften aus einer verborgenen Dimension kennen? Nichts

davon lässt sich widerlegen – und daher sollte man seine Zeit gar nicht erst damit verschwenden, sich mit einer solchen Theorie zu befassen. Interessant wird die Sache erst, wenn man die Einhörner dazu bringen kann, irgendwo Hufabdrücke zu hinterlassen.

Dasselbe gilt für die schwammigen Vorhersagen von Astrologen, für die wackeligen Heilsversprechungen von Wunderheilern oder für die sinnlosen Plattitüden von Motivationstrainern, die uns ganz fest versprechen, dass wir alles erreichen können, wenn wir nur wirklich wollen. Wenn wir dann Erfolg haben, lag es am Trainer. Wenn nicht, dann war unser Wille einfach nicht stark genug. Egal, was passiert, die Grundthese kann nicht widerlegt werden. Aber damit kann sie im wissenschaftlichen Sinn auch nicht richtig sein. Genau das, was auf den ersten Blick wie der perfekte Schutz gegen jede Widerlegung aussieht, macht die Theorie in Wirklichkeit völlig bedeutungslos.

Karl Popper lieferte mit dem kritischen Rationalismus nicht nur eine Möglichkeit, Wissenschaft von Unsinn zu unterscheiden, er gab der Wissenschaft damit auch eine wichtige Verhaltensvorschrift mit auf den Weg: Um wissenschaftlichen Fortschritt zu ermöglichen, sollen neue Theorien nicht vorsichtig und schwammig, sondern mutig und präzise formuliert werden. Gute Wissenschaft soll möglichst kühne Vorhersagen treffen, die sich von den Vorhersagen bisheriger Theorien klar unterscheiden. So ermöglicht man Experimente, die eindeutig klären können, ob die alte oder die neue Theorie verworfen werden muss.

Damit ist eine wichtige Frage allerdings noch immer nicht beantwortet: Wann sollten wir an eine Theorie glauben? Klar ist nur: Theorien, die keine überprüfbaren Behauptungen erheben, sind nicht wissenschaftlich. Und Theorien, die sich bei der Überprüfung als falsch herausstellen, werden verworfen. Aber was machen wir mit dem Rest? Wenn wir nur ganz naiv nach Poppers Falsifizierbarkeitskriterium vorgehen, dann hat eine neu erfundene Theorie, deren Vorhersagen noch nicht überprüft wurden, denselben Status wie eine alte Theorie, die seit Jahrzehnten erfolgreich verwendet wird. Beide sind falsifizierbar, und beide sind bisher noch nie widerlegt worden. Einen letztgültigen Wahrheitsbeweis kann es ohnehin nicht geben – also ist eine genauso gut wie die andere?

Niemand wird das ernsthaft so sehen. Wenn jemand eine völlig neue Theorie des Fliegens entwickelt und eine revolutionäre Flugmaschine baut, dann möchte ich nicht unbedingt der Erste sein, der sie ausprobiert. Viel lieber steige ich in ein Flugzeug, das sich in vielen Tests bereits als flugtauglich erwiesen hat. Das sah auch Karl Popper ein – er sprach daher vom „Bewährungsgrad" einer Theorie: Es ist vernünftig, einer Theorie mehr Vertrauen entgegenzubringen als einer anderen, wenn sie sich in höherem Maß bewährt hat. Doch dieser Gedanke ist eng verwandt mit der Induktion, die Popper eigentlich für ungültig und nutzlos erklärt hatte: Ich vertraue einem bestimmten Flugzeug, weil Flugzeuge dieses Typs in der Vergangenheit schon oft erfolgreich in den Himmel gestiegen und unfallfrei wieder gelandet sind. Das erinnert stark an das Vertrauen eines Vogelkundlers, dass der nächste Rabe wieder schwarz sein wird, weil Vögel dieser Spezies in der Vergangenheit immer schwarz waren.

Wasons Kartentest: Nehmen wir an, wir liegen falsch

Mit Poppers Falsifizierbarkeitskriterium sind also noch längst nicht alle Probleme der Wissenschaftstheorie gelöst, aber wir können von Poppers kritischem Rationalismus eine Menge für unseren alltäglichen Umgang mit Theorien lernen. Wir sollten unsere eigenen Thesen immer hinterfragen, und zwar nicht, indem wir nach möglichst vielen Bestätigungen unserer These Ausschau halten, sondern indem wir gezielt versuchen, sie zu falsifizieren.

Diese Strategie wenden wir viel zu selten an – das zeigten die Untersuchungen des britischen Psychologen Peter Wason. Er entwickelte Experimente, um typische logische Fehler des menschlichen Denkens zu untersuchen. Berühmt wurde sein „Selection Task"-Experiment aus dem Jahr 1966.

Die Aufgabenstellung klingt ganz einfach: Untersucht werden Spielkarten, die vorne unterschiedliche Zahlen zeigen, ihre Rückseite kann entweder schwarz oder weiß sein. Nun soll folgende These untersucht werden: Alle Karten mit einer geraden Zahl sind auf der Rückseite schwarz. Auf dem Tisch liegen vier Karten – eine Sieben, eine Acht, eine schwarze und eine weiße. Was sollen wir tun, um die These zu überprüfen? Nehmen Sie sich einen Augenblick Zeit – welche Karten würden Sie umdrehen, um herauszufinden, ob alle geradzahligen Karten hinten schwarz sind?

Die meisten Leute kommen zunächst auf die Idee, die Karte mit der Acht umzudrehen. Das ist auch völlig richtig – die Rückseite der Acht muss schwarz sein, sonst war die These falsch. Und dann? Viele Testpersonen entscheiden sich danach für die schwarze Karte. Wenn auf der Rückseite eine gerade Zahl steht, ist das ein weiterer Beleg für die These, denken sie. Doch logisch betrachtet ist das falsch. Wenn wir die schwarze Karte umdrehen, haben wir keine neue Information gewonnen, ganz egal, ob auf der anderen Seite eine gerade oder eine ungerade Zahl zu sehen ist. Niemand hat gesagt, dass ungerade Zahlen nicht auch eine schwarze Rückseite haben dürfen.

Sinnvoll wäre es hingegen, die weiße Karte zu inspizieren: Wenn auf der Vorderseite eine gerade Zahl steht, dann ist die

These, dass alle geradzahligen Karten hinten schwarz sind, eindeutig widerlegt. Doch nur wenige von Wasons Versuchspersonen entschieden sich für diesen Schritt. Ganz instinktiv neigen wir dazu, nach Bestätigungen unserer Thesen zu suchen, anstatt Situationen herbeizuführen, die unsere Thesen widerlegen können. Noch dazu behalten wir solche Bestätigungen später besser im Gedächtnis als Ergebnisse, die unseren Thesen widersprechen. Man nennt das „Confirmation Bias".

Noch klarer demonstrierte Peter Wason dieses Problem in einem anderen Experiment. Diesmal hatten die Versuchspersonen die Aufgabe, eine geheime Zahlenregel herauszufinden, die sich Wason ausgedacht hatte. Die Versuchspersonen durften drei Zahlen nennen, und Wason sagte ihnen, ob diese Dreiergruppe von Zahlen seiner Regel gehorcht oder nicht. Einen einzigen Hinweis gab es gleich zu Beginn: Die Dreiergruppe 2-4-6 ist richtig, sie erfüllt die Regel.

Die meisten Versuchspersonen erkannten in der Zahlenfolge 2-4-6 natürlich sofort ein Muster und probierten ähnliche Zahlenfolgen aus – etwa 4-6-8 oder 8-10-12, und tatsächlich sind auch diese Dreiergruppen richtig. So waren viele Leute rasch davon überzeugt, die korrekte Regel gefunden zu haben. „Es müssen drei aufeinanderfolgende gerade Zahlen sein", war ein beliebter Lösungsvorschlag. Leider ist er falsch, das war nicht die gesuchte Regel.

Die tatsächliche Zahlenregel, die sich Peter Wason ausgedacht hatte, war viel einfacher: Die drei Zahlen müssen bloß in aufsteigender Reihenfolge sortiert sein. 3-7-28 ist also auch korrekt, genauso wie -1, Pi und 6 mal 10 hoch 23. Viele Menschen probieren auch hier nur Beispiele aus, die ihre Hypothese bestätigen würden – man spricht in diesem Fall von „positiven Tests". Klug wäre es allerdings, genauso eifrig nach Beispielen zu suchen, die ihre Hypothese widerlegen könnten – also ihre Hypothese einem „negativen Test" auszusetzen.

Wenn man nach einigem Raten davon überzeugt ist, dass die Regel besagt, es müssen drei aufeinanderfolgende gerade Zahlen sein, dann überprüft man das am besten, indem man bewusst Zahlenfolgen testet, die dieser Annahme widersprechen, zum Beispiel 3-5-7. Geht ein solcher Negativtest tatsächlich negativ aus, ist alles in bester Ordnung, und das Vertrauen in die Annahme wird gestärkt. Wenn diese Zahlenfolge aber wider Erwarten doch korrekt ist, dann hat man etwas Wesentliches dazugelernt – in diesem Fall etwa, dass es sich nicht um gerade Zahlen handeln muss. Mit ausschließlich positivem Testen hätte man das niemals herausfinden können.

An den eigenen Überzeugungen rütteln

In manchen Fällen sind positive Tests zweifellos sinnvoll: Wenn ich richtig gute Lasagne zubereiten kann und stolz behaupte, das optimale Lasagnerezept entwickelt zu haben, dann werde ich mich immer wieder an dieses Rezept halten. Wenn das dann tatsächlich zu großartiger Lasagne führt, nehme ich das jedes Mal als Indiz, dass meine These richtig war. Wissenschaftlich gesehen wäre es eigentlich sinnvoller, das Rezept ein bisschen zu variieren in der Erwartung, dass die Lasagne dadurch ein bisschen schlechter wird. Wenn alle möglichen Rezept-Abwandlungen immer zu einem schlechteren Endergebnis führen, ist das tatsächlich ein gutes Argument dafür, dass mein ursprüngliches Rezept das allerbeste war.

Beim Kochen werden wir uns wohl kaum so verhalten, und das ist in Ordnung – da geht es nicht um die Suche nach ewigen Wahrheiten, sondern um ein ganz konkretes Endprodukt, das allen schmecken soll. Aber in der Wissenschaft kommen wir am besten voran, wenn wir ständig versuchen, bestehende Theorien zu widerlegen.

Wenn man immer nur nach Bestätigungen für seine Vermutungen sucht, kann das ziemlich böse enden: Egal, wie absurd, falsch und lächerlich eine Theorie ist, irgendwelche Indizien für sie lassen sich immer finden. Kann es sein, dass die Menschheit in Wahrheit von Reptilien-Aliens beherrscht wird, die ihre Gestalt wandeln und eine menschenähnliche Form annehmen können?

Es gibt tatsächlich Menschen, denen sich diese Idee tief im Kopf festgesetzt hat. Unermüdlich suchen sie nach Beweisen für die große außerirdische Echsenmenschen-Verschwörung. Wenn man Tausende Fotos untersucht, findet man mit Sicherheit welche, auf denen die Pupillen einer berühmten Person etwas seltsam aussehen – vielleicht ein bisschen länglich, wie die Pupillen einer Schlange? Erwischt! Ein außerirdischer Reptilienmensch! Irgendwelche Hollywoodschauspieler sehen nach einer gewagten Schönheitsoperation etwas gewöhnungsbedürftig aus? Nein, das sind einfach ihre echsenartigen Gesichtszüge! US-Präsident Barack Obama tötete während eines Interviews vor laufender Kamera mit zielsicherer Hand eine Fliege? Das ist exakt, was ein Reptilienmensch tun würde!

Klüger wäre es natürlich, eine solche These zu untersuchen, indem man gezielt nach Gegenargumenten Ausschau hält. Gibt es vielleicht auch andere, einfachere Erklärungen für das, was man beobachtet hat? Unter welchen Umständen wäre man bereit zuzugeben, dass die Geschichte von den Reptilien-Aliens purer Unsinn ist? Und wie lässt sich überprüfen, ob diese Umstände eintreten oder nicht?

Es ist wichtig, immer wieder möglichst kräftig an den eigenen Überzeugungen zu rütteln. Das gilt nicht nur für die strenge Logik der Forschung. In etwas allgemeinerer, abstrakterer Form können wir diesen Grundsatz auch auf viele unserer weltanschaulichen Thesen anwenden. Viel zu oft geben wir uns damit zufrieden, bloß nach Bestätigungen unserer vorgefassten Meinungen zu suchen. Wir wählen Medien aus, die zu unserer politischen Überzeugung passen. Wir umgeben uns mit Menschen, die ähnliche Ansichten vertreten wie wir selbst. So bekommen wir Tag für Tag neue

Informationen präsentiert, die unser Vertrauen in die eigene Meinung stärken. Ehrlicher und sinnvoller wäre es, zumindest ab und zu auch das Gegenteil auszuprobieren. Gehen wir mal kurz vom Gegenteil aus. Versuchen wir, die eigene Meinung zu falsifizieren. Kann man für die Gegenthese vielleicht auch Belege finden?

Wenn wir dabei nichts Interessantes finden und sich herausstellt, dass unsere Annahme tatsächlich richtig war, ist das ganz wunderbar. Und wenn nicht, haben wir vielleicht etwas Wichtiges dazugelernt.

WAS NICHT STIMMT, MUSS NICHT GLEICH FALSCH SEIN

Wie man einen Planeten entdeckt, wie man einen anderen Planeten verschwinden lässt und warum die Erde ziemlich sicher keine Scheibe ist: Eine wissenschaftliche Theorie sollte man in Krisenzeiten verteidigen – aber nicht um jeden Preis.

Wenn jemand beschließt, nächsten Mittwoch eine bahnbrechende Entdeckung zu machen und sich mit großen roten Buchstaben „Wissenschaftlicher Durchbruch" im Kalender einträgt, dann sollte man ihn nicht allzu ernst nehmen. Sensationen halten sich selten an Terminvereinbarungen, und wissenschaftliche Überraschungen kann man nicht planen.

Doch am 23. September 1846 war die Sache anders. Damals wurde in der Kuppel der Berliner Sternwarte das Teleskop justiert, mit dem klaren Ziel, Wissenschaftsgeschichte zu schreiben. Man hatte beschlossen, den achten Planeten unseres Sonnensystems zu finden. Der Astronom Johann Gottfried Galle und der junge Student Heinrich Louis d'Arrest wussten ganz genau: Ihre Chancen, noch an diesem Abend eine Entdeckung von historischer Bedeutung zu machen, standen ziemlich gut.

Es ging dabei um die Lösung eines merkwürdigen Rätsels: Uranus, der Planet Nummer sieben, schien sich nicht so recht an die Naturgesetze zu halten. Immer wieder zeigten sich seltsame Unregelmäßigkeiten in seiner Umlaufbahn. Schon bald wurde vermutet, dass man das vielleicht durch einen weiteren, bisher unentdeckten Planeten erklären könnte, der in noch größerer Entfernung als Uranus die Sonne umkreist und durch seine Anziehungskraft die Bewegung des Uranus immer wieder ein bisschen stört.

Doch wie sollte man diesen mysteriösen achten Planeten finden? Uranus war im Jahr 1781 eher zufällig entdeckt worden, als die Geschwister Wilhelm und Caroline Herschel mit ihrem Teleskop den Nachthimmel durchstöbert hatten. Auf ähnliche Weise irgendwann auf einen weiteren Planeten jenseits des Uranus zu stoßen, erschien unwahrscheinlich. Ein derart weit entfernter Planet ist nämlich auch durch ein Teleskop nur als winziges, schwach leuchtendes Scheibchen am Nachthimmel zu erkennen, das seine Position zwischen den Sternen nur ganz langsam verändert. Selbst wenn man ein Teleskop zufällig genau auf den Planeten richtete, würde man ihn wohl entweder übersehen oder für einen gewöhnlichen, schwach leuchtenden Stern halten.

Johann Gottfried Galle und Louis d'Arrest an der Sternwarte in Berlin hatten allerdings einen entscheidenden Vorteil: Sie wussten ziemlich genau, wo sie suchen mussten. Der französische Mathematiker Urbain Le Verrier hatte nämlich die Unregelmäßigkeiten in der Bewegung des Uranus analysiert und ausgerechnet, auf welcher Bahn sich ein zusätzlicher Planet bewegen müsste, um die Unregelmäßigkeit der Uranus-Bahn zu erklären. Wenn es ihn tatsächlich gab, den geheimnisvollen Planeten Nummer acht, dann musste er an diesem Abend in einer ganz bestimmten Himmelsregion zu finden sein, im Grenzbereich zwischen den Sternbildern Steinbock und Wassermann.

Diese Rechenergebnisse hatte Urbain Le Verrier nach Berlin geschickt, wo Johann Gottfried Galle nun also seinen Blick durch das Teleskop auf die Sterne dieses Himmelsausschnitts richtete. Zunächst war nichts Besonderes zu erkennen – nur eine Anzahl schwach leuchtender Pünktchen. Waren das gewöhnliche Sterne oder könnte eines davon der gesuchte Planet sein? Ein Lichtpünktchen nach dem anderen peilte Galle an, während d'Arrest auf der Sternenkarte nachsah, ob sich an diesem Ort ein bekannter Stern befinden sollte oder nicht. Es dauerte nicht lange, bis d'Arrest plötzlich rief: „Dieser Stern ist nicht auf der Karte!" Und tatsächlich: Da war er, der ersehnte Lichtfleck. In einer einzigen Nacht hatten sie ihn gefunden, den Planeten Nummer acht – heute nennen wir ihn Neptun.

Bis zu diesem Tag hatte man die Bahnen von Himmelskörpern immer durch sorgfältiges Beobachten des Nachthimmels ermittelt. Die Bahn des Neptuns hingegen hatte Urbain Le Verrier am Schreibtisch entdeckt, auf einem Blatt Papier, ganz ohne dabei in den Himmel zu schauen.

Möglich war das, weil Le Verrier die wohl mächtigste, zuverlässigste und bestgeprüfte Theorie verwendete, die damals zur Verfügung stand – die klassische Mechanik, die Isaac Newton mehr als hundertfünfzig Jahre vorher entwickelt hatte. Mit Newtons Gesetzen lässt sich verstehen, wie Kraft und Bewegung miteinander zusammenhängen, wie sich Objekte durch ihre Gravitation gegenseitig beeinflussen und welche Planetenbahnen sich dadurch ergeben. Vom Planeten Uranus hatte Newton noch keine Ahnung gehabt, und von Neptun schon gar nicht. Aber er hatte bereits im siebzehnten Jahrhundert die Formeln aufgeschrieben, mit denen wir bis heute unseren Sternenhimmel erklären.

Urbain Le Verrier stammte aus einem anderen Land und aus einem anderen Jahrhundert als Isaac Newton, aber für die naturwissenschaftliche Arbeit spielt das keine Rolle. Es ist egal, dass Le Verrier und Newton einander niemals getroffen haben, es ist völlig gleichgültig, ob sie einander sympathisch gewesen wären, es ist sogar einerlei, dass sie wohl in unterschiedlichen Sprachen fluchten, wenn sie sich verrechnet hatten. Die Sprache der Mathematik beherrschten sie nämlich beide.

Und so konnte Le Verrier Newtons Formeln verwenden, um an seiner These vom unbekannten Zusatzplaneten zu arbeiten. Newton war zwar längst tot, hatte seine Gedanken aber wissenschaftlich nachvollziehbar aufgeschrieben, sodass sie im Kopf eines anderen Forschers weiterleben konnten. Wissenschaft ermöglicht Gedankenübertragung über Raum und Zeit hinweg. Ein Brite war Naturgesetzen auf die Spur gekommen, mit denen ein Franzose Planetenbahnen berechnete, deren Richtigkeit zwei Deutsche dann mit ihrem Teleskop überprüften.

Die Duhem-Quine-These: Wir prüfen Gedanken gruppenweise

Wir können jetzt alle zufrieden nicken und diese Geschichte als herzerfrischendes Vorzeigebeispiel für wissenschaftliche Arbeit in Erinnerung behalten: Theorie und Experiment passen wunderbar zusammen. Ganz wie es sich nach Karl Popper für gute Wissenschaft gehört, hatte Le Verrier eine klare, falsifizierbare Vorhersage gemacht. Wäre er feige gewesen, hätte er bloß vage von einem weit entfernten Zusatzplaneten in den eisigen Weiten des Weltraums gesprochen – niemand hätte je das Gegenteil beweisen können. Aber er hatte den Mut, ganz konkret vorherzusagen, an welcher Position des Himmels der unbekannte Planet zu einer bestimmten Zeit sichtbar sein muss. Das hätte danebengehen können, aber er behielt recht.

Wir könnten allerdings die Geschichte von der merkwürdigen Bahn des Uranus auch völlig anders auffassen – nämlich als Test für Newtons Theorie der klassischen Mechanik. Stellen wir uns vor, der Uranus-Orbit wäre ursprünglich von einem langweiligen, unkreativen Falsifikationisten untersucht worden, der wissenschaftliche Theorien mit derselben gesetzestreuen Unerbittlichkeit testet, mit der ein Geldautomat die Auszahlung verweigert, wenn das Konto überzogen ist. Dieser strenggläubige Falsifikationist hätte gar nicht darüber nachgedacht, ob es einen Zusatzplaneten geben könnte. Stattdessen hätte er höchst korrekt festgestellt, dass die Bewegung des Planeten nicht den exakten Vorhersagen der Newton'schen Gravitationstheorie entspricht, und damit hätte er Newtons Theorie für falsch erklären müssen.

Die Annahme „Alle Raben sind schwarz" muss als widerlegt gelten, sobald wir einen einzigen Raben mit anderer Farbe finden. Muss man dann nicht mit derselben Konsequenz auch Newtons Gravitationstheorie als gescheitert betrachten, wenn sie allen Himmelskörpern bestimmte Bahnen vorschreibt und sich der störrische Uranus dann anders bewegt?

Natürlich nicht. Das wäre eine naive und ziemlich sinnlose Form des Falsifikationismus, und die kommt im wissenschaftlichen Alltag normalerweise nicht vor. Würde man nämlich bei jedem kleinen Widerspruch zwischen Vorhersage und Beobachtung die Theorie sofort fallen lassen, dann würde von der Wissenschaft bald nichts mehr übrig bleiben. In jedem Forschungslabor der Welt werden täglich Daten gemessen, die nicht so recht zu den gängigen Theorien passen. Doch meistens bedeutet das nicht, dass auf spektakuläre Weise die Wissenschaft aus den Angeln gehoben wurde, sondern einfach nur, dass man irgendeine Kleinigkeit übersehen hat.

Streng genommen kann man nämlich eine Theorie niemals isoliert überprüfen. In Wirklichkeit testen wir in jedem Experiment immer ein ganzes Bündel an Annahmen gleichzeitig – das ist die sogenannte „Duhem-Quine-These". Wenn wir untersuchen, ob die Bahn des Uranus den Gleichungen gehorcht, die Isaac Newton aufgeschrieben hat, dann prüfen wir damit nicht einfach nur Newtons Gleichungen, sondern wir prüfen sie in Kombination mit einer ganzen Schar von Zusatzthesen – mit der These, dass es eine ganz bestimmte, wohlbekannte Zahl von Planeten im Sonnensystem gibt, mit der These, dass unsere Messgeräte tatsächlich funktionieren und uns die korrekten Positionen der Himmelskörper verraten, und auch mit der These, dass es keine zusätzlichen, bisher unentdeckten Naturkräfte gibt, die unsere Ergebnisse durcheinanderbringen können.

Wenn Theorie und Experiment nicht übereinstimmen, dann muss logischerweise zumindest eine dieser Thesen falsch gewesen sein. Aber welche? Denkbar ist, dass die Gravitationstheorie selbst falsch ist. Vielleicht haben Newtons Gleichungen bisher nur durch reinen Zufall zu den Beobachtungen gepasst? Und ein rebellischer Planet, der sich nicht an die Regeln halten will, deckt plötzlich auf, dass die gesamte klassische Mechanik bisher bloßer Aberglaube war?

Das wollte natürlich niemand ernsthaft für möglich halten, als man die Unregelmäßigkeiten in der Bahn des Uranus entdeckte. Newtons Gravitationstheorie hatte viel zu gute Dienste geleistet, um einfach falsch sein zu können. Viel glaubwürdiger erschien es, dass der Fehler in irgendeiner der Zusatzannahmen lag – zum Beispiel in der Annahme über die Anzahl der Planeten im Sonnensystem.

Und so wurde ganz spontan eine Ad-hoc-Hypothese eingeführt: Man beschloss, an den neuen, bisher unentdeckten Planeten Nummer acht zu glauben. Dafür gab es zunächst überhaupt keinen Grund, abgesehen von der Tatsache, dass sich mit den bisher bestehenden Annahmen die Beobachtungen nicht erklären ließen. Aber diese an den Haaren herbeigezogene Ad-hoc-Hypothese erwies sich als strahlender Erfolg. Der frei erfundene Zusatzplanet wurde tatsächlich entdeckt, und im neuen Sonnensystem mit Zusatzplaneten bewegten sich wieder alle bekannten Himmelskörper so, wie Newtons Formeln es vorschrieben. Die unerklärliche Uranus-Bahn hätte zu einer schweren Krise der Newton'schen

Gravitationstheorie werden können, stattdessen wurde sie zu einer glorreichen Bestätigung.

Aber ging hier alles mit rechten Dingen zu? War das ein gutes Beispiel dafür, wie wissenschaftlicher Fortschritt erzielt werden soll, oder war es eher eine wissenschaftstheoretische Schummelei, die zufällig ein gutes Ende fand? Es ist nämlich ein gefährliches Spiel, einfach neue Zusatzannahmen zu erfinden, wenn eine Theorie und Beobachtungen nicht mehr übereinstimmen.

Die Theorie der flachen Erde

Sehen wir uns zum Vergleich eine ganz andere Theorie an: Die Erde ist flach. Einen verrückteren Unsinn kann man sich kaum ausdenken in einer Zeit von Transatlantikflugzeugen, geostationären Satelliten und Erdkugelfotos aus dem Weltraum. Aber versetzen wir uns in die Lage eines fanatischen Flacherdlers, der unseren Heimatplaneten tatsächlich für eine riesengroße Scheibe hält: In der Mitte befindet sich das, was die dummen, von der Schulwissenschaft indoktrinierten Globus-Anhänger als Nordpol bezeichnen. Ganz außen wird die Erdscheibe von der antarktischen Eiswand begrenzt, die glücklicherweise dafür sorgt, dass der Ozean nicht ausläuft. Sonne und Mond sind viel kleiner als die Erde, sie bewegen sich in kreisförmigen Bahnen über den Himmel. Darüber erstreckt sich das Himmelsgewölbe, an dem die Sterne befestigt sind.

Und nun nehmen wir an, jemand möchte diese These widerlegen und uns Flacherdler davon überzeugen, dass die Erde eine rotierende Kugel im Weltraum ist. Vielleicht geht er mit uns an den Strand und zeigt uns Segelschiffe, die hinter dem Horizont nach unten sinken. Das lässt sich erklären, wenn man sich die Erde kugelförmig vorstellt. Wenn sich das Schiff von uns entfernt, wird ein immer größerer Anteil des Schiffs von der Erdkrümmung verdeckt, zuerst verschwindet der Rumpf, dann ist nur noch die Mastspitze sichtbar und am Ende verschwindet das Schiff dann vollständig hinter dem Horizont.

Für uns als überzeugte Flacherdler ist das zunächst ein Problem – ähnlich wie die unregelmäßige Uranus-Bahn für die Newton'sche Gravitationstheorie. Aber mit ein bisschen Kreativität können wir die Sache wieder in Ordnung bringen. Wir behaupten einfach, dass sich das Meer manchmal aufwölbt, ganz besonders dann, wenn kurz zuvor ein Schiff vorbeigekommen ist. Das Wasser bildet einen Hügel aus, der das Schiff teilweise verdeckt.

Und mit ähnlichen frei erfundenen Ad-hoc-Hypothesen können wir auch alle anderen Beweise abschmettern: Jemand zeigt uns Fotos unserer kugeligen Erde aus dem Weltraum. Wir erklären, dass es sich dabei um eine Fälschung handelt, um eine Verschwörung der geldgierigen Weltraum-Mafia, die mit ihrer abstrusen Globus-Hypothese Geschäfte macht.

Jemand beobachtet mit uns eine Mondfinsternis, bei der die Erde einen kreisrunden Schatten auf den Mond wirft. Dass dieser Schatten immer rund ist, lässt sich nur durch die Kugelgestalt der Erde erklären. Stimmt nicht, erwidern wir: Eine Mondfinsternis hat mit der Erde gar nichts zu tun. Wenn ein runder Schatten auf den Mond fällt, dann schiebt sich ein bisher unbekanntes scheibenförmiges Himmelsobjekt zwischen Sonne und Mond, genau im richtigen Winkel, um den runden Schatten zu verursachen.

Das Spiel mit den Ad-hoc-Hypothesen können wir so lange weiterspielen, bis die Gegenseite entweder die Geduld oder den Verstand verliert. Ein wissenschaftlicher Beweis für die Scheibenform der Erde ist das natürlich nicht.

Die entscheidende Frage ist nun aber: Warum war es wissenschaftlich in Ordnung, den Neptun zu erfinden, um weiterhin an Newtons Gravitationstheorie glauben zu können? Und warum ist es im Gegensatz dazu nicht in Ordnung, sich spontane Meereswölbungen oder mondverdeckende Himmelsscheiben auszudenken, um weiterhin an die Theorie der flachen Erde glauben zu können?

Das liegt daran, dass im ersten Fall die neu erfundene Ad-hoc-Hypothese eine Verfeinerung des wissenschaftlichen Weltbilds war, die zusätzliche, weiterführende Beobachtungen möglich machte. Der Neptun war nicht bloß eine Erfindung, man konnte ihn tatsächlich sehen. Man konnte seine Auswirkung auf andere Himmelskörper studieren, man konnte später sogar eine Raumsonde hinschicken und die heftigen Stürme in seiner Atmosphäre untersuchen. Die Zusatzannahme „Es muss einen Planeten Nummer acht geben" machte das astronomische Weltbild gehaltvoller, facettenreicher und aussagekräftiger. Die Gesamtzahl der Vorhersagen, die man im Experiment untersuchen konnte, war plötzlich gewachsen. Das Geflecht an Beobachtungen und Thesen, die einander stützen, war größer und tragfähiger geworden.

Eine gute Ad-hoc-Hypothese ist wie eine zusätzliche Sprosse, die man einer Leiter hinzufügt. Sie hilft, die Leiter noch fester zusammenzuhalten, aber vor allem hat sie den Zweck, uns noch einen Schritt höher klettern zu lassen, als wir das vorher konnten – zumindest dann, wenn sie sich als tragfähig erweist und nicht bei der ersten Belastungsprobe bricht.

Eine schlechte Ad-hoc-Hypothese kann das nicht. Sie ist wie ein billiges Klebeband, mit dem man verzweifelt versucht, seine auseinanderfallende Leiter zu reparieren. Mit etwas Glück kann das helfen, den vollständigen Zusammenbruch noch ein bisschen hinauszuzögern, aber dadurch ergeben sich keine neuen Klettermöglichkeiten. Fantasievolle Versuche, die Theorie von der flachen Erde zu retten, haben noch nie unser Verständnis irgendwelcher Naturphänomene verbessert. Sie liefern uns keine neuen Möglichkeiten, irgendetwas zu überprüfen und zu erklären. Es handelt sich nicht um eine falsifizierbare Erweiterung des Weltbildes, sondern um einen bloßen Immunisierungsversuch gegen Argumente, die einem Flacherdler nicht gefallen.

Imre Lakatos: harter Kern und weiche Schale

Für Karl Popper wäre es inakzeptabel gewesen, an einer bestehenden Theorie festzuhalten, obwohl neue Beobachtungen der Theorie widersprechen. Aber genau das ist manchmal nötig, erklärte der 1922 in Ungarn geborene Wissenschaftsphilosoph Imre Lakatos. Einen „naiven Falsifikationismus" lehnte Lakatos entschieden ab: Es wäre unsinnig, eine ganze Theorie sofort als widerlegt zu betrachten, nur weil sich ein paar neue Beobachtungen nicht so recht mit ihr vereinen lassen. Im Gegenteil: In der Wissenschaft ist es sogar notwendig, Theorien in Schutz zu nehmen und sie gegen Angriffe zu verteidigen.

Für Karl Popper bedeutet wissenschaftliches Forschen, die eigenen Überzeugungen ständig anzuzweifeln: Selbst die zuverlässigsten und besten Thesen muss man immer und immer wieder den härtesten Tests aussetzen, die man sich nur ausdenken kann. Nur durch Falsifizierungsversuche lernen wir etwas Neues dazu.

Das entspricht ungefähr der Taktik eines enthusiastischen Fahrzeugtechnikers, der mit Begeisterung jedes Auto mit möglichst hoher Geschwindigkeit an die Wand krachen lässt, bis sich irgendwann selbst das robusteste Fahrzeug in ein chaotisches Gestöber von Einzelteilen verwandelt hat. Lakatos würde sicher zustimmen, dass man eine ganze Menge über das Fahrzeug lernen kann, indem man es zu zerstören versucht. Aber vielleicht ist es auch ganz nützlich, zuerst mal eine Weile damit zu fahren. Solange es seinen Zweck erfüllt, ist es sogar ziemlich klug, zumindest die entscheidenden Teile des Fahrzeugs gegen Zerstörungsversuche zu verteidigen.

Lakatos betrachtete wissenschaftliche Theorien als Teil größerer Gedankengebäude, die er „Forschungsprogramme" nannte. Ein Forschungsprogramm kann sich verändern und besteht aus mehreren Teilen: Das Zentrum bildet der harte Theoriekern – das sind die wesentlichen Grundannahmen. Zusätzlich gibt es noch verschiedene Hilfstheorien und Zusatzhypothesen.

Sie bezeichnete Lakatos als „Schutzgürtel", der den Theoriekern umgibt.

In Newtons Gravitationslehre etwa gibt es eine Reihe wichtiger Naturgesetze, die eindeutig zum Theoriekern gehören: Kraft ist Masse mal Beschleunigung – das zweite Newton'sche Gesetz. Oder auch das Gravitationsgesetz: Alle Körper ziehen einander an, mit einer Kraft, die proportional zu ihrer Masse und indirekt proportional zum Quadrat ihres Abstands ist. Diese Grundgesetze sind nicht verhandelbar. Sie müssen in genau dieser Form gültig bleiben. Würde man sie verändern, wäre es nicht mehr Newtons Gravitationslehre, sondern etwas grundlegend anderes.

Im Schutzgürtel hingegen wohnen die Zusatzannahmen, die man durchaus zurechtbiegen darf: Welche Himmelskörper gibt es im Sonnensystem? Wie breitet sich das Licht der Sonne durch das Weltall aus? Welche Gesetze der Optik erklären uns, wie ein Teleskop funktioniert? Auch zu solchen Fragen hatte Isaac Newton eine eindeutige Meinung – aber diesen Meinungen kann man widersprechen, ohne dadurch gleich die gesamte Newton'sche Mechanik anzuzweifeln.

Es ist ein bisschen wie bei Kochrezepten: Für eine Mohntorte mit Himbeercreme braucht man Mohn und Himbeeren. Das ist nicht verhandelbar, denn sonst wäre es keine Mohntorte mit Himbeercreme. Man könnte sagen, diese Zutaten bilden den identitätsstiftenden Rezeptkern. Drumherum mag es noch Zusatzzutaten geben, aber sie lassen sich variieren. Wer lieber Margarine statt Butter verwendet, muss deshalb nicht gleich das Rezept für vollständig obsolet erklären. Anpassungen in diesen Bereichen sind erlaubt.

Neue Erkenntnisse, die dem Theoriekern gefährlich werden könnten, müssen irgendwie durch kunstvolle Verbiegungen des Schutzgürtels aufgefangen werden. Den Theoriekern selbst muss man so gut wie möglich verteidigen – diese Grundregel bezeichnet Lakatos als „negative Heuristik".

Die Spielregeln, nach denen die Zusatzbehauptungen des Schutzgürtels angepasst werden sollen, nennt er „positive Heuristik": Gibt es vielleicht äußere Bereiche des Schutzgürtels, die man rasch und bereitwillig anpasst, und innere Bereiche, die man möglichst lange verteidigen sollte? Welche wissenschaftlichen Methoden sollen im Rahmen des Forschungsprogramms überhaupt als sinnvoll gelten? In der Newton'schen Gravitationslehre zum Beispiel ist die Integralrechnung ein ziemlich nützliches Werkzeug. In der Theorie des Mohntortebackens hingegen haben Integrale nichts zu suchen. In der Astronomie sind Teleskope als Arbeitsgeräte akzeptiert. Wer Teleskope verwenden möchte, um die Entstehung indogermanischer Sprachen zu studieren, verletzt die Spielregeln des Fachgebiets.

Nach diesen Überlegungen hat Le Verrier genau richtig gehandelt, als er sich auf die Suche nach einem zusätzlichen Planeten machte: Die Bahn des Uranus war zunächst mit Newtons Gravitationstheorie nicht vereinbar. Der Theoriekern musste verteidigt werden, daher veränderte man den Schutzgürtel und führte einen zusätzlichen Planeten ein. Alles nahm ein gutes Ende, der Theoriekern blieb unangetastet.

Als Einstein einen Planeten zerstörte

Solche Geschichten können aber auch ganz anders ausgehen. Nachdem Urbain Le Verriers Vorhersage der Neptun-Bahn so ein großartiger Erfolg gewesen war, wollte er seine Strategie auch noch auf ein weiteres Problem der Astronomie anwenden: Auch bei der Umlaufbahn des Merkurs hatte man seltsame Unregelmäßigkeiten gefunden. Le Verrier rechnete nach, ob sich das ebenfalls mit einem zusätzlichen Planeten erklären ließe – und es gelang ihm auch diesmal: Ganz im Inneren des Sonnensystems, zwischen Merkur und Sonne, müsse es noch einen zusätzlichen Planeten geben, erklärte Le Verrier. Die Oberfläche eines solchen Planeten in unmittelbarer

Nachbarschaft der Sonne muss brennheiße Temperaturen erreichen, und so bekam der unentdeckte innerste Planet den Namen „Vulkan", nach dem römischen Gott des Feuers.

Dass es ganz nahe an der Sonne einen Planeten geben könnte, den man in der jahrtausendealten Geschichte der Astronomie noch niemals entdeckt hatte, war zwar eine gewagte These, aber sie erschien damals durchaus plausibel. Wenn ein Planet der Sonne immer sehr nahe ist, dann wird er von der Sonne permanent überstrahlt. Man hatte also mit einem ganz anderen Problem zu kämpfen als beim Planeten Neptun: Die Suche nach Neptun war schwierig, weil weit draußen im All alles ziemlich dunkel ist. Die Suche nach Vulkan hingegen war schwierig, weil ganz knapp an der Sonne alles ziemlich hell ist.

Tatsächlich machten sich verschiedene Leute an die Arbeit, Le Verriers Vulkan-These zu überprüfen. Und es dauerte nicht lange, bis manche tatsächlich behaupteten, den Planeten Vulkan gesehen zu haben. Andere widersprachen jedoch – der eindeutige, unbestreitbare Nachweis, der bei Neptun in einer einzigen Nacht geglückt war, wollte beim Planeten Vulkan nicht so recht gelingen. Und so nahm die Begeisterung über diese Planetensuche im Lauf der Zeit wieder ab.

Das endgültige Ende der Vulkan-These kam allerdings erst 1915, durch Albert Einsteins allgemeine Relativitätstheorie. Le Verrier hatte noch fest auf Newtons Gravitationstheorie vertraut. Einstein hingegen erkannte, dass man eine völlig neue Theorie benötigt, um die Gravitation und die Planetenbahnen exakt zu beschreiben. Er gab sich nicht damit zufrieden, Zusatzannahmen anzupassen. Er brachte den Mut auf, den Kern der Newton'schen Gravitationstheorie zu knacken und etwas völlig Neues zu präsentieren.

Um den Planeten Merkur ging es Einstein dabei eigentlich gar nicht. Wegen eines einzelnen Planeten wäre er wohl nicht auf den Gedanken gekommen, eine neue Gravitationstheorie zu entwickeln. Er kämpfte mit ganz anderen, viel abstrakteren Problemen, die ihn schließlich auf neuartige Gesetze für Raum, Zeit und Gravitation stoßen ließen. Ein nützlicher Nebeneffekt dieser neuentdeckten Naturgesetze war, dass man mit ihnen auch Planetenbahnen neu berechnen konnte. Und die Merkur-Bahn, die sich aus Einsteins neuen Formeln ergab, stimmte mit den Beobachtungen wunderbar überein. Daher war kein Zusatzplanet mehr nötig, um die merkwürdigen Bahnstörungen des Merkurs zu verstehen. Es handelte sich gar nicht um Störungen, sondern um eine ganz gewöhnliche Planetenbahn, wie man sie in unmittelbarer Nachbarschaft eines großen, schweren Himmelskörpers wie unserer Sonne zu erwarten hat. Aus der Anomalie wurde durch Einsteins neue Theorie etwas ganz Normales.

Wenn Theorien an Altersschwäche leiden

Wenn man sich zweimal an dasselbe Kuchenrezept hält, wird man zweimal ähnlich großen Erfolg haben. Aber die Wissenschaftsgeschichte ist kein Kuchenbacken. Urbain Le Verrier hatte es zweimal in ähnlichen Situationen mit genau derselben Strategie versucht: Er hatte neue Planeten eingeführt, um die Bewegung der bereits bekannten Planeten zu erklären. Beim ersten Mal wurde das zum grandiosen Erfolg, beim zweiten Mal zum Misserfolg. Was sagt uns das nun? Sollen wir uns Le Verrier nun zum Vorbild nehmen oder nicht?

Die entscheidende Frage ist: Wann sollte man versuchen, sich Zusatzannahmen auszudenken, um eine Theorie weiterhin verwenden zu können, und wann sollte man sich damit abfinden, dass die Zeit für eine neue Theorie gekommen ist? So allgemein lässt sich das nicht sagen. Das hängt davon ab, ob es sich um eine junge, hoffnungsfrohe Theorie handelt, der man noch die wildesten Jugendsünden austreiben muss, oder ob die Theorie so alt und wackelig geworden ist, dass ein Festhalten an ihr bloß noch unnötiges Leid verlängert.

Imre Lakatos unterscheidet zwischen einer progressiven Phase und einer degenerativen Phase von Forschungsprogrammen. In einer progressiven Phase wird die Theorie mit jeder Anpassung des Theorie-Schutzgürtels stärker und aussagekräftiger. Ein Forschungsprogramm in einer degenerativen Phase hingegen leistet das nicht. Irgendwann werden die Annahmen des Schutzgürtels nur noch verändert, um Angriffe auf den Theoriekern noch irgendwie abzuwehren. Es entstehen keine neuen Erkenntnisse mehr, die Vorhersagekraft der Theorie wird nicht mehr größer. Und wenn es so weit gekommen ist, dann sollte man darüber nachdenken, den Theoriekern aufzugeben – besonders dann, wenn es gleichzeitig eine andere Theorie gibt, die ähnliche Beobachtungen besser erklärt.

Es ist ein bisschen wie beim Sanieren von Häusern: Jedes Haus verlangt im Lauf der Jahrzehnte nach gewissen Umbauarbeiten. Vielleicht muss man neue Heizungsrohre verlegen, vielleicht muss das Dach neu gedeckt werden, vielleicht errichtet man einen Balkon. Der Kern des Hauses, die Struktur der wichtigen, tragenden Mauern bleibt bestehen. Solange das Haus dadurch immer besser wird, kann sich niemand beklagen. Aber bei manchen Häusern kommt eine Zeit, in der von Verbesserung keine Rede mehr sein kann. Der Verputz bröckelt, die Wände werden feucht, die Deckenträger biegen sich auf bedrohliche Weise nach unten. Man repariert nicht mehr, um die Wohnqualität zu erhöhen, sondern nur noch, um den Zusammenbruch hinauszuzögern. Wenn gleichzeitig daneben ein neues Haus errichtet wird, in dem es all diese ärgerlichen Probleme nicht gibt, dann ist es möglicherweise sinnvoll, irgendwann ins neue Haus zu übersiedeln.

Diese Unterscheidung zwischen progressiven und degenerativen Forschungsprogrammen ist ein ziemlich nützlicher Gedanke, wenn man zwischen echter Wissenschaft und Pseudowissenschaft unterscheiden möchte. Es gibt viele wackelige Gedankengebäude, die auf den ersten Blick beinahe aussehen wie eine echte Wissenschaft – zum Beispiel die Homöopathie.

Ihr Grundprinzip ist einfach: Gleiches soll mit Gleichem geheilt werden. Eine Substanz, die bestimmte Symptome auslöst, kann dazu verwendet werden, genau dieselben Symptome zu lindern. Das klingt seltsam, ist aber nicht von vornherein völlig unsinnig. Wenn ich auf den Lichtschalter drücke, wird es hell – und denselben Lichtschalter kann ich danach auch verwenden, um das Licht wieder auszuschalten. Vielleicht können auch bestimmte Substanzen ein Krankheitssymptom sowohl auslösen als auch beenden?

Aber das ist natürlich noch nicht alles. Bis heute hält man sich bei der Herstellung homöopathischer Präparate an die Regeln, die sich Samuel Hahnemann Ende des achtzehnten Jahrhunderts ausdachte. Hahnemann gilt als Begründer der Homöopathie und beschrieb in seinen Werken das Verfahren des „Potenzierens": Eine kleine Menge der Substanz wird verdünnt und nach speziellen Ritualen geschüttelt. Von dieser Verdünnung nimmt man wieder eine kleine Menge und verdünnt sie noch einmal – und immer so weiter. Bald ist am Ergebnis von der ursprünglichen Substanz nichts mehr zu sehen, zu schmecken oder zu riechen, aber die Verdünnung wird fortgesetzt, Schritt für Schritt. Genau dadurch wird die Wirkung der Substanz angeblich verstärkt. Das ist ein wichtiger Grundsatz aus dem Theoriekern der Homöopathie.

Das widerspricht unserer Lebenserfahrung. Normalerweise hat eine größere Menge einer Substanz auch eine größere Wirkung. Wenn ich Apfelsaft verdünne, schmeckt er weniger apfelig, und wenn ich Schlangengift verdünne, ist es weniger giftig. Die Homöopathie passt nicht zu diesem Grundsatz – aber auch das ist noch kein Grund, sie für widerlegt zu erklären.

Ein ernstes Problem für die Homöopathie ist allerdings, dass die Materie aus Molekülen und Atomen besteht. Davon hatte Samuel Hahnemann noch nichts gewusst. Man kann heute sehr einfach ausrechnen, wie viele Teilchen einer Substanz in einer bestimmten Stoffmenge enthalten sind. Und dann stellt man fest, dass bei hochpotenzierten Präparaten, wie sie in der Homöopathie üblich sind, normalerweise kein einziges Molekül des Wirkstoffs mehr zu finden ist. Jedes einzelne Molekül wurde wegverdünnt, das Präparat besteht am Ende ausschließlich aus Verdünnungsmittel.

Diese Erkenntnis hätte die Homöopathie in eine Krise führen können – denn wie soll etwas ohne Wirkstoff wirken? Doch man fand wieder eine Möglichkeit, den Theoriekern zu bewahren: Wenn kein Wirkstoffmolekül mehr vorhanden ist, dann wirken eben nicht die Moleküle selbst, sondern es muss eine geheimnisvolle Art von „Information" geben, die beim Verdünnen von den Molekülen der Ausgangssubstanz an die Moleküle des Verdünnungsmittels weitergegeben wird.

Als Verdünnungsmittel wird oft einfach Wasser verwendet. Und so kam die These auf, dass sich die Wassermoleküle möglicherweise ganz von selbst zu bestimmten Mustern zusammenfügen, zu sogenannten „Wasserclustern". Tatsächlich können Anziehungskräfte zwischen Wassermolekülen dafür sorgen, dass sich die Moleküle kettenartig anordnen. Ist das die Erklärung für Homöopathie? Können diese Molekülketten irgendeine heilende Kraft übertragen?

Nein, können sie nicht – man kann nämlich untersuchen, wie lange diese Wassercluster stabil bleiben: Bereits nach winzigen Sekundenbruchteilen ist von den Wasserclustern nichts mehr übrig. Selbst wenn solche Wassercluster irgendeine Wirkung hätten, wofür es keinerlei Hinweise gibt, wäre die Haltbarkeit homöopathischer Präparate längst vorbei, bevor man überhaupt den Deckel auf die Flasche schrauben kann. Auch mit der Wassercluster-Zusatzthese ist der Theoriekern der Homöopathie nicht zu retten.

Nun können wir also klären, ob sich die Homöopathie nach den Maßstäben von Imre Lakatos in einer progressiven oder in einer degenerativen Phase befindet. Die Antwort ist ziemlich eindeutig: In über zwei Jahrhunderten hat die Homöopathie keine einzige überprüfbare Aussage hervorgebracht, die sich zweifelsfrei bestätigen ließ. Man hat zwar Zusatzthesen aus dem Schutzgürtel der Theorie umgebaut, aber die Vorhersagekraft der Theorie ist dabei nie gestiegen.

Die wundersame Wirksamkeitssteigerung durch Verdünnung ließ sich weder erklären noch auf andere Anwendungsmöglichkeiten übertragen. Zur Physik der Wassercluster hat die Homöopathie nichts beigetragen, zur Chemie genauso wenig. Die kleinen Anpassungen, die an der Homöopathie vorgenommen wurden, hatten bloß den Charakter einer Verteidigung gegen die fortschreitende Naturwissenschaft – ein klassisches argumentatives Rückzugsgefecht, wie es für eine degenerative Theorie typisch ist.

Wenn so etwas der Fall ist, dann ist es möglicherweise höchste Zeit, den Theoriekern aufzugeben und die ganze Sache für gescheitert zu erklären.

Es lebe die Revolution!

Warum es in der Wissenschaft nicht nur ums Widerlegen geht, wie durch einen gewaltigen Irrtum versehentlich die Chemie erfunden wurde und wie Neutrinos zeigten, dass die Wissenschaft keine dogmatische Sekte ist: Die Wissenschaft verändert sich ständig, trotzdem können wir uns auf gute wissenschaftliche Theorien verlassen.

Mitten in Wien wurden Barrikaden errichtet, Fahnen geschwenkt und politische Forderungen verlesen. Es war das Revolutionsjahr 1848, das Volk forderte mehr Rechte. Die Stimmung war explosiv, das Militär stellte sich den Bürgern entgegen, bald fielen Schüsse.

Der Lärm drang schließlich auch an die hochwohlgeborenen Ohren des Kaisers Ferdinand, der wissen wollte, was diese Leute da draußen so trieben. „Die machen eine Revolution, Majestät", berichtete man ihm. Der Kaiser war überrascht: „Ja dürfen's denn das?", soll er gefragt haben.

Ob sie das dürfen, war den Menschen auf der Straße wohl ziemlich egal. Niemand fragt nach einem Antragsformular, um sich einen politischen Umsturz genehmigen zu lassen. Es liegt in der

Natur einer Revolution, sich nicht an Regeln zu halten. Und bei wissenschaftlichen Revolutionen ist das genauso.

Thomas Kuhn: Paradigmen und Revolutionen

Mit wissenschaftlichen Revolutionen beschäftigte sich der US-amerikanische Wissenschaftsphilosoph Thomas Kuhn, einer der einflussreichsten Wissenschaftsphilosophen des zwanzigsten Jahrhunderts. Es ging ihm dabei nicht um die Logik der Forschung, die bei Karl Popper oder bei den Philosophen des Wiener Kreises im Zentrum stand, sondern um den sozialen Aspekt der Wissenschaft: Wie geht man in der Wissenschaft mit revolutionären Ideen um? Und wie funktioniert wissenschaftlicher Fortschritt in der Praxis?

Wenn man einen neuen Staat gründet, ist zu Beginn vielleicht noch nicht klar, welche Gesetze dort eigentlich gelten sollen. Und wenn ein völlig neuer Wissenschaftszweig entsteht, ist die Situation ähnlich. Angenommen, wir würden heute feststellen, dass wir permanent von unsichtbaren intergalaktischen Einhörnern umgeben sind, mit denen wir telepathisch kommunizieren können. Das wäre nicht nur eine sensationelle Überraschung, wir hätten zunächst auch überhaupt keine Ahnung, wie man unsichtbare Einhörner eigentlich untersuchen soll. Welche Messmethoden würden uns dabei weiterbringen? Und für welche Fragen wäre die neue Forschungsdisziplin der Einhornologie überhaupt zuständig?

Diese komplizierte Unsicherheit beim Entstehen einer neuen Wissenschaftsdisziplin bezeichnet Thomas Kuhn als „vorparadigmatische Phase": Vielleicht gibt es konkurrierende Schulen, die unterschiedliche Methoden anwenden oder unterschiedliche Schwerpunkte setzen, vielleicht versuchen charismatische Führungspersönlichkeiten mit politischen Tricks der eigenen Lehrmeinung zum Durchbruch zu verhelfen, aber es gibt noch keinen Konsens darüber, was den wesentlichen Kern des neuen Forschungsgebietes eigentlich ausmacht.

Wenn man sich dann irgendwann geeinigt hat, dann ist etwas entstanden, was Kuhn ein „Paradigma" nennt. Meistens läuft wissenschaftliche Forschung innerhalb eines solchen Paradigmas ab – Kuhn bezeichnet das als „Normalwissenschaft": Auf Basis allgemein akzeptierter Grundannahmen wendet man allgemein akzeptierte Regeln an, um Fragen zu beantworten, die allgemein als interessant akzeptiert werden.

Die Atomphysik beispielsweise ist heute eine Disziplin in der Phase der „Normalwissenschaft". Wenn eine Atomphysikerin aus Argentinien ihrem neuen Kollegen aus Indien ihr Labor zeigt, dann können sich beide darauf verlassen, dass sie von denselben Dingen reden. Beide haben im Studium dieselben Formeln gelernt, beide wissen, welche Messmethoden sinnvollerweise verwendet werden, beide vertreten dieselbe Meinung über die Anzahl der Protonen in einem Kohlenstoffatom. Beiden ist klar, dass es völlig sinnlos ist, über den Musikgeschmack von Heliumatomen zu spekulieren und dass man nicht versuchen sollte, durch neue Präzisionsmessungen an Plutoniumatomen etwas Neues über die Evolutionsgeschichte der Kängurus herauszufinden. Inhalt, Methodik und Grenzen des Fachgebietes sind ziemlich klar abgesteckt.

Das ist ein großer Vorteil. Eine wissenschaftliche Disziplin in der Phase der „Normalwissenschaft" ist höchst produktiv. An allen Ecken und Enden der Forschung findet man interessante neue Fakten, man löst ein Detailproblem nach dem anderen, man entwickelt neue Maschinen und nützliche Anwendungen. Das gelingt genau deshalb so gut, weil niemand seine Zeit mit Grundsatzdiskussionen vergeudet. Manche Dinge, auf die man sich geeinigt hat, werden in diesem Stadium nicht hinterfragt. Hielte man sich streng an Karl Poppers Forderung, jede Annahme immer wieder neuen Widerlegungsversuchen auszusetzen, würde das den rasanten Fortschritt nur bremsen.

Ab und zu stößt man in einer solchen Phase der Normalwissenschaft aber auch auf Probleme, auf die man im Rahmen des gültigen

Paradigmas nicht vorbereitet war. Die anerkannten Regeln liefern keine Antwort, oder man kommt zu widersprüchlichen Ergebnissen. So etwas bezeichnet Thomas Kuhn als „Anomalie". Dass solche Anomalien auftreten, ist ganz normal und kein Grund zur Sorge. Man schiebt sie zunächst einfach weg und vertraut darauf, dass man sie in Zukunft irgendwie auflösen kann. Wenn sich die Anomalien aber häufen, dann schwindet diese Zuversicht. Und irgendjemand kommt dann auf die Idee, vielleicht doch die allgemein akzeptierten Grundgedanken in Frage zu stellen – das Paradigma gerät in eine Krise.

In so einer Krise war die Atomphysik in den 1920er-Jahren. Man war verwirrt über das seltsame Verhalten kleiner Teilchen. Es zeigte sich, dass ihr Verhalten nur erklärt werden kann, wenn man sie als Welle betrachtet. Ein Teilchen, das gleichzeitig eine Welle ist – wie soll man sich so etwas vorstellen?

Zuvor hatte man es immer für völlig selbstverständlich gehalten, dass Teilchen und Wellen zwei sehr unterschiedliche Dinge sind. Wenn ein wohlgenährtes Elefantenbaby vom Dreimeterbrett in den Pool springt, erzeugt es eine Welle, die sich in alle Richtungen gleichzeitig ausbreitet. Die Leute, die dann laut kreischend darauf hinweisen, dass Elefanten laut Hausordnung im Pool gar nicht erlaubt sind, erzeugen Schallwellen in der Luft. Das kennen wir alle, solche Wellenphänomene sind für uns völlig normal. Ein Teilchen hingegen stellen wir uns eher als kleines Kügelchen vor, das sich immer nur in eine ganz bestimmte Richtung bewegen kann. So ein Ding soll nun eine Wellenlänge haben? Und was soll es bedeuten, wenn sich ein Teilchen in alle Richtungen gleichzeitig ausbreitet?

Mit den bisher akzeptierten Naturgesetzen kam man nicht so recht weiter. Ständig stieß man auf neue verwirrende Widersprüche. Der Physiker Wolfgang Pauli schrieb frustriert an einen Freund: „Zurzeit ist die Physik wieder einmal furchtbar durcheinander. Auf jeden Fall ist sie für mich zu schwierig und ich wünschte, ich wäre Filmschauspieler oder etwas Ähnliches und hätte von der Physik nie etwas gehört."

Wolfgang Paulis Ärger mit den kleinen Teilchen ließ sich nur durch ganz neue Gedanken auflösen. Eine Rückkehr zur alten Normalwissenschaft war unmöglich, eine wissenschaftliche Revolution war notwendig geworden. Und so entwickelte man die Quantenphysik, mit ganz neuen Ideen, Formeln und Gesetzen. Der Widerspruch zwischen Wellen und Teilchen wurde nicht aufgelöst, sondern als wichtige Eigenschaft der Natur in ein neues Weltbild eingebaut: Teilchen sind gleichzeitig auch Wellen, und Wellen sind gleichzeitig auch Teilchen. Man begann zu verstehen, an welche Regeln sich kleine Teilchen halten, und lernte gleichzeitig, an welche Regeln man sich als Atomphysiker halten muss, um den neuen Formeln der Quantenphysik sinnvolle Aussagen über unsere Welt zu entlocken.

Auch Wolfgang Pauli begann bald, die Sache optimistischer zu sehen: Nachdem Werner Heisenberg seine „Matrizenmechanik" präsentiert hatte, die erste mathematische Formulierung der Quantentheorie, schrieb Pauli: „Heisenbergs Mechanik hat mir wieder Lebensfreude und Hoffnung gegeben." Ein völlig neues Paradigma war geboren worden, in dem man nun wieder ganz gewöhnliche, produktive Normalwissenschaft betreiben konnte.

Neue Zeiten, neue Begriffe

Wissenschaftliche und politische Revolutionen haben durchaus ihre Gemeinsamkeiten. Wenn das Volk mit Fahnen und Fackeln durch die Straßen zieht, um den Palast zu erstürmen, dann geht es nicht darum, mit freundlichem Lächeln harmlose Details anzupassen. Wenn der Kaiser anbietet, die Krawatte des Justizministers auszutauschen und die Katzenfutterpreise zu senken, dann wird das die johlenden Massen nicht besonders beeindrucken.

Eine Revolution bedeutet, dass die Spielregeln grundlegend geändert werden. Vielleicht brennt das Volk den Königspalast nieder und ruft eine Republik aus, mit einer gewählten Präsidentin an der Spitze. Wenn dann jemand sagt: „Ach, die Präsidentin ist also der neue König", dann hat er die Revolution nicht verstanden. Eine Präsidentin ist etwas ganz anderes als ein König. Die neuen Regeln verwenden andere Begriffe, die sich nicht so recht in die Sprache der alten Regeln übersetzen lassen. Daher ist es oft schwierig, das alte System mit dem neuen System zu vergleichen.

Das ist auch in der Wissenschaft so. Oft kommen im neuen Paradigma völlig neue Fragen dazu, die vorher einfach keinen Sinn ergeben hätten. Im Paradigma der modernen Quantenphysik kann man die Wahrscheinlichkeit ausrechnen, mit der sich ein bestimmtes Atom durch radioaktiven Zerfall in ein anderes umwandelt. Hätte man diese Frage früher gestellt, unter den Chemikern des neunzehnten Jahrhunderts oder unter den ersten Anhängern der Atomtheorie in der griechischen Antike, dann wäre man ausgelacht worden: Atome sind ewig und unveränderlich, hätte es dann geheißen. Wenn du Wörter wie „Atomzerfall" verwendest, dann geh doch nach Hause und lerne erst mal die allerwichtigsten Grundlagen!

Allerdings gibt es auch Unterschiede zwischen wissenschaftlichen und politischen Revolutionen. Ein Umsturz in der Wissenschaft läuft zum Glück meistens recht unblutig ab. Der Gebrauch von Waffen ist jedenfalls die Ausnahme. Noch nie hat sich jemand zum Herrscher der Physik ausgerufen, um festzulegen, an welche Naturgesetze man sich hinkünftig zu halten hat. Ein Paradigmenwechsel wird nicht in geheimen konspirativen Treffen geplant, er passiert einfach.

Meist lässt sich auch schwer sagen, wann ein Paradigmenwechsel abgeschlossen ist. Immer gibt es ein paar verstockte Starrköpfe, die alle neuen Ideen für unnötigen Firlefanz halten und in den Hörsälen der Universitäten weiterhin das längst widerlegte Paradigma verkünden. Aber das hält die nächste Generation nicht davon ab, mit den neuen Denkmustern aufzuwachsen und sie ganz selbstverständlich zu übernehmen. Und ein paar Jahre später stehen dann diese jungen Leute in den Hörsälen und bringen der nächsten Generation den scheinbar unnötigen Firlefanz von damals bei – als allgemein akzeptierte Selbstverständlichkeit.

Das neue Paradigma setzt sich nicht unbedingt durch, weil sich alle von den neuen Sichtweisen überzeugen lassen, sondern weil die Anhänger der alten Sichtweisen durch jüngere Leute ersetzt werden. Oft sind nicht die Nobelpreispartys für den wissenschaftlichen Fortschritt verantwortlich, sondern eher die Begräbnisfeiern.

Widerlegt – na und?

Egal, ob man eine Revolution gut findet oder nicht – spannend ist es immer, wenn verrückte neue Ideen eine ganze Wissenschaftsdisziplin umkrempeln. Und so ist es kein Wunder, dass es in der Wissenschaftstheorie sehr oft um das Widerlegen von Thesen und das Umstürzen von Theorien geht.

Für Karl Popper war das Falsifizieren einzelner Aussagen das Entscheidende an der Wissenschaft, Imre Lakatos überlegte, wie man Theorien zunächst verteidigen soll, um sie dann irgendwann doch durch neue zu ersetzen, und Thomas Kuhn sah die Wissenschaftsgeschichte überhaupt als Abfolge von Revolutionen, bei denen ein wissenschaftliches Weltbild vom nächsten abgelöst wird. Aber geht es wirklich darum? Ist der Umsturz das Entscheidende an der Wissenschaft?

Wir interessieren uns nicht deshalb für wissenschaftliche Aussagen, weil sie widerlegbar sind. Niemand kommt nach einem harten Tag im Forschungslabor mit strahlender Begeisterung nach Hause und erzählt: „Heute habe ich wieder eine ganze Reihe von Thesen aufgestellt, die sich schon morgen als vollkommen falsch erweisen könnten!" Vielleicht spürt man ab und zu ein kleines bisschen Genugtuung, wenn man einen Fehler in der Arbeit eines Kollegen findet, der bei der letzten Konferenz ganz besonders unhöfliche Fragen gestellt hat. Aber grundsätzlich geht es in der Wissenschaft nicht um das Niederreißen von Ideen, sondern um das Aufbauen.

Selbstverständlich lebt der wissenschaftliche Fortschritt davon, dass lieb gewonnene Überzeugungen hinterfragt und manchmal auch verworfen werden. Aber wer sich nur darauf konzentriert, unterschätzt die Wissenschaft. Es wäre falsch, den aktuellen Stand der Wissenschaft bloß als Sammlung von Unwahrheiten zu sehen, die wir nur deshalb vorläufig noch für richtig halten, weil ihre Widerlegung bisher noch nicht gelungen ist.

Leider ist dieses Missverständnis erstaunlich verbreitet: Wenn sich die Wissenschaft ständig verändert, dann kann sie doch nicht verlässlich sein! Wenn unser gesamtes Wissen jederzeit widerlegt werden kann, dann können wir den Erkenntnissen der Wissenschaft doch niemals vertrauen! Wenn wir heute über Ideen lachen, die vor zweihundert Jahren als wissenschaftliche Wahrheit galten, wird man dann nicht in weiteren zweihundert Jahren über die angeblichen Wahrheiten von heute lachen?

Nein, das wird man nicht. Dass sich die Wissenschaft verändert, ist etwas Gutes. Wer sich jahrzehntelang keinen Millimeter bewegt, ist nicht bewundernswert konsequent, sondern mit hoher Wahrscheinlichkeit tot. Es gibt durchaus Glaubenssysteme, die sich im Gegensatz zur Wissenschaft seit Jahrhunderten nicht verändert haben – aber gerade auf sie sollten wir uns nicht verlassen.

Die Astrologie zum Beispiel teilt das Jahr noch immer genauso in zwölf Sternzeichen ein wie zur Zeit der alten Babylonier, obwohl die Erdachse seither gewandert ist und sich die Sternzeichen eigentlich verschoben haben. Mit Wünschelruten wird heute nach geheimnisvollen Strahlen oder nach Wasserquellen gesucht, genau wie man das auch vor Jahrhunderten schon gemacht hat. Zum Beschwören von Geistwesen wurde im Jahr 1891 das spiritistische Ouija-Brett patentiert. Echte Weiterentwicklungen in der Geisterbeschwörungs-Technologie scheint es seither nicht gegeben zu haben, es wird heute noch in derselben Form verkauft wie damals.

Diese Stabilität ist kein Zeichen von Stärke. Esoterik und Pseudowissenschaft wegen ihrer Unveränderlichkeit zu vertrauen, ist ähnlich sinnlos, wie sich auf eine kaputte Uhr zu verlassen, weil sie mit sich und ihrer unveränderlichen Uhrzeit dauerhaft im Reinen ist.

Es gibt Annahmen, die sich als völlig falsch erweisen können: Ich öffne meine Schreibtischschublade in der festen Überzeugung, dass dort eine Tafel Schokolade liegt. Enttäuscht muss ich aber feststellen, dass die Schublade leer ist. Damit ist meine Schokoladentafelthese widerlegt, nichts an ihr ist noch irgendwie brauchbar. Sie wird rückstandsfrei entsorgt und vergessen. Einer großen Theorie hingegen, die viele überprüfbare Aussagen liefert und schon oft erfolgreich getestet wurde, kann das nicht passieren.

Wir müssen daher sorgfältig darüber nachdenken, was es bedeutet, wenn wir von der „Widerlegung" einer Theorie sprechen. Nur weil eine Theorie an ihre Grenzen stößt, muss sie noch lange nicht falsch sein. Wenn eine Theorie immer gute Dienste geleistet und nützliche Ergebnisse geliefert hat, dann wird sie das auch in Zukunft tun. Nur weil in einer wissenschaftlichen Revolution vielleicht eine neue präzisere oder umfassendere Theorie entwickelt wurde, landet die alte deshalb noch lange nicht auf der Müllhalde.

Kreise, die auf Kreisen kreisen

Ein berühmtes Beispiel für eine wissenschaftliche Revolution geht auf das Jahr 1543 zurück. Damals widersprach Nikolaus Kopernikus der allgemein anerkannten Regel, dass die Erde im Zentrum des Universums sitzt. Er veröffentlichte sein berühmtes Werk *De Revolutionibus Orbium Coelestium*, in dem er die gewagte These aufstellte, dass die Erde um die Sonne kreist – und nicht umgekehrt.

Diese Idee war zwar auch im antiken Griechenland und in Indien bereits diskutiert worden, aber so richtig durchgesetzt hatte sie sich nie. Das lag wohl auch daran, dass die Vorstellung von der Erde als Mittelpunkt des Universums so schön zu unserem Bauchgefühl passt: Wir können beobachten, wie sich die Sonne jeden Tag in einem regelkonformen Bogen über den Himmel bewegt. Die Erde unter unseren Füßen scheint brav zu ruhen, niemals spüren wir etwas von einer Rotation. Und da will uns dieser Kopernikus

einreden, dass wir uns auf einem riesengroßen Ball befinden, der mit
unvorstellbarer Geschwindigkeit um die Sonne rast und sich dabei
auch noch pausenlos um die eigene Achse dreht?

Heute wissen wir: Kopernikus hatte recht. Aber damals, als
er seine verrückte neue Idee präsentierte, schien sie keinen echten
Vorteil zu bieten: Sie erklärte die Bewegung der Planeten nicht mit
größerer Genauigkeit als das alte ptolemäische Weltbild mit der Erde
im Zentrum des Universums.

Das lag daran, dass die Astronomie auch zur Zeit des geozentrischen Weltbilds bereits eine ausgeklügelte, hochentwickelte
Wissenschaft war. Wer die Astronomen vor Kopernikus als naive
Dummchen belächelt, die ihr Leben lang den Himmel beobachte-
ten, ohne die Bewegung ihres eigenen Planeten zu verstehen, macht
einen großen Fehler. Nur weil wir selbst schon als Schulkinder
gelernt haben, dass die Erde um die Sonne kreist, sollten wir uns den
Astronomen von damals nicht überlegen fühlen, die in der Schule
etwas ganz anderes lernten.

Das geozentrische Weltbild war eine sehr erfolgreiche
Methode, astronomische Beobachtungen korrekt vorherzusagen.
Dafür war ziemlich viel mathematisches Talent nötig – etwa um ein
verwirrendes Phänomen zu erklären, das man schon seit der Antike
kannte: Die sogenannten Planetenschleifen. Manchmal wandern
die Planeten einige Zeit lang ganz brav und regelmäßig auf bogen-
förmigen Bahnen über den Himmel, scheinen dann aber plötzlich
umzukehren. Ihre Bahn zeichnet eine enge Schleife in den Sternenhimmel, bevor sie dann wieder in der ursprünglichen Richtung
weiterziehen.

Im heliozentrischen Weltbild, wie wir es heute kennen, ist diese
Sache relativ einfach zu erklären: Wir können die Position eines
Planeten nicht direkt messen, sondern nur relativ zu den Fixster-
nen dahinter. Wir registrieren die Position eines Nachbarplaneten,
indem wir beobachten, welche Sternbilder von uns aus betrachtet
hinter ihm zu sehen sind. Wenn sich dabei allerdings unser Planet

ebenfalls um die Sonne bewegt, dann ändert sich laufend unser Blickwinkel. Die scheinbare Position des anderen Planeten vor dem Sternenhimmel-Hintergrund hängt nicht nur von seiner Bewegung ab, sondern auch von der Bewegung der Erde.

Weil die Planeten für eine Sonnenumrundung unterschiedlich viel Zeit brauchen, kommt es immer wieder vor, dass ein Planet den anderen überholt. Wenn das passiert, kann es vom einen Planeten aus betrachtet so aussehen, als würde der andere Planet eine schleifenartige Bahn auf den Hintergrund des Sternenhimmels zeichnen. Das ist nichts anderes als eine perspektivische Täuschung.

Wenn man sich die Erde als unbeweglichen Mittelpunkt des Universums vorstellt, wird die Sache komplizierter. Aber auch im geozentrischen Weltbild fand man eine Erklärung: Wenn die Umlaufbahnen der Planeten solche seltsamen Schlingen bilden, dann muss das eben daran liegen, dass sich die Planeten nicht auf simplen Kreisbahnen um die Erde bewegen, sondern auf sogenannten Epizykeln. Sie kreisen um einen unsichtbaren Punkt, der seinerseits um die Erde kreist. Die Planeten bewegen sich nicht einfach nur auf Kreisen, stattdessen kreisen sie auf Kreisen, die kreisförmig die Erde umkreisen. Oder man fügt den Epizykeln noch weitere Epizykel hinzu und bekommt Planeten, die um Punkte kreisen, die um andere Punkte kreisen, die um die Erde kreisen. Die Sache wird ziemlich schnell auf schwindelerregende Weise kompliziert, aber die Planetenbahnen mit ihren seltsamen Schleifen lassen sich damit wunderbar beschreiben.

Doch Nikolaus Kopernikus fand dieses Epizykel-Gekreise übertrieben. Er war davon überzeugt, dass es auch einfacher gehen muss. Dafür hatte er aber keine wissenschaftlichen Argumente, sondern eher ästhetische: Kopernikus war einfach davon überzeugt, dass die Natur „nichts Unnützes hervorbringen" würde. Die Bewegung der Planeten um eine unbewegliche Sonne sei doch „leichter begreiflich", als wenn der „Geist in eine fast endlose Menge von Kreisen zersplittert wird".

Das Hauptargument für sein heliozentrisches Weltbild war also nicht eine höhere Präzision, sondern eine größere Einfachheit. Doch auch von dieser Einfachheit blieb bald nicht mehr viel übrig: Um die Präzision des heliozentrischen Systems zu verbessern, musste man nämlich bald auch dort Epizykel einführen. Man hatte dadurch also nicht viel gewonnen – ein großer Durchbruch sieht anders aus.

Schuld daran war ein großer Denkfehler, der seit Jahrtausenden tief in den Grundannahmen der Astronomie festsaß: Man war davon überzeugt, dass man die Bewegungen der Himmelsobjekte mit Kreisen beschreiben kann. Schließlich ist der Kreis die vollkommenste und einfachste Form von allen.

Erst Johannes Kepler konnte sich Anfang des siebzehnten Jahrhunderts von diesem Dogma lösen – nach seinen „Kepler'schen Gesetzen" bewegen sich die Planeten nicht auf perfekten Kreisen, sondern auf Ellipsenbahnen. Und gegen Ende des siebzehnten Jahrhunderts veröffentlichte Isaac Newton sein Gravitationsgesetz, mit dem man schließlich mathematisch erklären konnte, warum das so sein muss. Spätestens zu diesem Zeitpunkt wäre es unsinnig gewesen, beim geozentrischen Weltbild zu bleiben. Die Kopernikanische Revolution kam nicht über Nacht. Aber irgendwann, lange nach dem Tod von Nikolaus Kopernikus, war sie dann doch endgültig abgeschlossen.

Die erstaunlichen Kräfte des Isaac Newton

Isaac Newtons Bedeutung für die Wissenschaft ist gewaltig: Seine klassische Mechanik sagt uns, wie Kräfte und Bewegungen miteinander zusammenhängen. Ganz nebenbei, weil er sie als mathematisches Werkzeug brauchte, erfand er auch die Integralrechnung. Mit Newtons Gleichungen kann man das Schwingen eines Pendels genauso beschreiben wie die Druckverhältnisse an einem Staudamm oder die Belastung, die am Zehenknochen auftritt, wenn man aus Ärger über die Integralrechnung fest gegen das Tischbein tritt.

$$\vec{F} = m\frac{d^2x}{dt^2}$$

ISAAC NEWTON

Für die Astronomie begann mit Newtons Gravitationstheorie ein völlig neues Zeitalter. Seine Gedanken über die Schwerkraft waren revolutionär. Es gibt Kräfte, die sich durch direkten Kontakt ergeben – sie sind leicht verständlich: Die Katze springt auf die Stehlampe, die dadurch umkippt, auf den Kaffeetisch stürzt und dabei unterschiedliche Partikel der Schokoladentorte in unterschiedliche Richtungen beschleunigt. Ein Objekt berührt das andere und setzt es in Bewegung. Newtons Formeln sagen uns, dass der Impuls dabei erhalten bleibt, für die Anzahl intakter Schokoladentorten hingegen gelten keine Erhaltungssätze. Das ist alles nicht besonders kompliziert.

Die Gravitationskraft ist allerdings mysteriöser: Sie benötigt keinen direkten Kontakt. Newton beschrieb sie als eine Fernwirkung, die über unendlich große Distanzen wirkt, auch durch das Vakuum des leeren Raums, und das noch dazu augenblicklich, ganz ohne Zeitverzögerung. Jedes Objekt übt auf jedes andere immer und zu jeder Zeit eine Anziehungskraft aus, einfach nur indem es eine Masse hat. Eigentlich war es eine ziemlich verrückte Idee. Manche von Newtons Zeitgenossen hielten diese Vorstellung für absurd. Aber die Idee bewährte sich auf so überzeugende Weise, dass die Kritiker irgendwann verstummten.

Newton stellte ein einfaches mathematisches Gesetz für diese Gravitationskraft auf: Sie nimmt mit dem Quadrat der Entfernung ab. Der Mond wird mit einer bestimmten Kraft von der Erde angezogen. Wäre er doppelt so weit von der Erde entfernt, würde diese Kraft auf ein Viertel zurückgehen. Beim dreifachen Abstand auf ein Neuntel und so weiter. Aus dieser einfachen Regel konnte Newton ableiten, dass sich ein Planet, der unbeeinflusst von anderen Himmelskörpern seine Bahn um einen Stern zieht, immer auf einer Ellipse bewegen muss. Auch Kreise sind erlaubt – ein Kreis ist schließlich auch eine Ellipse, nur eben eine besonders symmetrische.

Durch Newtons Kräftegesetz wissen wir also ganz genau, warum es falsch ist, den perfekten Kreis als natürliche Bahn aller Himmelskörper zu sehen. Aber wir sehen auch, dass diese Vorstellung nicht weit von der Wahrheit entfernt ist. Wenn wir einen flüchtigen Blick auf eine Skizze unseres Sonnensystems werfen, fällt uns kaum auf, dass es sich um Ellipsen handelt. Unsere acht Planeten, vom Merkur bis zum Neptun, bewegen sich alle auf Umlaufbahnen, die fast kreisförmig aussehen.

Die Idee der kreisförmigen Planetenbahnen ist also nicht völlig nutzlos geworden. Wenn ich ausrechnen möchte, welche Strecke die Erde auf ihrer Bahn um die Sonne zwischen Februar und Juni zurücklegt, kann ich das in einer Minute mit einer Kreisformel abschätzen. Oder ich berücksichtige, dass es sich eigentlich um eine Ellipse handelt. Dann wird das Ergebnis präziser, aber die Rechnung wird viel komplizierter. Ob wir die alte Theorie der Himmelskreise verwenden oder die präzisere Theorie der Ellipsenbahnen, wie sie Kepler entwickelt und Newton berechnet hat, hängt von der Situation ab – und davon, welche Genauigkeit man benötigt.

Einsteins verbogene Raumzeit

Mehr als zweihundert Jahre lang war Newtons Gravitationstheorie die beste Beschreibung der Himmelsmechanik, die es auf unserem

$$G_{\mu\nu} + \Lambda g_{\mu\nu} = 8\pi T_{\mu\nu}$$

ALBERT EINSTEIN

Planeten gab. Man hätte glauben können, damit sei die perfekte Grundformel für die Schwerkraft bereits gefunden. Doch zu Beginn des zwanzigsten Jahrhunderts kam es noch einmal zu einer wissenschaftlichen Revolution: Albert Einstein präsentierte seine allgemeine Relativitätstheorie, und plötzlich war wieder alles anders.

Raum und Zeit gehören bei Einstein zusammen, sie bilden eine vierdimensionale Raumzeit – ähnlich wie Länge und Breite zusammengehören und eine zweidimensionale Ebene bilden. Stellen wir uns einen Käfer vor, der nur zwei Dimensionen verstehen kann. Er hat keine Ahnung davon, dass es neben rechts-links und vorne-hinten noch eine weitere Richtung gibt, nämlich oben-unten. Springen oder fliegen kann er nicht, und so krabbelt er sein ganzes Leben lang in seiner zweidimensionalen Welt herum.

Wenn wir zwei solche Käfer auf einem flachen Blatt Papier einen Wettlauf machen lassen, dann krabbeln sie parallel zueinander in geraden Linien nach vorn. Wenn wir sie aber auf eine gekrümmte Fläche setzen, sieht die Sache anders aus. Angenommen, die beiden Käfer krabbeln über einen Globus. Sie starten am Äquator und bewegen sich nebeneinander nach Norden. Obwohl sie parallel zueinander in perfekt geraden Linien loslaufen, kommen sie einander immer näher und stoßen am Nordpol zusammen. Für die Käfer ist das verwirrend: Es ist, als gäbe es eine merkwürdige Anziehungskraft zwischen ihnen, die sie aufeinander zutreibt. In Wahrheit wirkt hier aber überhaupt keine Kraft – ihre Bewegung wird nur von der gekrümmten Geometrie der Oberfläche bestimmt.

Auf ähnliche Weise ist nach Einsteins allgemeiner Relativitätstheorie auch die Gravitation keine Kraft im klassischen Sinn, sondern bloß eine Folge der Geometrie. Die vierdimensionale Raumzeit kann nämlich gekrümmt werden. Jedes Objekt, das eine Masse hat, verbiegt Zeit und Raum. Je mehr Masse, umso stärker die Raumzeit-Verbiegung.

Dadurch krümmen sich auch die Bahnen der Objekte, die sich durch Raum und Zeit bewegen. Die Bahn der Erde, die weit draußen im leeren Weltraum einfach schnurgerade wäre, wird durch die Sonne zu einer ellipsenartigen, in sich geschlossenen Umlaufbahn verbogen. Die Massen sagen der Raumzeit, wie sie sich biegen muss, und die Geometrie der Raumzeit sagt den Massen, wie sie sich bewegen sollen.

Der Vergleich mit der gekrümmten Oberfläche, auf der die beiden Krabbelkäfer nach Norden wandern, erklärt die Sache allerdings nur halb. Das funktioniert nämlich nur, weil die gekrümmte zweidimensionale Kugeloberfläche in einen dreidimensionalen Raum eingebettet ist. Die vierdimensionale Raumzeit, die von schweren Massen verbogen wird, biegt sich hingegen nirgendwohin. Es gibt keine fünfte Dimension, in der unsere vier Raum- und Zeitdimensionen Wellen schlagen können. Unsere Raumzeit ist in sich selbst verbogen, ähnlich wie ein gewobenes Tuch, an dem mehrere Menschen in unterschiedliche Richtungen zerren. Es verformt sich, die einzelnen Fäden des Tuchs sind nicht mehr gerade, aber es bildet immer noch eine zweidimensionale Ebene.

Doch letztlich müssen all diese Gleichnisse versagen. Sie sind in erster Linie dazu da, um uns ein Gefühl dafür zu geben, dass die Sache mit Raum und Zeit eben nicht so einfach ist, wie wir uns das bisher vorgestellt haben. Ein wirklich intuitives Verständnis für gekrümmte Raumzeit können sie uns nicht vermitteln, denn dazu ist unser menschliches Gehirn einfach nicht fähig. Das macht auch nichts. Man muss diese Dinge nicht verstehen. Einstein hat für uns die Formeln gefunden, mit denen wir diese Dinge ausrechnen können – und das genügt.

Einsteins Theorie war nicht nur eine Modifikation von Newtons Formeln, sondern eine Revolution im radikalsten Sinn: Einstein hatte eine ganz neue Art gefunden, über Gravitation nachzudenken. Es war ein neues Paradigma, mit neuen Begriffen, neuen Formeln und neuen Ergebnissen.

Einsteins Relativitätstheorie hat aber auch einen gravierenden Nachteil: Ihre Formeln sind gehirnzermürbend kompliziert. Einstein selbst musste ganz neue Teilgebiete der Mathematik erlernen, um überhaupt einmal zu verstehen, was hier eigentlich zu tun war.

Grundsätzlich kann man alles, was man mit Newtons Mechanik und Newtons Gravitationsgesetz berechnen kann, auch mit Einsteins Relativitätstheorie berechnen – die Bahn von Planeten, die Bewegung von Flüssigkeiten, die Geschwindigkeit, mit der ein Kirschkern auf die Frontscheibe eines Zuges prallt, wenn ich ihn vom Dach eines entgegenkommenden Zuges mit aller Kraft nach vorne spucke. Aber Newtons Formeln sind meistens viel einfacher und praktischer, und nur in ganz bestimmten Fällen kann man deutliche Unterschiede zwischen Newton und Einstein finden – zum Beispiel bei der Bahn des Merkurs, die sich nach Einsteins Gleichungen langsam verschiebt, während der Planet, wenn es nach Newton ginge, für immer auf derselben Ellipse um die Sonne kreisen sollte.

Das Schnelle und das Langsame

Nicht nur bei der Erklärung der Gravitation kam Albert Einstein dem großen Isaac Newton in die Quere. Eigentlich hat Einstein nicht nur eine Relativitätstheorie verfasst, sondern sogar zwei: Bereits zehn Jahre bevor er mit seiner allgemeinen Relativitätstheorie die Gravitation neu erklärte, hatte Einstein seine spezielle Relativitätstheorie veröffentlicht. Gravitation und Raumzeitverbiegung kommen in dieser ersten Relativitätstheorie noch nicht vor.

Trotzdem präsentierte Einstein dort bereits Effekte, die Newton wohl den Schlaf geraubt hätten.

In Newtons klassischer Mechanik gelten wichtige Gesetze, die uns völlig normal und selbstverständlich erscheinen: Ein Eisenbahnwagen mit einer Länge von achtundzwanzig Metern ist immer achtundzwanzig Meter lang, egal, ob er sich relativ zu uns bewegt oder nicht. Eine Uhr im Inneren des Zuges tickt genauso schnell wie eine Uhr am Bahnhof. Nach Einsteins Relativitätstheorie ist das allerdings nicht ganz exakt richtig: Für einen Beobachter am Bahnsteig ist ein dahinrasender Zug ein kleines bisschen kürzer als derselbe Zug, wenn er im Bahnhof stehen bleibt. Außerdem vergeht die Zeit im rasenden Zug ein bisschen langsamer.

Das klingt ziemlich verwirrend. Noch verwirrender wird die Sache dadurch, dass dasselbe auch für einen Beobachter im Zug gilt – mit genau umgekehrten Ergebnissen: Von ihm aus gesehen bewegt sich nicht der Zug, sondern der Rest der Welt. Der Bahnhof kommt rasend schnell auf ihn zu. Er muss daher zu dem Ergebnis kommen, dass die Länge eines im Bahnhof stehenden Zuges verkürzt wird, während ihm der Zug, in dem er selbst sitzt, völlig normal vorkommt. Von ihm aus betrachtet tickt die Uhr im Bahnhof langsamer als seine eigene – nicht umgekehrt.

Diese Effekte sind allerdings so winzig klein, dass wir normalerweise keine Chance haben, sie zu bemerken. Das liegt daran, dass sich alle Objekte, mit denen wir im Alltag zu tun haben, sehr langsam bewegen – zumindest verglichen mit der Lichtgeschwindigkeit, die in Einsteins Relativitätstheorie eine zentrale Rolle spielt.

Wenn wir es aber mit sehr schnellen Objekten zu tun haben, dann sieht die Sache anders aus. Dann können wir Einsteins merkwürdige Effekte nicht länger ignorieren. Ein beeindruckendes Beispiel dafür verdanken wir der Sonne: Sie beschießt unsere Erde pausenlos mit kosmischer Strahlung, die dann in den oberen Schichten der Atmosphäre auf Luftmoleküle trifft. Dabei entstehen Myonen – das sind Elementarteilchen mit extrem kurzer Lebensdauer. Innerhalb von Millionsteln einer Sekunde zerfallen sie, während sie fast mit Lichtgeschwindigkeit auf die Erdoberfläche zurasen. Wenn man das mit Newtons Bewegungsgleichungen analysiert, dann stellt man fest, dass eigentlich fast alle von ihnen zerfallen sollten, bevor sie überhaupt am Erdboden ankommen.

In Wirklichkeit ist die Zahl der Myonen, die es bis zum Boden schaffen, aber viel größer. Und das lässt sich nur mit Einsteins Relativitätstheorie erklären: Die Myonen bewegen sich so schnell, dass man ihr Verhalten mit Newtons Formeln nicht mehr sinnvoll beschreiben kann. Hier wirken sich die merkwürdigen Effekte der Relativitätstheorie sehr deutlich aus: Für die Myonen vergeht die Zeit viel langsamer, daher erreichen viele von ihnen den Erdboden, bevor sie Zeit hatten zu zerfallen.

Das zeigt uns, auf welche Weise sich Newtons und Einsteins Ergebnisse ineinanderfügen: Einsteins Theorie ist umfassender, denn sie kann sowohl langsame als auch schnelle Objekte richtig beschreiben. Newtons Theorie hingegen lässt sich nur für langsame Objekte sinnvoll verwenden. Je kleiner die Geschwindigkeiten sind, mit denen man es zu tun hat, umso besser stimmen beide Theorien überein. Newtons Theorie ist in gewissem Sinn der Grenzwert, an den sich Einsteins Theorie immer weiter annähert, je kleiner die Geschwindigkeiten werden. Und weil Newtons Formeln so viel einfacher sind als Einsteins Formeln, ist es vernünftig, die Relativitätstheorie zu ignorieren, wenn man sich mit langsamen Objekten beschäftigt.

Als die NASA in den 1960er-Jahren Raketen zum Mond schickte, war die Relativitätstheorie bereits seit einem halben Jahrhundert bekannt. Trotzdem verwendete man nicht Einsteins Gleichungen, um die Raketenbahn zu berechnen, sondern die alten Formeln von Isaac Newton. Selbst Mondraketen gehören noch zu den langsamen Objekten, bei denen Newtons Formeln ausgezeichnete Dienste leisten.

Newton wurde also nicht von Einstein widerlegt. Newtons Theorien über klassische Mechanik und Gravitation funktionieren nach wie vor ganz wunderbar. Durch Einstein wurde nur ihr Gültigkeitsbereich eingeschränkt. Newton konnte nicht ahnen, dass seine Formeln für langsame Dinge besser geeignet sind als für schnelle. Heute verstehen wir das, und wir können auch ganz genau sagen, wo wir Newtons Theorie verwenden sollten und wo Einsteins Formeln nützlicher sind.

Newton und die Quanten

Einsteins revolutionäre neue Theorie war aber nicht der einzige Paradigmenwechsel, der Anfang des zwanzigsten Jahrhunderts die Physik durcheinanderbrachte. Die Quantenphysik-Revolution ereignete sich fast zur selben Zeit– und auch sie zeigte uns, dass die Welt ein bisschen komplizierter ist, als Isaac Newton sich das vorgestellt hatte.

Gegen Ende des neunzehnten Jahrhunderts fühlte sich die Physik eigentlich schon ziemlich perfekt und abgeschlossen an. Manche Leute waren überhaupt der Meinung, sie sei an ihrem historischen Endpunkt angekommen. Als Max Planck als junger Student seinen Lehrer Philipp von Jolly nach den Aussichten seines Studiums befragte, bekam er eine ernüchternde Antwort: In der Physik könne man nichts Wichtiges mehr entdecken. Vielleicht gebe es hier und dort noch „ein Stäubchen oder ein Bläschen zu prüfen und einzuordnen", aber das System der Physik sei im Großen und Ganzen abgeschlossen.

Zum Glück ließ sich Max Planck dadurch von seinem Interesse an der Physik nicht abbringen, denn gerade er lieferte einen entscheidenden Beitrag zur kommenden Revolution. Planck versuchte ein Phänomen zu erklären, das mit Newtons Theorie auf den ersten Blick überhaupt nichts zu tun hat: Er dachte darüber nach, warum ein glühender Metallstab erst rot und dann bläulich leuchtet, wenn man ihn immer weiter erhitzt.

Planck fand eine elegante Erklärung dafür – doch die funktionierte nur, wenn man eine zusätzliche, bis dahin völlig unbekannte Naturkonstante einführte: das Planck'sche Wirkungsquantum. Das war ursprünglich gar nicht als revolutionärer Akt gedacht. Der Buchstabe h, mit dem Planck sein Wirkungsquantum im Jahr 1900 in seinen Formeln abkürzte, stand bloß für „Hilfsgröße". „Ich dachte mir nicht viel dabei", erzählte er später. Eigentlich handelte es sich bloß um einen Rechentrick.

Doch Plancks harmlose Hilfsgröße war der erste Schritt zur Quantentheorie: Mithilfe dieser neuen Naturkonstante konnte Planck zeigen, dass Energie in bestimmten Situationen nicht in beliebigen Mengen abgegeben werden kann, sondern nur in bestimmten Portionen – heute sprechen wir von „Energiequanten". So begann in der Physik das Zeitalter der Quantentheorie.

Zu Newtons Weltbild passte diese Idee ganz und gar nicht. Bei Newton ist die Natur kontinuierlich. Wenn eine Kugel mit 2,51 Metern pro Sekunde über den Boden rollt, dann kann sie auch mit 2,48 Metern pro Sekunde rollen. Beliebige Werte sind erlaubt. In der Quantentheorie hingegen gibt es physikalische Größen, für die nur ganz bestimmte Werte möglich sind – alles dazwischen verbietet die Physik.

Meistens liegen die erlaubten Werte aber so eng beisammen, dass wir sie gar nicht bemerken. Es ist ähnlich wie bei einem hochauflösenden Bildschirm: Er zeigt uns nur einzelne Bildpunkte an, die man als Bild-Quanten bezeichnen könnte. Aber wenn wir ihn aus der Distanz betrachten, erkennen wir die einzelnen Punkte nicht, das Bild sieht kontinuierlich und glatt aus.

Meistens ist die Erde flach

Zu Beginn des zwanzigsten Jahrhunderts wurde Newtons klassische Mechanik also beinahe gleichzeitig von der Quantentheorie und von der Relativitätstheorie in ein neues Licht gerückt. In gewissem

Sinn verlor sie dadurch den Status als führende Theorie ihrer Zeit. Danach konnte man sie nicht mehr für eine letztgültige, absolut exakte Theorie halten, der alles im Universum gehorchen muss. Aber sie verlor dadurch nicht ihren Wert.

Überall auf der Welt, in vielen verschiedenen Fachdisziplinen werden nach wie vor Newtons Formeln verwendet: Man braucht sie, um Satelliten in den Weltraum zu schicken, um Elektromotoren zu bauen, um Brücken zu konstruieren. Es gibt kaum eine nützlichere, vielseitigere Theorie als Newtons Mechanik – und das wird auch so bleiben.

Das zeigt uns, wie stabil die Wissenschaft ist: Wenn eine Theorie eine gewisse Vorhersagekraft erreicht hat, dann kann sie sich nicht mehr als nutzlos herausstellen. Was sie bisher geleistet hat, kann sie auch in Zukunft leisten. Es kann passieren, dass eine Theorie aus der Mode kommt, aber ihre Vorhersagekraft verliert sie nicht. In diesem Sinn ist eine gute wissenschaftliche Theorie für immer unwiderlegbar.

Das gilt sogar für Theorien, die wir eigentlich als längst überholt betrachten: Wir wissen heute alle, dass die Sonne nicht um die Erde kreist. Wenn ich aber am Strand einen passenden Platz für meinen Sonnenschirm suche, dann stelle ich mir die Sonne als wanderndes Licht vor: Auf der Nordhalbkugel der Erde wandert die Sonne tagsüber nach rechts – das sagt mir, in welche Richtung der Schatten wandern wird und wo ich den Sonnenschirm aufstellen sollte, um auch in zwei Stunden noch im Schatten zu liegen. Ich argumentiere also wie jemand, der an das geozentrische Weltbild glaubt, mit einem statischen Meeresstrand als Mittelpunkt des Universums und einer beweglichen Sonne, die sich auf einer Kreisbahn über den Himmel bewegt.

Wenn ich stattdessen als überzeugter Anhänger eines modernen astronomischen Weltbilds erkläre: „Durch die Eigenrotation der Erde verändert sich der Winkel zwischen dem Sonnenschirm und der Sonne, die wir vereinfacht als statisch annehmen, obwohl wir wissen, dass sie sich mit hoher Geschwindigkeit um das galaktische Zentrum bewegt, und ebendiese erdrotationsbedinge Winkeländerung führt zu einer Verschiebung des Schattenwurfs in diese Richtung", dann hat mir inzwischen längst schon jemand den besten Schattenplatz weggeschnappt – oder alle sind gegangen, weil sie Angst haben, den ganzen Tag meine neunmalklugen Erklärungen ertragen zu müssen.

Stark aus der Mode gekommen ist die Epizykeltheorie. Niemand versucht heute noch die Planetenbewegungen durch die Kombination mehrerer überlagerter Kreisbahnen zu erklären, wie das in den Tagen des Nikolaus Kopernikus üblich war. Trotzdem würden die Formeln von damals, mit denen man im fünfzehnten Jahrhundert die Planetenpositionen korrekt vorhersagen konnte, auch heute noch das richtige Ergebnis liefern.

Mathematisch lässt sich beweisen, dass jede beliebige Bahn aus Kreisbewegungen zusammengesetzt werden kann – nicht nur eine Planetenbahn, sondern theoretisch auch etwas viel Komplizierteres. Wenn wir ausreichend viele Kreise miteinander kombinieren, können wir sie einen betrunkenen Eisbären zeichnen lassen, der auf der Nase ein Sektglas balanciert. In diesem Sinn ist die Epizykeltheorie korrekt – auch wenn sie uns heute für die Beschreibung von Planetenbahnen altmodisch und unnötig kompliziert erscheint.

Und was ist von der Theorie der flachen Erde, die heute zum Paradebeispiel einer dummen, längst widerlegten Unsinnstheorie geworden ist? Wir verwenden sie jeden Tag, und zwar mit großem Erfolg. Über die Kugelgestalt der Erde denken wir höchstens nach, wenn wir in ferne Länder reisen und die Zeitverschiebung beachten müssen. Aber auf dem Weg ins Büro spielt die Erdkrümmung keine Rolle. Wir meistern unseren Alltag ganz wunderbar, ohne zu berücksichtigen, dass wir auf einer Kugeloberfläche leben. Wenn wir Grundstücksgrenzen ausmessen, die Fläche von Fußballfeldern berechnen oder Straßenkarten zeichnen, dann machen wir das nach den Regeln der ebenen Geometrie – ganz so, als ob

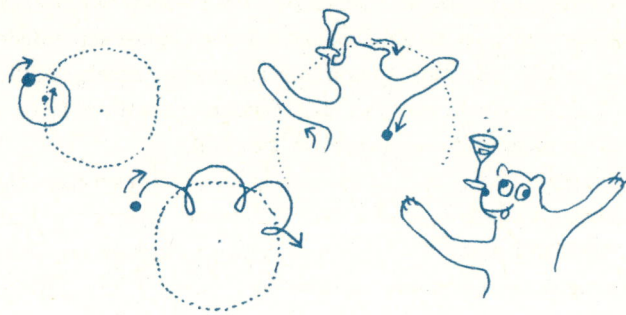

wir an eine scheibenförmige Erde glauben würden. Als astrono-
misches Weltbild ist dieser Gedanke lächerlich, doch als Werkzeug
für den Alltag ist er nützlich und wahr: Meistens ist die Erde flach.

Phlogiston: Der große Irrtum mit dem Feuer

Natürlich wurde im Lauf der Wissenschaftsgeschichte oft auch
Unsinn behauptet, der sich später als völlig nutzlos erwiesen hat. Viele
Thesen sind einfach rückstandsfrei verpufft. Doch dabei handelte es
sich nicht um reife, ausgewachsene Theorien, die in vielen unterschiedlichen Situationen erfolgreich getestet worden waren, sondern
um Einzelbehauptungen mit begrenzter Vorhersagekraft.

Die These von der „Urzeugung" etwa gehört in diese Katego-
rie. Sie besagte, dass Lebewesen einfach ganz spontan aus unbelebter
Materie entstehen können. Das mag als Ausrede für Menschen mit
unterentwickeltem Reinlichkeitssinn vielleicht ganz praktisch sein:
Wenn man Besuch hat, und zwischen den Ritzen des Fußbodens
kriecht ekliges Krabbelgetier hervor, dann hat das nichts mit den
Brotbröseln zu tun, die man täglich vom Tisch fegt, es muss direkt
dort durch göttliche Urzeugung entstanden sein! Ganz ehrlich,
gestern war hier noch alles sauber!

Für die Biologie, die genau weiß, wie kleine Krabbelkäfer gemacht werden, hat dieser Gedanke natürlich längst keine Bedeutung mehr. Die Urzeugung war nie eine reife wissenschaftliche Theorie. Mehr Vorhersagekraft als „Manchmal krabbeln Tiere, wo man es gar nicht erwarten würde" hat sie nicht.

Die Phrenologie versuchte, aus Kopfformen auf geistige Fähigkeiten und Charaktereigenschaften zu schließen – auch daran glaubt heute niemand mehr. Auch im neunzehnten Jahrhundert, als die Phrenologie einen gewissen Einfluss hatte, war sie keine Wissenschaft, die echte Probleme löste. Konkrete Vorhersagen der Phrenologie, die sich dann in wissenschaftlichen Experimenten bewähren konnten, gab es nicht.

Ebenfalls verschwunden ist die Phlogistontheorie. Im achtzehnten Jahrhundert versuchte man mit der hypothetischen Substanz Phlogiston die Chemie des Verbrennens zu erklären. Das ist deshalb interessant, weil es sich bei dieser Theorie um einen Grenzfall zwischen Wissenschaft und Unsinn handelt. Man könnte vielleicht sagen: Von allen einigermaßen wissenschaftlichen Theorien ist sie die widerlegteste. Oder: Von allen weitgehend widerlegten Theorien ist sie jene, von der doch noch am meisten übrig geblieben ist.

Feuer ist eigentlich etwas ziemlich Seltsames: Wenn wir Dinge hineinwerfen, dann werden sie heiß, beginnen zu leuchten und riechen plötzlich etwas streng. Was übrig bleibt, sieht völlig anders aus als das Ausgangsmaterial. Was soll das alles bedeuten?

Aus heutiger Sicht ist die Sache klar: Ein zündender Funke setzt eine chemische Reaktion in Gang. Der Sauerstoff in der Luft reagiert mit dem Brennstoff. Bindungen zwischen Atomen werden zerstört, dafür werden neue gebildet. Energie wird frei, die wir als Licht und Wärme wahrnehmen. Manche Atome, die vorher zu einem festen Gegenstand gehörten, schweben danach vielleicht als Gas davon, aber durch eine gewöhnliche Flamme wird kein Atom vernichtet oder neu gebildet. Alle Atome, die vor der Verbrennung da waren, sind auch danach noch da, nur eben in neuer chemischer Zusammensetzung.

Zu Beginn des achtzehnten Jahrhunderts wusste man allerdings noch gar nicht, ob es Atome überhaupt gibt. Von Sauerstoff
hatte noch nie jemand gehört. Alte alchemistische Vorstellungen von
den vier Urelementen Wasser, Feuer, Luft und Erde spielten immer
noch eine wichtige Rolle. Man kann sich heute kaum vorstellen, wie
zermürbend schwierig es damals gewesen sein muss, den Sprung
von der mystischen Alchemie zur wissenschaftlichen Chemie zu
schaffen. Es gab auf diesem Gebiet kaum zuverlässiges Wissen, auf
dem man aufbauen konnte. Man konnte nur experimentieren, beobachten und nachdenken.

Zu den Leuten, die das damals tapfer versuchten, gehörte
Georg Ernst Stahl. Er war davon überzeugt, dass es eine Substanz
geben muss, die für das Verbrennen verantwortlich ist, und er nannte
sie „Phlogiston". Kohle, die beinahe rückstandsfrei verbrennt, enthält
viel Phlogiston, Metall hingegen nur wenig. Beim Brennen wird das
Phlogiston freigesetzt und entweicht in die Luft, der unbrennbare,
phlogistonfreie Rest bleibt zurück.

Das ist natürlich ziemlich falsch, aber doch nicht ganz. Zumindest stimmt es, dass ein bestimmtes Element beim Verbrennungspro-
zess die entscheidende Rolle spielt – nämlich der Sauerstoff. Der wird
allerdings nicht aus dem brennenden Material in die Luft abgegeben,
sondern er kommt aus der Luft und verbindet sich mit Atomen des
Brennmaterials. In gewissem Sinn hatte Georg Ernst Stahl den Ver-
brennungsprozess also genau verkehrt herum betrachtet.

Wenn man ein Glas über eine Kerze stülpt, dann sind die
Sauerstoffmoleküle im Glas irgendwann aufgebraucht und die Kerze
erlischt. Wenn man an die Phlogiston-Theorie glaubt, dann muss
man auch dieses Phänomen umgekehrt interpretieren: Die Luft, so
lautete die Erklärung, kann nur eine bestimmte Menge an Phlogiston aufnehmen. Wenn sie gesättigt ist, kann die Kerze nicht weiter-
brennen, weil sie dann kein Phlogiston mehr abgeben kann.

Wenn man das Glas über der Kerze mit reinem Sauerstoff
füllt, dann brennt die Flamme besonders gut. Dieses Phänomen

beobachtete man damals ebenfalls und hielt diesen Sauerstoff für „dephlogistierte Luft", die besonders viel Phlogiston aufnehmen kann.

Georg Ernst Stahl hatte es mit seiner Phlogistontheorie nicht geschafft, die Chemie des Verbrennens korrekt zu entschlüsseln. Aber einige seiner Gedanken waren klug und weitreichend: Er hatte verstanden, dass beim Verbrennen unterschiedliche Substanzen im Spiel sind, die sich gleichzeitig verändern können. Die eine gibt Phlogiston ab, die andere nimmt Phlogiston auf – das erinnert ein bisschen an chemische Reaktionsgleichungen, wie wir sie heute kennen.

Er hatte sogar festgestellt, dass solche Prozesse auch in umgekehrter Richtung ablaufen können. Heute sprechen wir von „Oxidation" und „Reduktion". Brennende Kohle nimmt Sauerstoff auf, Eisenerz im Hochofen hingegen gibt Sauerstoff ab, sodass am Ende reines Eisen übrig bleibt. Georg Ernst Stahl erkannte, dass diese Prozesse zusammenhängen. Auch dass beim Atmen und beim Rosten von Nägeln etwas vor sich geht, was chemisch einer Verbrennung entspricht, war den Phlogiston-Theoretikern bereits klar. Die Phlogiston-Idee war also zumindest erfolgreich darin, ein bisschen systematische Ordnung in die Vielfalt chemischer Prozesse zu bringen.

Andererseits stieß man in der Phlogiston-Forschung bald auch auf ernste Probleme: Die Messergebnisse ließen sich nicht so recht zu einem schlüssigen Gesamtbild zusammenfügen. Wenn Metall brennt, dann bleibt am Ende etwas übrig, was schwerer ist als der Ausgangsstoff – dabei sollte doch Phlogiston abgegeben worden sein. Wie kann man das erklären? Dann muss das Phlogiston eben eine negative Masse haben, erklärten die Phlogiston-Anhänger. Doch das konnte auch nicht die Antwort sein – denn andere Stoffe, etwa Holz oder Kohle, verlieren an Gewicht, wenn man sie verbrennt.

Diese Verwirrung konnte erst der französische Chemiker Antoine Lavoisier in den 1770er- und 1780er-Jahren aufklären. Er führte chemische Reaktionen in sorgfältig abgeschlossenen Gefäßen durch und stellte fest: Das Gesamtgewicht bleibt bei chemischen Reaktionen immer gleich. Lavoisier zeigte, dass man auf das Phlogiston-Konzept völlig verzichten kann. Er erklärte die chemischen Reaktionen so, wie wir das auch heute noch machen: Brennendes Metall wird schwerer, weil sich der Sauerstoff der Luft mit dem Metall verbindet. Bei anderen Verbrennungen hingegen entstehen Gase, die einfach entweichen, etwa CO_2 oder Wasserdampf.

Heute gilt Lavoisier als Vater der modernen Chemie: Auf ihn geht unsere heutige Vorstellung der chemischen Elemente zurück. Er erkannte sogar, dass verschiedene chemische Substanzen immer in ganz bestimmten Mengenverhältnissen miteinander reagieren. Das war ein entscheidendes Argument dafür, dass diese Substanzen aus winzigen Portionen bestehen – den Atomen, die immer mit einer ganz bestimmten Zahl anderer Atome eine Bindung eingehen.

Die Phlogiston-Theorie war also offensichtlich ein wichtiger Schritt in der Geschichte der Chemie, aber ihre Grundidee war falsch: Phlogiston gibt es nicht. Haben wir damit nun also doch ein Beispiel für eine Theorie gefunden, die zunächst zwar nützlich und verlässlich erschien, im Lauf der Zeit aber trotzdem vollständig widerlegt wurde und rückstandsfrei verpuffte? Heißt das also, dass unsere heutigen, als völlig verlässlich geltenden wissenschaftlichen Erkenntnisse irgendwann doch noch ins Wanken geraten können?

Nein. Die Idee des Phlogistons war damals noch keine fertige Theorie, die sich in harten Belastungsproben bewährt hatte. Sie brachte bloß Ordnung in eine relativ überschaubare Zahl experimenteller Ergebnisse. Die Existenz des Phlogistons selbst war damals kaum mehr als eine Vermutung – und so ist es auch nicht besonders überraschend, dass dieser Teil der Theorie verschwunden ist. Und außerdem gibt es trotz allem Aspekte der Theorie, die nicht widerlegt wurden, sondern in der heutigen modernen Chemie weiterleben – nicht die zentrale Idee der Phlogiston-Theorie selbst, aber wichtige Gedanken um sie herum.

Wir müssen also unterscheiden: Jeder einzelne Gedanke, den wir in der Wissenschaft heute für wahr halten, kann sich als falsch erweisen. Reife wissenschaftliche Theorien hingegen, die sich aus vielen solchen Gedanken, Daten und Thesen zusammensetzen, sind das Stabilste, was wir haben. Sie werden auch in Zukunft wahr sein.

Das Rätsel der schnellen Neutrinos

Doch wenn wir die Wissenschaft auf diese Weise für unfehlbar und unwiderlegbar erklären – erinnert das nicht ein bisschen an religiöse Glaubenslehren? Sind Naturgesetze dann nicht so etwas wie Dogmen, ähnlich wie in einer Sekte, in der das Wort des Obergurus in alle Ewigkeit zu gelten hat?

Nein, keinesfalls. Es gibt einen entscheidenden Unterschied zwischen festen Grundsätzen und Dogmatismus. Naturgesetze muss niemand einfach glauben. Sie dürfen jederzeit überprüft, angezweifelt und auf neue Weise betrachtet werden. Die Art, wie in der modernen Wissenschaft mit zuverlässigen Grundsätzen umgegangen wird, ist bemerkenswert undogmatisch. Das beweist die Geschichte von der Neutrino-Anomalie des Jahres 2011.

Damals hatte man ein hoch kompliziertes Experiment durchgeführt, um Neutrinos zu analysieren. Die Ergebnisse waren verwirrend, und niemand konnte sie erklären. An Physikinstituten auf der ganzen Welt wurde über die überraschenden Messdaten spekuliert: War es bloß ein dummer Fehler? Oder hatte gerade jemand eines der zuverlässigsten Naturgesetze der Wissenschaftsgeschichte ins Wanken gebracht?

Neutrinos sind Elementarteilchen, die praktisch keine Wechselwirkung mit gewöhnlicher Materie zeigen. Jeder Quadratzentimeter unseres Körpers wird pro Sekunde von Milliarden Neutrinos getroffen, ohne dass wir irgendetwas davon bemerken. Neutrinos, die in der Sonne entstehen und auf die Erde treffen, durchqueren oft den ganzen Planeten, ohne dabei auch nur mit einem einzigen Atom zusammenzustoßen. Daher sind sie auch schwierig zu finden. Obwohl es überall auf der Erde von Neutrinos wimmelt, braucht man riesengroße Detektoren, um mit einer gewissen Wahrscheinlichkeit zumindest ab und zu ein paar von ihnen nachzuweisen.

Weil Neutrinos extrem leicht sind, können sie problemlos eine sehr hohe Geschwindigkeit erreichen. Und genau diese Geschwindigkeit wurde 2011 mit großem Aufwand untersucht: In einem der Teilchenbeschleuniger am CERN in Genf schoss man Protonen auf ein Stück Graphit, sodass durch die Kollision Neutrinos entstanden, die dann mehr als siebenhundert Kilometer weit nach Gran Sasso in Italien flogen. Dort wurden manche von ihnen in einem fünftausend Tonnen schweren Neutrino-Detektor registriert. Die Distanz zwischen der Teilchenkollision am CERN und dem Detektor wurde mit einer Genauigkeit von weniger als einem Meter vermessen, mithilfe von Satelliten und Atomuhren ermittelte man die Flugdauer auf Nanosekunden genau.

Und so stieß man auf eine gewaltige Überraschung: Erwartet hatte man, dass die Geschwindigkeit der Neutrinos knapp an die Lichtgeschwindigkeit heranreicht. Die Messungen ergaben aber, dass die Neutrinos schneller unterwegs gewesen waren als das Licht.

Ein Überschreiten der Lichtgeschwindigkeit – das gehört im Weltbild der modernen Physik zu den haarsträubendsten Regelverstößen, die man sich vorstellen kann. Die Lichtgeschwindigkeit ist die absolute Höchstgeschwindigkeit im Universum. Nichts kann schneller reisen als das Licht – kein Teilchen, kein Signal, keine Information. Das ist nicht bloß ein gut belegter Erfahrungswert, dieser Grundsatz ist tief in Einsteins Relativitätstheorie verankert. Ein Teilchen, das sich schneller als das Licht bewegt, passt genauso wenig in die moderne Physik wie ein Elefant in eine Schuhschachtel.

Das wussten natürlich auch die Forschungsteams, die diese Messungen durchgeführt hatten. Zunächst waren sie überzeugt, einen Fehler gemacht zu haben. Sie überprüften die Instrumente, sie eliminierten mögliche Fehlerquellen, sie führten die Messungen ein weiteres Mal durch. Aber das Ergebnis blieb das gleiche: Die Geschwindigkeit der Neutrinos auf ihrem Weg von Genf nach Gran Sasso schien verrückterweise über der Lichtgeschwindigkeit zu liegen.

Und so wurde das Ergebnis öffentlich präsentiert – nicht mit großem Getöse, nicht mit dem feierlichen Anspruch, die Naturgesetze widerlegt und die Physik aus den Angeln gehoben zu haben. Man erklärte ganz offen, was man gemessen hatte, wie man die überraschenden Ergebnisse überprüft hatte und welche möglichen Fehler man bereits ausgeschlossen hatte. Die Daten wurden aufgeschrieben und nach sorgfältiger Überprüfung publiziert.

Wäre die Wissenschaft bloß eine dogmatische Lehrmeinung, dann hätte spätestens zu diesem Zeitpunkt ein weltweiter Sturm der Entrüstung losbrechen müssen. Aber das geschah nicht. Niemand wurde als Ketzer beschimpft, als Versager von der Universität gejagt oder wegen schwerer Verstöße gegen die reine Lehre der Relativitätstheorie exkommuniziert. Ganz im Gegenteil: Auf der ganzen Welt interessierte man sich brennend für die spannenden Resultate. Die meisten Fachleute waren ziemlich sicher, dass es sich nur um einen Fehler handeln konnte – aber es war jedenfalls ein verblüffender und interessanter Fehler. Und aus solchen Fehlern kann man manchmal mindestens genauso viel lernen wie aus einer großen Wahrheit.

Waren die unterschiedlichen Uhren vielleicht nicht richtig synchronisiert worden? War möglicherweise der Abstand zwischen Entstehungsort und Detektionsort kürzer als gedacht, weil man nicht korrekt berücksichtigt hatte, dass sich während des Neutrino-Flugs die Erde ein kleines bisschen bewegt? Oder kamen vielleicht sogar verrücktere Erklärungen in Frage – zum Beispiel zusätzliche Raumdimensionen, durch die ein Neutrino eine Abkürzung nehmen kann?

Ideen gab es viele, aber die Skepsis blieb groß – und das aus gutem Grund: So hatte man zum Beispiel schon vorher Supernovas beobachtet, das sind gewaltige Sternexplosionen, die sowohl

Neutrinos freisetzen als auch elektromagnetische Strahlung, die sich mit Lichtgeschwindigkeit durch die Leere des Weltraums bewegt. Wären Neutrinos wirklich schneller als das Licht, dann hätte man damals das Eintreffen der Neutrinos schon registrieren müssen, bevor das Licht der Supernova die Erde erreichte – das war aber nicht der Fall, Licht und Neutrinos kamen ziemlich gleichzeitig auf der Erde an. Andere Leute überlegten, welche weiteren Ergebnisse aus den bekannten und gut überprüften Formeln der Physik folgen würden, wenn man annimmt, dass Neutrinos schneller als das Licht werden können. Die Ergebnisse widersprachen den Beobachtungen, die man in anderen Experimenten bereits gemacht hatte.

Einige Monate später, im Februar 2012, wurde schließlich die Lösung gefunden – und sie war deutlich unspektakulärer als gedacht: Ein schlecht verbundenes Kabel hatte die Messung verfälscht. Als man das Problem behob, war der mysteriöse Effekt plötzlich verschwunden: Die Neutrinos hielten sich brav an Einsteins kosmische Geschwindigkeitsbegrenzung, wie sich das für anständige Teilchen gehört.

Das große Rätsel der überlichtschnellen Neutrinos war also auf recht banale Weise gelöst worden. Für alle, die sich von den Messergebnissen spannende neue Einblicke in die Grundgesetze der Physik erhofft hatten, war das natürlich eine Enttäuschung. Aber zumindest bewies die Neutrino-Anomalie des Jahres 2011 eines sehr deutlich: Selbst Ergebnisse, die auf haarsträubende Weise den anerkannten Fundamenten der Wissenschaft widersprechen, werden ernst genommen, wenn man sie ehrlich und offen präsentiert. Man muss bereit sein, die eigenen Ergebnisse zu hinterfragen und nachzuprüfen – dann darf man auch Fehler machen, ohne ausgelacht, für verrückt erklärt oder als unwissenschaftlicher Esoteriker bezeichnet zu werden.

So einfach wie möglich

Warum Perfektion ziemlich nutzlos ist, wie man sich mit Ockhams Rasiermesser gegen Hosengnome verteidigt und was passieren würde, wenn ein wunderlicher Esoteriker eines Tages tatsächlich recht hätte: In der Wissenschaft geht es nicht um endgültige Wahrheit, sondern um die Wahl der richtigen Werkzeuge.

Man steckte dem Präsidenten einen Presslufthammer ins Nasenloch, aber er hatte gar nichts dagegen, er war nämlich aus Stein. Vierzehn Jahre lang wurde am Mount Rushmore in South Dakota gearbeitet, um achtzehn Meter hohe Felsportraits der US-Präsidenten George Washington, Thomas Jefferson, Theodore Roosevelt und Abraham Lincoln aus dem Berg herauszuarbeiten.

Dabei verwendete man unterschiedliche Methoden: Zunächst griff man zu Dynamitstangen. Große Teile der Felsen wurden weggesprengt, tonnenweise donnerte der Schutt talwärts, bis sich die groben Formen der Gesichter abzeichneten. Danach verwendete man Presslufthämmer. Die Arbeiter seilten sich von oben ab und bohrten Löcher ins Gestein, bis es sich relativ leicht entfernen ließ. Am Ende wurden die Felsportraits noch mit Meißeln bearbeitet, um eine schöne, glatte Oberfläche zu erzeugen.

Alle diese Methoden hatten ihren Sinn. Man stieg nicht vom Dynamit auf den Presslufthammer um, weil man mit dem Dynamit unzufrieden war, sondern weil es seinen Zweck erfüllt hatte und danach eben etwas anderes gebraucht wurde. Und die Presslufthämmer wurden nicht widerlegt oder falsifiziert, sie waren am Ende einfach nicht mehr nötig.

Je mehr Präzision man haben will, umso feinere Werkzeuge muss man verwenden. Das ist in der Wissenschaft genauso. Wenn eine Lupe nicht genügt, dann verwendet man eben ein Mikroskop. Und wenn eine einfache Theorie nicht ausreicht, dann muss man eben eine kompliziertere Theorie verwenden. Das heißt aber nicht, dass die einfachere Theorie schlechter ist.

Zu exakt ist auch verkehrt

Angenommen, wir fliegen von Wien nach New York und möchten ausrechnen, wie lange wir in der Luft sein werden. Wenn sich das Flugzeug mit ungefähr neunhundert Kilometern pro Stunde bewegt, dann kommen wir bei einer Distanz von sechstausendachthundert Kilometern auf sieben bis acht Stunden. Vermutlich wird es etwas länger dauern, weil man beim Start und bei der Landung Zeit verliert – aber zumindest einen groben Richtwert kann uns diese ganz einfache Rechnung schon einmal bieten.

Wenn wir es genauer wissen wollen, können wir uns ein deutlich komplizierteres Modell des Transatlantikflugs ausdenken: Wir können uns die geplante Flugstrecke genauer ansehen. Wir können Beschleunigungs- und Abbremsphasen präziser berücksichtigen. Wir können die Wetterprognose studieren, um herauszufinden, mit welcher Windrichtung wir zu rechnen haben.

Dadurch wird unsere Schätzung der Flugdauer sicher viel besser. Mit ein bisschen Glück stellen wir nach dem Flug vielleicht fest, dass wir nur um ein paar Minuten danebengelegen sind. Und darüber freuen wir uns dann so, dass wir beschließen, für den nächsten Flug eine noch viel bessere Prognose zu entwickeln: Wir vermessen die Position der Start- und Landebahn auf Millimeter genau, um die Entfernung noch exakter ausrechnen zu können. Wir zwingen alle Passagiere, sich vor dem Einsteigen auf eine Präzisionswaage zu stellen, um das genaue Gesamtgewicht des Flugzeugs herauszufinden.

Wird unsere Prognose dadurch besser? Wohl kaum. Wir erzeugen dadurch bloß Scheingenauigkeit. Ob das Flugzeug ein kleines Stückchen weiter vorne abhebt oder ob es ein paar Kilogramm mehr in den Himmel trägt, wirkt sich auf die Flugdauer weniger stark aus als andere, völlig unvorhersehbare Effekte – etwa ein paar Windböen über dem Nordatlantik oder eine etwas überhastete, ruppige Landung, weil der Pilot schon dringend aufs Klo muss.

Wir könnten auch auf die Idee kommen, bei unseren Berechnungen Einsteins Relativitätstheorie zu berücksichtigen: In einem Flugzeug, das sich schnell bewegt, vergeht die Zeit ein kleines bisschen langsamer. Allerdings ist in Bodennähe die Gravitation der Erde geringfügig stärker als in großer Flughöhe, das lässt laut Relativitätstheorie die Uhren am Boden ein bisschen langsamer ticken.Bei extrem sorgfältig durchgeführten Experimenten kann man feststellen, dass solche Effekte die Flugdauer um einige Nanosekunden verändern.

Sollten wir das wirklich in unser Rechenmodell einbauen? Nein, auf keinen Fall! Das wäre nicht nur nutzlos, es würde den Regeln der Wissenschaft widersprechen. Einsteins Präzisionsformeln zu verwenden, um die Dauer eines Transatlantikflugs auszurechnen, wäre genauso falsch wie der Versuch, die Köpfe am Mount Rushmore nur mit allerfeinstem Schleifpapier aus dem Gestein zu streicheln.

Wir müssen für jede Situation das richtige Werkzeug wählen. In der Wissenschaft geht es nicht darum, sich ein Modell zurechtzulegen, das möglichst viele komplizierte Details enthält. Es geht darum, Probleme zu lösen. Wir wollen ein Modell der Wirklichkeit entwickeln, das möglichst gut mit unseren Beobachtungen übereinstimmt. Zusätzliche Details sind manchmal hilfreich, aber manchmal auch nicht. Sich selbst die Arbeit schwieriger zu machen, indem man unnötig detaillierte und komplexe Theorien verwendet, ist keine lobenswerte Fleißaufgabe, für die man Extrapunkte sammeln kann, sondern ein wissenschaftlicher Fehler, für den man kritisiert werden sollte.

Die Weltformel ist auch keine Lösung

Dieser Gedanke erscheint auf den ersten Blick vielleicht verwirrend: Ist es nicht gerade in der Wissenschaft oft wichtig, detailverliebt zu sein? Natürlich ist Einfachheit nützlich, wenn man eine ganz bestimmte Aufgabe möglichst rasch lösen möchte. Aber wie ist das, wenn wir neue Theorien entdecken wollen? Das gelingt uns doch meistens, indem wir auf winzige Feinheiten achten, immer genauer hinsehen und immer weiter ins Detail gehen.

Schon kleine Kinder lernen auf diese Weise viel dazu: Die Spielzeugeisenbahn ist ein buntes Ding, das nach bestimmten Regeln über den Boden rollt. Man kann versuchen, sie auseinanderzunehmen, dann wird sie zu einer ziemlich unübersichtlichen Ansammlung kleiner Metallstücke, die zwar nicht mehr rollen, aber dafür lustig rasseln, wenn man sie in Mamas Schuhe füllt. Wir betrachten dieselbe Sache nun auf einer detaillierteren Ebene, und dort gelten plötzlich neue Regeln.

Dieser Drang, immer genauer hinzusehen und auf immer kleinere Details zu achten, hat sich als ausgesprochen nützlich herausgestellt: Wir haben dadurch erkannt, dass Lebewesen aus winzigen Zellen bestehen – damit war die Zellbiologie geboren. Manche

Eigenschaften dieser Zellen können wir nur erklären, wenn wir untersuchen, aus welchen Molekülen sie bestehen – und schon sind wir in der Molekularbiologie angekommen. Bis zur Atomphysik sind wir auf diese Weise vorgedrungen. Man darf nie vergessen, wie verrückt das eigentlich ist: Atome sind milliardenfach kleiner als wir, und trotzdem können wir gezielt mit ihnen herumspielen. Das ist so ähnlich, als könnten Planeten eine Blinddarmoperation durchführen.

Aber auch auf dieser Ebene sind wir nicht stehen geblieben. Atome bestehen aus negativ geladenen Elektronen und dem positiv geladenen Atomkern. Der besteht aus Neutronen und Protonen, und die wiederum bestehen aus jeweils drei Quarks. Diese Quarks betrachten wir als Elementarteilchen – wir gehen davon aus, dass sie nicht aus anderen, noch kleineren Bestandteilen zusammengesetzt sind. Es sieht aus, als wären wir hier auf der untersten Detailebene der Natur angekommen.

Aber was bedeutet das nun? Wenn man Lebewesen mithilfe der Zellbiologie erklären kann, Zellen mithilfe der Chemie und Chemie mithilfe der Teilchenphysik, ist dann nicht eigentlich die gesamte Naturwissenschaft bloß angewandte Teilchenphysik? Wenn wir eine perfekte Theorie der feinsten Details des Universums entwickeln, sind wir dann fertig? Haben wir Menschen dann die Naturwissenschaft gewonnen, können alle Forschungsinstitute schließen und nach Hause gehen?

Der Gedanke ist verlockend: Eine „Theorie von allem", eine „Weltformel", mit der man die fundamentalen Bestandteile der Welt erklären kann und alle Naturgesetze, denen sie gehorchen müssen – das ist so etwas wie der Heilige Gral der Wissenschaft. Gefunden wurde eine solche Weltformel bis heute nicht, aber es gab viele kluge Leute, die danach suchten.

Einer von ihnen war Albert Einstein. Er war erstaunlich jung, als er begann, die Physik durcheinanderzuwirbeln. Mit fünfundzwanzig Jahren veröffentlichte er seine spezielle Relativitätstheorie, und als er mit den komplizierten Formeln der allgemeinen

Relativitätstheorie kämpfte, war er fünfunddreißig. Das ist noch kein Alter, um sich zurückzulehnen und mit melancholischem Stolz auf das eigene Lebenswerk zurückzublicken – und das wäre Einstein auch gar nicht in den Sinn gekommen. Er stürzte sich auf ein neues, noch größeres Ziel: Er wollte eine „vereinheitlichte Feldtheorie" entwickeln, mit der man die gesamte Physik erklären kann. Sein Plan war, Gravitation und Elektromagnetismus in einer großen neuen Theorie zusammenzufügen.

Fast vierzig Jahre verbrachte er mit diesem Projekt, doch echte Erfolge blieben aus. Gegen Ende seines Lebens war er zwar überzeugt, auf dem richtigen Weg zu sein, aber eine echte „Weltformel" hatte auch der große Albert Einstein nicht gefunden, als er 1955 im Alter von sechsundsiebzig Jahren starb. Weltberühmt ist er bis heute hauptsächlich wegen seiner Ideen zur Gravitation. Ihm selbst wäre das vermutlich gar nicht recht: „Warum eigentlich schwatzen die Leute immer von meiner Relativitätstheorie? Ich habe noch andere brauchbare Sachen gemacht, vielleicht sogar noch bessere", klagte er.

Heute verstehen wir zumindest, warum Einsteins „vereinheitlichte Feldtheorie" gar keine Chance hatte, eine „Theorie von allem" zu werden: Zwei andere Naturkräfte, die für die Physik der Atomkerne eine zentrale Rolle spielen, ignorierte er – die sogenannte „schwache Wechselwirkung" und die „starke Wechselwirkung". Diese beiden Naturkräfte können nur mithilfe der Quantenphysik erklärt werden, und mit der Quantentheorie und ihren seltsamen neuen Konzepten konnte sich Einstein nie so recht anfreunden. Das änderte sich auch dadurch nicht, dass er seinen Nobelpreis für seine Beiträge zur Quantentheorie bekam – nicht etwa für seine Relativitätstheorie.

Eine echte „Theorie von allem" müsste sowohl Einsteins allgemeine Relativitätstheorie mit der Quantentheorie verbinden, das ist mittlerweile klar. Aber bis heute ist es noch nicht gelungen, beides auf die richtige Weise zu kombinieren. Man versucht es, mit gewaltigen Anstrengungen und haarsträubend komplizierter Mathematik, die sogar Einsteins Formeln daneben fast wie Kinderkram aussehen lassen – zum Beispiel in der Stringtheorie. Trotzdem wissen wir bis heute immer noch nicht, ob es eine endgültige Weltformel, eine fundamentale „Theorie von allem", überhaupt gibt.

Die Frage ist, ob wir so etwas überhaupt brauchen. Was hätten wir eigentlich erreicht, wenn wir eine Theorie der alleruntersten Ebene der Wirklichkeit finden würden? Wir hätten dann so etwas wie eine feste, verlässliche Basis für die gesamte Naturwissenschaft – das erinnert an die Axiome in der Mathematik, die festen, verlässlichen Grundannahmen, auf denen man Schritt für Schritt immer weiterführende Gedanken aufbaut.

Wenn wir eine endgültige „Weltformel" finden könnten, wäre dann also die ganze Naturwissenschaft genauso aufgeräumt und logisch wie die Mathematik? Könnten wir auf Basis einer „Weltformel" dann vielleicht sogar Schritt für Schritt sämtliche naturwissenschaftlichen Theorien exakt beweisen – von der Physik über die Chemie bis zur Biologie?

Nein, das könnten wir nicht – denn zwischen der Mathematik und allen anderen Wissenschaften gibt es wesentliche Unterschiede: Nur die Mathematik arbeitet mit perfekter Exaktheit. In der Mathematik wird niemals einfach etwas weggelassen, weil es unwichtig erscheint. In allen anderen Wissenschaften ist aber genau dieses Vereinfachen und Weglassen extrem wichtig. Es gehört zu den Regeln der Wissenschaft dazu.

Wenn wir die Bahn eines Planeten ausrechnen, muss uns egal sein, welche Kräfte in den Kernen seiner Atome wirken. Sich darüber den Kopf zu zerbrechen, wäre ein wissenschaftlicher Fehler. Planetenbahnen berechnet man so, als ob es gar keine Atome gäbe. Das ist eine Vereinfachung – aber keine, die unser Modell schlechter macht, sondern eine, die unser Modell verbessert. Das Finden von Näherungslösungen, von groben Abschätzungen, von

Vereinfachungen ist genau das, was gute Wissenschaft ausmacht. Es ist kein Makel, den man ausbügeln muss, sondern eine Stärke, die wir feiern sollten.

Wir sollten Wissenschaft daher nicht als die Suche nach der vollkommenen Wahrheit betrachten. Wir brauchen keine „Weltformel", keine „Theorie von allem". Die vollkommene Wahrheit ist uns egal, wenn wir ein Regal an die Wand schrauben möchten. Die Wissenschaft ist dazu da, um uns Werkzeuge in die Hand zu geben, mit denen wir Probleme lösen können. Diese Werkzeuge müssen nicht perfekt sein. Sie sollen gar nicht perfekt sein – denn je weiter man den Perfektionsanspruch nach oben schraubt, umso mühsamer wird die Arbeit.

Ockhams Rasiermesser und die Hosengnome

In der Wissenschaft gibt es also ein Sparsamkeitsprinzip: So kompliziert wie nötig – aber so einfach wie möglich. Wenn ich das Lieblingsfutter meiner Katze herausfinden will, dann ist mir die Atomphysik egal, auch wenn die Katze prinzipiell aus Atomen besteht. Egal, welche Rätsel wir lösen wollen: Wir sollten immer versuchen, unsere Theorien so einfach wie möglich zu halten.

Das erinnert an einen alten Grundsatz, der als „Ockhams Rasiermesser" berühmt wurde, benannt nach Wilhelm von Ockham, einem Theologen und Philosophen aus dem Spätmittelalter: Wenn es für einen bestimmten Sachverhalt verschiedene Erklärungsmöglichkeiten gibt, dann sollte man die einfachere wählen. Alle Zusatzhypothesen, Annahmen und Details, die für eine Erklärung gar nicht benötigt werden, sollte man mit Ockhams Rasiermesser wegschneiden.

Angenommen, ich stelle fest, dass mir meine Hosen nicht mehr passen. Die einfachste Erklärung dafür ist, dass ich zugenommen habe. Ich könnte aber auch behaupten, dass nachts bösartige Hosengnome in meine Wohnung eingedrungen sind, die niederträchtigerweise meine Hosennähte aufgetrennt und ein bisschen

enger wieder zusammengenäht haben. Beide Thesen erklären denselben experimentellen Befund – nämlich dass der Knopf nicht zugeht.

Allerdings gibt es viele andere mögliche Messungen, mit denen man der Sache auf den Grund gehen kann. Ich kann mich zum Beispiel auf eine Waage stellen und herausfinden, ob ich schwerer geworden bin. Ich kann mit einem Maßband meinen Bauchumfang untersuchen. Wenn ich will, kann ich mich auch nachts auf die Lauer legen und nachsehen, ob ich irgendwann tatsächlich Hosengnome entdecke. Allerdings kann ich mich immer gegen die Widerlegung der Hosengnom-These immunisieren, indem ich die Theorie immer komplizierter mache: Mein Gewicht ist gleich geblieben, nur haben die Hosengnome auch die Waage manipuliert, genau wie mein Maßband. Und wenn ich sie gestern Nacht nicht gefunden habe, dann liegt das vielleicht nur daran, dass sie nicht jede Nacht kommen, sondern vielleicht nur jede vierte Nacht. Oder immer nur bei Vollmond. Oder in Nächten mit Primzahl-Datum.

Würde man versuchen, all diese Ideen wissenschaftlich zu widerlegen, käme man nie an ein Ende. Jeder Dummkopf kann sich hundertmal schneller unsinnige Theorien ausdenken, als die größten Genies sie wissenschaftlich widerlegen können. Und auch deshalb ist das Prinzip der Einfachheit in der Wissenschaft so wichtig: Ockhams Rasiermesser macht uns klar, dass die Beweislast immer bei denen liegt, die zusätzliche Behauptungen, Objekte oder Regeln einführen, nicht bei der Gegenseite.

Egal, ob ich behaupte, von Hosengnomen besucht worden zu sein, oder ob ich ein neues Elementarteilchen entdeckt haben will: Ich muss klare Belege vorlegen können. Sonst wird jeder – mit gutem Recht – meine Theorie nach dem Prinzip der Einfachheit vom Tisch fegen. Warum sollten wir unsere Vorstellung von der Welt komplizierter machen, indem wir noch an etwas Zusätzliches glauben, neben all den vielen Dingen, die es ohnehin schon gibt? Eine praktische Grundregel schlug dazu auch der amerikanisch-britische Autor Christopher Hitchens vor: „Was ohne Beleg behauptet werden kann, kann auch ohne Beleg verworfen werden."

Wenn ich mich dann allerdings gemeinsam mit erfahrenen Hosengnom-Fachleuten auf die Lauer lege und es uns dann tatsächlich gelingt, die nächtlichen Abenteuer der Hosengnome zu beobachten, zu filmen und zu dokumentieren, dann sieht die Sache anders aus. Dann ist die Theorie der Hosengnome nämlich plötzlich die einfachste Erklärung, die uns zur Verfügung steht. Schließlich muss jetzt viel mehr Datenmaterial erklärt werden: nicht nur mein Problem, den Hosenknopf zu schließen, sondern Videoaufnahmen, übereinstimmende Zeugenaussagen und sichtbare Hosengnom-Arbeitsspuren. Jede andere Theorie, die für all das einen Grund angeben könnte, wäre noch deutlich seltsamer und komplizierter. In diesem Fall werden wir also bereit sein, die Hosengnom-These zu akzeptieren. Damit wäre auch William von Ockham mit Sicherheit einverstanden.

Ockhams Rasiermesser ist eine sehr alltagstaugliche Faust-
regel, die unser Bauchgefühl für wahre und falsche Thesen ein
bisschen verbessern kann. Wenn ich nach einer Nacht im Cam-
pingzelt Kopfschmerzen habe, dann sollte ich die Ursache eher
in meinem verspannten Nacken suchen als in einer mysteriösen,
todbringenden Krankheit. Wenn ich draußen Hufgetrappel höre,
dann sollte ich an Pferde denken und nicht an zahme südafrikani-
sche Bergzebras. Wenn mich die Kollegin im Büro diesmal etwas
mürrisch begrüßt, dann ist sie wohl einfach nur schlecht gelaunt,
ich sollte eher nicht davon ausgehen, dass sie Teil einer internationalen Verschwörung ist, die mich auf grausame Weise ins Unglück
stürzen möchte.

„Die Wissenschaft ist noch nicht so weit!"

Bewaffnet mit Ockhams Rasiermesser können wir uns gegen die
erstaunliche Vielfalt des Unsinns verteidigen, die uns täglich entge-
genweht: Überzeugte Astrologen erklären uns, dass sich die Sterne
auf unser Liebesleben auswirken. Erfahrene Radiästheten versi-
chern uns, dass sie mit ihrer Wünschelrute Wasseradern, Erdstrahlen und andere Merkwürdigkeiten zuverlässig aufspüren können.
Clevere Geschäftsleute wollen uns „energetisiertes Wasser" verkaufen, dem wundersame Eigenschaften nachgesagt werden.

Und wenn man dann widerspricht, weil es dafür nicht den
geringsten wissenschaftlichen Hinweis gibt, dann hört man
immer wieder dieselben Argumente: „Die Wissenschaft ist einfach
noch nicht so weit!", heißt es dann. „Wir nutzen Phänomene, die
man heute mit der bekannten Wissenschaft einfach noch nicht
erklären kann. Irgendwann wird jemand eine Theorie entwickeln,
die erklärt, wie das funktioniert – und dann müsst ihr es uns
glauben!"

Hinter diesem Argument steckt ein völlig falsches Bild
der Wissenschaft. „Die Wissenschaft ist einfach noch nicht so

weit" – das klingt, als sei wissenschaftliche Arbeit so etwas wie ein Expansionskrieg, bei dem man die Frontlinien des besetzten Gebiets Schlacht um Schlacht immer weiter in unerforschtes Territorium hinausdrängt. Das ist ein grober Irrtum. Natürlich kann man Wissenschaft problemlos auch auf Themen anwenden, von denen wir noch keine Ahnung haben – eben weil sie nicht bloß ein abgeschlossenes Schmuckkästchen perfekter Wahrheiten ist, sondern eine Methode, eine Problemlösungsstrategie, eine vielseitige Werkzeugsammlung.

Dass niemand einen wissenschaftlichen, logischen Mechanismus kennt, mit dem Astrologie, Erdstrahlen oder Zauberwasser erklärt werden können, ist richtig – aber trotzdem können all diese Dinge wissenschaftlich untersucht werden. Wir können in sorgfältig geplanten Experimenten testen, ob es tatsächlich einen Zusammenhang zwischen Horoskopen und wichtigen Lebensereignissen gibt. Wir können im Boden Stromleitungen und Wasserrohre vergraben und ausprobieren, ob irgendjemand mit einer Wünschelrute zuverlässig erfühlen kann, wo sie sich befinden. Wir können wissenschaftlich untersuchen, ob Topfpflanzen im Labor besser wachsen, wenn wir sie mit energetisiertem Zauberwasser gießen. Sogar ganz subjektive Eindrücke lassen sich mit objektiven, wissenschaftlichen Methoden erfassen: Ob mir persönlich das energetisierte Zauberwasser besser schmeckt oder ob ich mir das nur einbilde, kann ich in einer sorgfältig durchgeführten Blindverkostung herausfinden.

Um zu testen, ob etwas funktioniert, muss ich nicht wissen, wie es funktioniert. Wenn sich bei diesen Versuchen herausstellt, dass es die behaupteten Effekte gar nicht gibt, ist es völlig sinnlos, nach ihrer Ursache zu forschen. „Die Wissenschaft ist noch nicht so weit" ist in diesem Fall ein durch und durch untaugliches Argument. Erst wenn man einen Effekt nachgewiesen hat, kann man die Frage stellen, wie er zu erklären ist.

Herr Erngard und das Wunder

Was würde nun eigentlich passieren, wenn sich eines Tages das Bauchgefühl eines ambitionierten Esoterikers tatsächlich als Wahrheit herausstellte? Es ist interessant, eine solche Geschichte im Kopf probeweise durchzuspielen.

Hans Erngard ist stolz auf seine Wunderkräfte. Wenn er sich ganz fest konzentriert, dann kann er mithilfe eines merkwürdigen, violett schimmernden Kristalls Metall aufspüren – zumindest behauptet er das. Früher hat er als Bergarbeiter gearbeitet und immer wieder den Kristall verwendet, um nach den besten Erzlagerstätten zu suchen. Seine Kollegen hielten ihn immer für einen Spinner, aber Erngard ist überzeugt: Der Kristall zieht ihn magisch in die richtige Richtung.

Eine kleine Lokalzeitung wird auf die Geschichte aufmerksam und beschreibt ausführlich, wie Hans Erngard zu Hause seine Kunststücke vorführt: Auf seinem Tisch steht ein großer Kerzenständer aus Silber. Sobald sich Erngard ihm nähert, beginnt der Kristall in seiner Hand zu zittern. Außerdem kann er Münzen aufspüren, die unter dem Teppich versteckt sind, und sogar herausfinden, wo die elektrischen Leitungen in der Wand verlaufen – besonders bei Vollmond.

Die Zeitung bekommt daraufhin erboste Leserbriefe: Die Chemielehrerin der lokalen Mittelschule findet es empörend, dass derart unwissenschaftlicher Unfug unhinterfragt und ungeprüft abgedruckt wird. Aber die Sache spricht sich herum, und schließlich wird Erngard eingeladen, seine Fähigkeiten in einem Versuchslabor unter wissenschaftlich kontrollierten Bedingungen überprüfen zu lassen. Erngard findet das interessant, er trifft sich mit der wissenschaftlichen Versuchsleiterin, um gemeinsam festzulegen, wie das Experiment genau ablaufen soll.

Im Versuchslabor werden zehn identische Plastikgefäße nebeneinander aufgestellt. Eines davon wird zufällig ausgewählt, die Versuchsleiterin versteckt darin ein Stück Metall und verlässt den Raum, um Erngard nicht unbewusst durch ihre Körpersprache einen Hinweis zu geben. Erst jetzt darf Erngard das Labor betreten und versucht mit seinem Kristall zu ermitteln, in welchem Gefäß sich das Metall verbirgt. Wenn die Wirkung des Kristalls bloße Einbildung ist, dann hat Erngard eine Chance von zehn Prozent, durch bloßes Raten das richtige Gefäß zu erwischen. Bei zwanzig Versuchsdurchgängen ist zu erwarten, dass er ungefähr zwei Mal richtigliegt. Man vereinbart, dass Erngard zum Sieger erklärt wird, wenn er mindestens sieben Treffer erzielt. Wenn seine Methode nicht besser als zufälliges Raten ist, dann liegt seine Chance, durch puren Zufall mindestens sieben Treffer zu bekommen, bei weniger als 0,3 Prozent.

Zur großen Verblüffung des Forschungsteams schafft es Erngard, acht Mal das richtige Gefäß zu ermitteln – das ist zwar eine Trefferquote von weniger als der Hälfte, aber immer noch ein äußerst erstaunlicher Erfolg. Das skeptische Forschungsteam ist etwas ratlos, doch die Ergebnisse werden veröffentlicht.

Die Reaktionen sind gemischt: Überzeugte Esoteriker jubeln. Für sie ist Erngard ein Held, der es den verbohrten Wissenschaftsfans endlich mal gezeigt hat. Für sie ist nun endgültig bewiesen, dass es da draußen mysteriöse Kräfte gibt, die man mit bloßem Verstand nicht erfassen kann. Andere sehen die Sache etwas nüchterner und denken über mögliche Erklärungen nach: Auch durch geschickte Schummelei könnte der Trick gelingen, etwa mithilfe eines winzigen Magneten, den man unter der Haut der Fingerkuppe implantiert. Wieder andere vermuten, dass Erngard einfach nur Glück hatte. Auch wenn es sehr unwahrscheinlich ist, durch puren Zufall bei zwanzig Versuchen acht Treffer zu erzielen – unmöglich ist es nicht.

Einige Monate später wird Erngard daher ein zweites Mal eingeladen. Diesmal geht es nicht nur um wissenschaftliche Neugier, sondern auch um Geld: Eine internationale Skeptikerorganisation hat einen hoch dotierten Preis ausgeschrieben für den ersten

Menschen, der unter kontrollierten Bedingungen übernatürliche Fähigkeiten nachweisen kann. Der Aufwand ist noch viel größer als beim ersten Test: Eine wissenschaftliche Jury wurde zusammengestellt, die Erngard genau beobachten soll. Ein bekannter Zauberkünstler ist mit dabei, der unzählige Tricks kennt und schon viele Scharlatane entlarvt hat. Mit einem Metalldetektor untersucht man Erngard auf verbotene Hilfsmittel, das ganze Experiment wird mit mehreren Kameras aufgezeichnet.

Wieder werden zehn verschlossene, undurchsichtige Kisten vorbereitet, von denen eine ein Metallstück enthält. Erngard atmet tief ein, konzentriert sich und hält den Kristall fest in der Hand, während er damit eine Kiste nach der anderen umkreist – bis er den Eindruck hat, ein leichtes Zittern zu spüren. Sechzig solcher Versuchsrunden werden durchgeführt – vierzehn Treffer braucht Erngard, um den Preis zu gewinnen.

Es dauert Stunden, bis das Experiment abgeschlossen ist. Erst dann, spät am Abend, werden die Daten ausgewertet: Runde für Runde werden Erngards Ergebnisse mit den Aufzeichnungen der Versuchsleiterin verglichen – nur sie wusste in jeder Runde, wo sich das Metallstück tatsächlich befand. Die Zuseher sind fassungslos: Einundzwanzig Mal lag Erngard richtig – ein gewaltiger Triumph. Bei zufälligem Raten wären bloß sechs Treffer zu erwarten gewesen, die Wahrscheinlichkeit, durch reinen Zufall einundzwanzig Mal richtigzuliegen, ist verschwindend gering. Die Jury ist verwirrt und kündigt an, die Sache noch weiter untersuchen zu wollen, aber auch den überzeugtesten Skeptikern bleibt nun nichts anderes übrig, als Erngard den Preis auszuzahlen.

Nun bricht ein Mediensturm los: Es gibt kaum eine Zeitung auf der Welt, die nicht über Erngard berichtet. In Esoterikkreisen erklärt man das moderne Weltbild für zusammengebrochen und ruft das Ende des naturwissenschaftlichen Zeitalters aus, andere lachen darüber und bezeichnen Erngard als Betrüger, der die

Wissenschaft zum Narren hält. Erngard selbst gibt Fernsehinterviews und führt in Talkshows seine Fähigkeiten live vor.

Doch während die einen noch streiten, versuchen andere, aus dem seltsamen Phänomen etwas zu lernen. Hans Erngard wird von mehreren Universitäten eingeladen, sich für nähere wissenschaftliche Untersuchungen zur Verfügung zu stellen. Es soll dabei nicht mehr um die Frage gehen, ob es die mysteriösen Fähigkeiten überhaupt gibt, stattdessen soll nun genau analysiert werden, welche Eigenschaften Erngards Fähigkeiten haben und wie man sie nützen kann.

Schließlich gibt es unzählige interessante Fragen, auf die noch niemand eine Antwort weiß: Funktioniert das Phänomen auch, wenn das Metall durch andere Materialien abgeschirmt wird? Lässt sich an Erngards Hirnströmen während dieser Versuche irgendetwas Außergewöhnliches erkennen? Welche Art von Kristall verwendet Erngard? Funktioniert der Effekt wirklich nur mit diesem speziellen Kristall? Lassen sich alle Metalle aufspüren oder nur ganz bestimmte? Funktioniert es mit großen Mengen von Metall besser als mit kleinen? Können auch andere Personen die Fähigkeit erlernen, wenn sie Erngards Kristall verwenden? Forschungsteams aus ganz unterschiedlichen Fachrichtungen sehen sich die Sache nun systematisch an. Das ist für Erngard neu. Er hatte bisher immer nur stolz sein Experiment vorgeführt, aber nie darüber nachgedacht, wie man seine Fähigkeiten genau untersuchen könnte.

Noch immer hat man keine Ahnung, wie sich der merkwürdige Effekt erklären lassen könnte, aber langsam lässt sich erkennen, wo er auftritt und wo nicht. Einige der Behauptungen, die Erngard ursprünglich aufgestellt hat, werden rasch widerlegt: Stromleitungen in Wänden kann er nicht aufspüren, und mit dem Vollmond haben seine Fähigkeiten nichts zu tun. Er scheint nur auf größere Mengen bestimmter metallischer Legierungen zu reagieren.

Unterschiedliche Forschungsinstitute kommen zu ähnlichen Ergebnissen, alle paar Wochen werden neue Studien über Hans Erngard veröffentlicht. Langsam verstummt auch die hartnäckigste Kritik. Mit der Zeit finden sich auch andere Personen mit ähnlichen Fähigkeiten – nicht alle haben so eine hohe Erfolgsquote wie Erngard, aber bald gelten mehrere hundert Personen als statistisch signifikante Metalldetektoren. Dadurch wird die wissenschaftliche Erforschung des Phänomens deutlich einfacher.

Die Erforschung des Phänomens wird bald als „Erngardologie" bezeichnet – die Anzahl der wissenschaftlichen Publikationen zu diesem Thema steigt rasant an. Biochemische Untersuchungen zeigen, dass der Erngard-Effekt mit bestimmten Neurotransmittern im Gehirn zusammenhängt. Physikalische Experimente zeigen, dass der Effekt nur bei ganz bestimmten Kristallen auftritt, die eine komplizierte geometrische Struktur haben – so definiert man die neue Klasse der „Erngard-Kristalle". Bald darauf gelingt es in einem Forschungslabor, aus vielen dünnen Schichten einen künstlichen Erngard-Kristall herzustellen, mit dem der Effekt noch viel stärker spürbar wird. Die Erfolgsquote steigt plötzlich dramatisch an, fast jeder kann damit nun erstaunliche Effekte erzielen. Der künstliche Super-Erngard-Kristall wird zum Kassenschlager.

Viele Bereiche der Naturwissenschaft werden von einer Erngard-Welle erfasst. Hunderttausende junge Menschen auf der ganzen Welt schreiben Dissertationen über Erngard-Phänomene und wollen ihre wissenschaftliche Karriere ganz auf Erngardologie ausrichten. Alle wissen: Wer auch immer es schafft, das Rätsel um die physikalische Ursache des Effekts zu lösen, wird zum weltberühmten Superstar der Wissenschaft.

Die Hirnforschung entwickelt sich rasant weiter, weil man herausfindet, dass sich Hirnströme mithilfe von Erngard-Kristallen viel genauer messen lassen. Dafür wird der Medizinnobelpreis vergeben. Ein Forschungsteam, das eigentlich das Verhalten von Elektronen in Erngard-Kristallen untersuchen wollte, löst ganz nebenbei das Rätsel der Hochtemperatur-Supraleitung. Ein neues Material wird entdeckt, das Strom bei Raumtemperatur völlig ohne elektrischen Widerstand leitet – davon hatte die Wissenschaft seit

Jahrzehnten geträumt. Gleich drei Physiknobelpreise hintereinander werden für Forschungen vergeben, die direkt mit dem Erngard-Effekt zu tun haben. Zwei Chemienobelpreise folgen.

Hans Erngard selbst freut sich darüber: Er selbst bekommt zwar keinen Nobelpreis, schließlich war er bei den Untersuchungen nur Testperson und nicht Wissenschaftler. Doch als Querdenker und umwälzender Reformer der Wissenschaft ist er weltberühmt und hoch angesehen – und er hat im Lauf der Jahre ein Vermögen verdient. Den Preis, den er von den Skeptikern für den Nachweis einer übernatürlichen Fähigkeit bekommen hat, zahlt er eines Tages allerdings zurück. Mittlerweile könne von übernatürlicher Fähigkeit schließlich keine Rede mehr sein, meint Erngard – der Erngard-Effekt ist inzwischen ein wesentlicher Bestandteil der Naturwissenschaft, mit Übernatürlichem hat er also wenig zu tun.

An dieser Stelle können wir diese frei erfundene Geschichte eigentlich enden lassen: Ob und wie der Erngard-Effekt dann eines Tages genau erklärt wird, ist eigentlich völlig egal. Entscheidend ist: Wenn es einen Effekt gibt, der nicht auf Einbildung oder Schwindel beruht, sondern wirklich nachweisbar ist, dann lässt sich dieser Effekt auch wissenschaftlich untersuchen.

Was wahr ist, wird zur Wissenschaft

Die große weite Welt des rationalen Denkens hält viele verschiedene Werkzeuge für uns bereit – von der Physik und der Chemie über die Biologie bis hin zur Psychologie oder den Sozialwissenschaften. Wer behauptet, eine Theorie aufgestellt zu haben, die man einfach nicht wissenschaftlich untersuchen kann, ist entweder feige und hat Angst, widerlegt zu werden, oder hat nicht verstanden, wie Wissenschaft funktioniert. Wenn wir etwas beobachten können, dann können wir diese Beobachtungen auch sortieren und wissenschaftlich aufbereiten. Und wenn wir nichts beobachten können, dann gibt es keinen Effekt, über den sich überhaupt sprechen lässt.

Viele große wissenschaftliche Entdeckungen beginnen mit einer kleinen Merkwürdigkeit, mit einer Anomalie, die man vielleicht für einen Messfehler oder für Schwindelei halten könnte. Vielleicht sieht irgendein leuchtender Punkt am Nachthimmel ein bisschen anders aus, als man vermuten würde. Vielleicht liefert irgendwo eine Antenne ein Funksignal, das man nicht ganz erklären kann. Vielleicht werden irgendwo die Patienten im Durchschnitt ein kleines bisschen schneller gesund, als man das erwartet hätte.

Wenn ein neuer Effekt geboren wird, ist er oft klein, schwach und harmlos. Man muss ihn mit viel Liebe und Anstrengung großziehen. Vielleicht brauche ich ein besseres Teleskop, um den Lichtpunkt am Himmel genauer vermessen zu können. Vielleicht muss ich die Antenne erst sorgfältig gegen Störungen abschirmen, bevor ich das Signal klar erkennen kann. Vielleicht muss ich die Patientendaten genauer untersuchen, um zu erkennen, dass der kleine Effekt durch eine ganz bestimmte Personengruppe zustande kommt, der ein ganz bestimmtes Medikament erstaunlich gut geholfen hat. In einer weiteren Studie sieht man sich dann genau diese Personengruppe an und lässt die anderen weg. Und plötzlich hat man es nicht mehr mit einem kleinen Effekt zu tun, sondern mit einem großen, den niemand mehr bestreiten kann.

Zu einer Zeit, als Elektrizität bloß eine verrückte Kuriosität war, führte der italienische Forscher Luigi Galvani Experimente mit Froschschenkeln durch, die lustig zuckten, wenn man sie elektrisierte. Man hätte die Elektrizitätslehre mithilfe von Bauchgefühl und Intuition einfach als esoterische Wunderlehre betreiben können, aber dann wäre sie bis heute nicht über das Kuriositätenkabinett hinausgekommen. Stattdessen wurde hart daran gearbeitet, den Effekt genauer zu betrachten, alles Unnötige wegzulassen, die wichtigsten Gesetzmäßigkeiten dahinter mit mathematischen Formeln zu beschreiben. Und heute haben wir elektrisches Licht, einen starkstrombetriebenen Elektroherd und putzen uns mit elektrischen Zahnbürsten die Zähne.

Wer Wissenschaft betreibt, will Fortschritt sehen. Was heute gerade mal ein bisschen sichtbar ist, soll morgen mit unbestreitbarer Deutlichkeit erkennbar werden. In der Esoterik hingegen versucht man das gar nicht: Man gibt sich mit dem vagen Bauchgefühl zufrieden, irgendetwas Mysteriöses entdeckt zu haben.

Die Wissenschaft ist kein abgeschlossenes System, sie ist darauf ausgelegt, sich ständig zu erweitern und neue Erkenntnisse in sich aufzunehmen. Bei jeder Auseinandersetzung zwischen Wissenschaft und Esoterik kann die Wissenschaft daher in Wirklichkeit immer nur gewinnen: Entweder die esoterische Behauptung wird widerlegt und die Wissenschaft setzt sich durch, oder die esoterische Behauptung wird bestätigt und wird zur wissenschaftlichen Wahrheit. Die Wissenschaft hat recht. Und wenn nicht, dann wird das, was recht hat, zur Wissenschaft.

WIE MAN MIT DER WAHRHEIT LÜGT

**Warum Schokolade eher doch kein Schlankheits-
mittel ist, warum wir auf Omas Hustentee nicht
vertrauen sollten und warum wir immer nach
logischen Zusammenhängen suchen müssen:
Was uns als wissenschaftliche Studie präsentiert
wird, muss noch lange nicht wahr sein.**

Es war eine Sensation: Schokolade
hilft beim Abnehmen! Das war
nicht bloß ein origineller Werbe-
spruch eines Schokoladengroß-
händlers, sondern das Ergebnis
einer wissenschaftlichen Studie.

Man hatte zwei Personen-
gruppen untersucht, beide hatten
sich drei Wochen lang kohlenhy-
dratarm ernährt. Eine der beiden
Gruppen durfte allerdings jeden
Tag Bitterschokolade essen, die
andere nicht. Und sensationel-
lerweise hatte die Schokoladengruppe am Ende mehr Gewicht
verloren als die schokoladenlose
Gruppe.

Es sah nach einer klaren Sache aus: Schokolade ist das neue
Schlankheitsmittel! Eine Pressemeldung wurde veröffentlicht, die
Medien reagierten begeistert. Von Deutschland bis Indien, von den
USA bis Australien – überall berichtete man damals, im Jahr 2015,
über die wundersame schlank machende Wirkung der Schokolade.

Solche statistischen Studien sind in manchen Bereichen der Wissenschaft sinnvoll, in anderen nicht. Das Gesetz der Gravitation würden wir niemals untersuchen, indem wir Planeten zufällig in unterschiedliche Gruppen einteilen und dann statistisch auswerten, ob es einen Zusammenhang zwischen Masse und Schwerkraft gibt. In der Physik sucht man nach klaren, eindeutigen, logisch zwingenden Zusammenhängen. In Wissenschaftsbereichen, die sich mit komplexeren Dingen beschäftigen, zum Beispiel mit Menschen, die Schokolade essen, ist das schwieriger. Dort sind statistische Untersuchungen grundsätzlich ein nützliches Werkzeug.

Allerdings muss man vorsichtig sein – denn der Effekt, den man in der Studie beobachtet hat, könnte auch durch Zufall zustande gekommen sein. Eines ist schließlich klar: Wenn man zwei Personengruppen vergleicht, findet man immer irgendeinen Unterschied. Wenn wir den Leuten aus der ersten Gruppe grüne Hüte aufsetzen und den Leuten aus der zweiten Gruppe rote Hüte, dann wird am Ende auch eine der beiden Gruppen mehr Gewicht verloren haben als die andere. Mit einer Wahrscheinlichkeit von fünfzig Prozent wird es die Gruppe mit den roten Hüten sein. Das ist dann aber sicher kein wissenschaftlich korrekter Nachweis dafür, dass rote Hüte beim Abnehmen helfen.

Statistische Signifikanz: Wenn der Zufall nicht genügt

Um das zu untersuchen, nehmen wir zunächst an, dass es gar keinen Effekt gibt – das ist die sogenannte Nullhypothese. Im Fall des Schokoladenexperiments würde das bedeuten: Die Schokolade hat in Wirklichkeit überhaupt keinen Einfluss auf die Gewichtsabnahme. Die Gewichtsabnahme, die wir zu erwarten haben, ist also in beiden Gruppen gleich groß. Trotzdem wird man am Ende in einer der beiden Gruppen rein zufällig eine größere Gewichtsabnahme feststellen als in der anderen.

Die entscheidende Frage ist nun: Wenn durch reinen Zufall ein Unterschied zwischen den beiden Gruppen entsteht – wie groß ist die Wahrscheinlichkeit, dass dieser Unterschied mindestens so groß ist wie der, den man im Experiment tatsächlich beobachtet hat? Das sollte man unbedingt ausrechnen, bevor man die Studienergebnisse als große, bedeutende Wahrheit verkündet. Diese Wahrscheinlichkeit wird oft als „p-Wert" bezeichnet.

Wenn die Personen in der Schokoladengruppe am Ende im Durchschnitt zwölf Milligramm mehr Gewicht verloren hätten als die Probanden in der anderen Gruppe, dann sagt das nicht viel aus. Die Wahrscheinlichkeit, dass sich ein Unterschied von zumindest dieser Größe rein zufällig ergibt, ist groß – ein kleiner Unterschied führt also zu einem großen p-Wert. Ist der Unterschied hingegen groß, dann wird der p-Wert klein, und in diesem Fall scheinen wir wirklich etwas Interessantes entdeckt zu haben. Dann müssen wir die Nullhypothese verwerfen, das Ergebnis bezeichnen wir dann als „statistisch signifikant".

Viele unserer Vermutungen, die wir Tag für Tag aufstellen, scheitern an dieser Hürde der statistischen Signifikanz: Wir probieren Omas speziellen Hustentee aus, und unser Hustenreiz verschwindet zwei Tage schneller als sonst. Wir gießen unsere Topfpflanzen zwei Wochen lang mit Mineralwasser und haben den Eindruck, dass einige davon nun irgendwie grüner aussehen. Das ist interessant, lässt sich aber auch durch puren Zufall erklären. Würden wir nachrechnen, dann müssten wir feststellen: Von statistischer Signifikanz sind wir hier weit entfernt.

Hatte man beim Schokoladenexperiment einfach auf diesen Test verzichtet? Nein, keineswegs! Ganz wie es sich gehört, hatte man in der Schokoladenstudie den p-Wert berechnet, und das Ergebnis war tatsächlich statistisch signifikant: Der p-Wert lag bei knapp fünf Prozent: Wenn Schokolade keinen Einfluss hätte, würde man in fünfundneunzig Prozent aller Experimente einen kleineren Unterschied messen als jenen, den man zwischen den beiden

Gruppen beobachtet hatte. Das ist zwar noch nicht unbedingt ein Resultat mit überwältigender Überzeugungskraft, aber es ist gut genug: Fünf Prozent betrachtet man normalerweise als die Grenze, ab der man von einem statistisch signifikanten Resultat spricht.

Aber trotzdem war die Schokoladenstudie völliger Unsinn – und das mit voller Absicht: Ein Team rund um den amerikanischen Journalisten John Bohannon hatte das Experiment durchgeführt, um zu zeigen, wie einfach man bei solchen Studien schummeln kann und mit welcher Begeisterung sich der Wissenschaftsjournalismus oft auf unsinnige Ergebnisse stürzt.

John Bohannon hatte die Daten weder erfunden noch gefälscht. Er hatte nur einen Trick benutzt, den man „p-Hacking" nennt. Seine Idee war ganz einfach: Man legt zu Beginn gar nicht fest, wonach man sucht, sondern sammelt einfach so viele Daten wie möglich, und hofft, am Ende etwas zu finden, was man dann stolz präsentieren kann. Es ist ein bisschen so, als würde ein Schatzsucher den Garten umgraben, ohne zu verraten, was er eigentlich finden möchte. Auf irgendetwas stößt er dabei ganz sicher. Vielleicht auf eine verrostete Schraube. Oder ein seltenes Schneckenhaus. Oder auf die Knochen eines vor Jahren begrabenen Meerschweinchens. Und dann kann der Schatzsucher stolz verkünden, ein begnadeter Meerschweinchenknochenaufspürkünstler zu sein.

Beim Schokoladenexperiment wurde nicht nur erhoben, wie viel Gewicht die Testpersonen verloren hatten, sondern auch eine ganze Reihe weiterer Parameter: der Cholesterinspiegel, das subjektive Wohlbefinden, der Blutdruck, die Schlafqualität und vieles mehr.

Ein kleines bisschen Schokolade spielt für all diese Werte in Wirklichkeit praktisch keine Rolle. Daher werden am Ende manche dieser Werte bei der Schokoladengruppe besser sein und manche bei der anderen. Die Wahrscheinlichkeit, einen Unterschied zu finden, den man als statistisch signifikant betrachten kann (mit einem p-Wert von weniger als 0,05), liegt jedes Mal nur bei fünf

Prozent. Aber wenn man das mit ausreichend vielen Werten ausprobiert, wird man es irgendwann mal schaffen – rein zufällig.

Und genau so kam es auch: Beim Gewichtsverlust war der
Unterschied groß genug, um statistisch signifikant zu sein. Genau
darüber wurde dann eine Pressemeldung geschrieben, die anderen
Parameter mit weniger spektakulären Ergebnissen ließ man einfach
weg. Würde man dasselbe Experiment ein weiteres Mal durchführen, ergäben sich ganz andere Resultate. Dann wäre die Schlagzeile
eben nicht „Schokolade hilft beim Abnehmen", sondern „Schokolade senkt den Blutdruck" oder „Schokolade fördert die Schlafqualität". Aber irgendetwas würde man fast immer finden.

Nachdem sich die Meldung rund um den Globus verbreitet
hatte, wurde das Geheimnis gelüftet: John Bohannon beschrieb
ausführlich, wie es zu den Ergebnissen gekommen war und wie
man ganz bewusst geschummelt hatte.

Besonders problematisch sind solche Tricks, weil nicht alle
wissenschaftlichen Ergebnisse veröffentlicht werden – man nennt
das „Publication Bias". Eine Studie mit statistisch signifikanten
Ergebnissen kann man vielleicht in einem angesehenen Fachjournal
publizieren. Wenn eine Studie hingegen kein signifikantes Resultat
ergab, dann gibt es nichts besonders Spannendes zu erzählen. Oft
verschwinden solche Ergebnisse einfach in der Schublade, weil sich
niemand die Mühe macht, die Resultate sorgfältig aufzuschreiben
und an ein Fachjournal zu senden. Oder man macht es doch, aber
das Fachjournal ist an dem Artikel nicht interessiert.

Manipulierte Studien, bei denen man mit Gewalt die Daten
so lange quetscht, bis schmerzverzerrte Statistiken am Ende doch
noch irgendein Ergebnis preisgeben, haben daher möglicherweise
eine höhere Chance publiziert zu werden als ehrliche Studien, die
keinen statistisch signifikanten Zusammenhang finden. Das verlei-
tet natürlich zum Schummeln: Wird aus dem nicht signifikanten
Ergebnis vielleicht doch noch ein signifikantes Resultat mit einem
p-Wert unter 0,05, wenn man die Forschungsfrage nachträglich ein

bisschen abändert? Vielleicht findet man Gründe, einen Teil der Testpersonen nachträglich für ungültig zu erklären? Vielleicht lässt man den einen oder anderen Fragebogen einfach verschwinden?

Aber selbst wenn nicht geschummelt wird, ist Publication Bias ein Problem: Wenn die Herausgeber wichtiger Fachjournale nur statistisch signifikante Ergebnisse publizieren, dann entsteht ein verzerrtes Bild. Studien, die vielleicht nur aus reinem Zufall ein signifikantes Resultat geliefert haben, bleiben für immer sichtbar. Sie werden weiterverbreitet, gelesen und zitiert. Hingegen würde eine Studie, die völlig korrekterweise zeigt, dass ein Stück Schokolade pro Tag keinen messbaren Einfluss auf die Gewichtsveränderung hat, niemals veröffentlicht werden.

Dieser Effekt kann dazu führen, dass ein bemerkenswert hoher Anteil der veröffentlichten Studien falsch ist. Stellen wir uns vor, es gibt tausend Thesen, die getestet werden sollen – zum Beispiel tausend Nahrungsmittel, die beim Abnehmen helfen könnten. Angenommen, hundert davon haben tatsächlich eine Wirkung. Die neunhundert anderen haben eigentlich keinen Einfluss auf das Experiment, aber durch bloßen Zufall wird man manchmal in der Testgruppe mit diesen wirkungslosen Nahrungsmitteln einen Effekt feststellen können.

Wenn wir alle Ergebnisse als „statistisch signifikant" bezeichnen, bei denen ein p-Wert von fünf Prozent unterschritten wird, dann werden fünf Prozent dieser neunhundert Studien ein statistisch signifikantes Ergebnis liefern. Das sind immerhin fünfundvierzig Studien. Auch bei den tatsächlich wirksamen Nahrungsmitteln sind Fehler möglich – nehmen wir an, neunzig der hundert tatsächlich wirksamen Nahrungsmittel werden korrekterweise als wirksam erkannt, zehn werden irrtümlicherweise für unwirksam gehalten.

Dann ergibt sich folgende Gesamtbilanz: Hundertfünfunddreißig Nahrungsmittel gelten nun als wirksam – doch nur neunzig davon sind es tatsächlich. Wenn nun ausschließlich diese Studien

veröffentlicht werden, sind fünfundvierzig von hundertfünfunddreißig Studien falsch – das ist ein Drittel.

Alles tötet, alles heilt

Das Schokoladenexperiment zeigt uns also deutlich: Wir haben
ein Problem. Nicht alles, was wissenschaftlich aussieht, ist auch tatsächlich ernst zu nehmende Wissenschaft. Gerade im Bereich von
Gesundheit und Ernährung gibt es erstaunlich viele Studien, die
höchstens wegen ihres Unterhaltungswerts interessant sind.

Woche für Woche können wir von angeblichen Sensationen
lesen: Rotwein verlängert das Leben! Olivenöl sorgt für faltenfreie
Haut! Granatäpfel helfen gegen hohen Blutdruck! Ganz besonders
beliebt scheinen Studien über den Zusammenhang von Nahrungsmitteln mit Krebserkrankungen zu sein. Ingwer, Kurkuma oder
Rotwein sollen vor Krebs schützen. Wurst, Popcorn und Weizenmehl
hingegen sollten wir meiden wie der Teufel das Weihwasser – oder
wie der Wunderheiler die Statistikvorlesung. Die wissenschaftliche
Aussagekraft solcher Meldungen liegt ziemlich genau bei null.

Der Onkologe Jonathan D. Schoenfeld aus Harvard und der
Gesundheitswissenschaftler John P. A. Ioannidis aus Stanford sahen
sich diese Sache näher an: Ganz zufällig wählten sie aus einem
Kochbuch verschiedene Zutaten aus – von Oliven bis Rindfleisch,
von Zucker bis Kaffee. Dann machten sie sich auf die Suche nach
medizinischen Studien über den Zusammenhang dieser Lebens-
mittel mit Krebs. Gibt es Untersuchungen darüber, ob Olivenkon-
sum das Krebsrisiko hebt oder senkt? Erkranken Leute, die viele
Zitronen essen, häufiger an Krebs als andere?

Erstaunlicherweise wurden die Forscher in den meisten
Fällen fündig: Fast jedes gängige Nahrungsmittel wurde bereits
in irgendwelchen Krebsstudien untersucht. Das Problem daran
ist nur: Meistens gibt es sowohl Studien, die dem Nahrungsmittel unterstellen, Krebs zu fördern, als auch Studien, die demselben

Nahrungsmittel attestieren, das Krebsrisiko zu verringern. So ziemlich alles, was wir essen, verursacht Krebs – und schützt vor Krebs. Wir sind verloren! Und wir sind gerettet!

Auf ähnliche Probleme stößt man auch in anderen Forschungsbereichen: Man kann zum Beispiel nach statistischen Zusammenhängen zwischen bestimmten Genen und menschlichen Eigenschaften oder Verhaltensweisen suchen. Irgendetwas wird man dabei schon finden. Darüber schreibt man dann eine wissenschaftliche Publikation, und die Boulevardpresse verkündet dann mit schauriger Begeisterung die Entdeckung eines „Mörder-Gens" oder ähnlichen Unsinn.

Man kann psychologische Fragebögen austeilen und dann nach statistischen Korrelationen suchen. Dann lässt sich möglicherweise zeigen, dass Videospiele mit erhöhter Gewaltbereitschaft in Verbindung stehen. Oder mit bösartigerem Verhalten im Straßenverkehr. Oder auch mit erhöhter Intelligenz. Man kann eine Studie über Religiosität und Empathie durchführen und dann behaupten, Ähnlichkeiten zwischen Psychopathen und Atheisten gefunden zu haben. Und wieder lässt sich eine wissenschaftliche Publikation veröffentlichen! Aber was sagt uns das jetzt?

Wein rettet Leben und große Menschen töten

Eine Studie allein hat sehr wenig Aussagekraft. Es gibt viele Gründe, warum solche Studien wertlos sein können. Vielleicht handelt es sich um ein reines Zufallsergebnis und die nächste Studie zum selben Thema erzählt eine völlig andere Geschichte. Oder man hat allerlei schmutzige Tricks verwendet, um das gewünschte Ergebnis zu erhalten. Oder es gibt in Wirklichkeit längst Experimente mit gegenteiligem Ergebnis, die bloß wegen des Publication-Bias-Effekts niemals veröffentlicht wurden.

Aber nehmen wir an, wir haben alles richtig gemacht: Das Ergebnis ist tatsächlich signifikant, der Effekt ist nicht zu leugnen, niemand hat geschummelt und in ähnlichen Studien anderer Forschungsgruppen zeigt sich derselbe Effekt.

Selbst dann heißt das noch lange nicht, dass man einen spannenden neuen Effekt entdeckt hat. Vielleicht gibt es tatsächlich einen Zusammenhang zwischen Weinkonsum und Lebenserwartung. Aber liegt das wirklich am Wein? Oder hat es nicht viel eher damit zu tun, dass Leute mit hohem Einkommen im Durchschnitt mehr Wein trinken und gleichzeitig eine bessere Gesundheitsversorgung genießen? Wer im Krankenhaus auf der Intensivstation liegt, trinkt garantiert keinen Wein, hat allerdings eine eher unterdurchschnittliche Lebenserwartung. Es wäre freilich eine ziemlich üble Idee, ihn aus statistischen Gründen über eine Magensonde mit Wein vollzupumpen.

Wir könnten den statistischen Zusammenhang zwischen der Körpergröße und der Neigung zu Gewaltverbrechen untersuchen und würden einen signifikanten Zusammenhang finden. Daraus könnten wir messerscharf schließen: Große Menschen sind gefährlich. Wir sollten Kinder also von Geburt an mit wachstumshemmenden Hormonen behandeln, sodass sie niemals größer als einen Meter fünfzig werden. Laut Statistik sollte sich die Zahl der Gewaltverbrechen dadurch beinahe auf null reduzieren lassen.

Es ist klar, welcher Fehler hier begangen wird: Korrelation darf man nicht mit Kausalität verwechseln. Frauen sind im Durchschnitt kleiner als Männer, und die meisten Gewalttaten werden von Männern verübt. Kinder sind noch kleiner und kommen in der Gewaltstatistik kaum vor. Körpergröße und Gewalt hängen somit zwar zusammen, aber das heißt noch lange nicht, dass eines die Ursache für das andere ist.

Das klingt einfach, aber genau solche Fehler sind erschreckend häufig – und sie können gefährliche Vorurteile entstehen lassen, bis hin zu übelstem Rassenhass: Man kann Menschen nach Hautfarbe sortieren und dann untersuchen, welche Gruppe am häufigsten ein Universitätsstudium abschließt und welche mit größerer Wahrscheinlichkeit im Gefängnis landet. Man kann damit den Anschein

erzeugen, als würde man mit unbestechlicher mathematischer Präzision unverrückbare angeborene Unterschiede zwischen ethni-
schen Gruppen nachweisen.

Doch das ist nichts als ein raffiniertes Lügen mit statistischen
Methoden. In Wahrheit hat man bloß Korrelationen gefunden,
keine Kausalitäten. Natürlich kann niemand erklären, warum
der Pigmentierungsgrad der Haut einen kausalen Einfluss auf
Intelligenz oder Gewaltbereitschaft haben sollte. Dass hingegen
gesellschaftlicher Status, Einkommen der Eltern und Großeltern
oder gesellschaftlich verankerte Diskriminierung einen lebens-
langen Einfluss auf Erfolgschancen haben können, lässt sich nicht
bestreiten – hier handelt es sich tatsächlich um einen kausalen
Zusammenhang, der sich in vielen verschiedenen Studien logisch
nachvollziehbar belegen lässt.

Wissenschaft bedeutet daher nicht bloß Zusammenhänge
zu erkennen, sondern Zusammenhänge zu erklären. Wir müssen
nach logischen Verbindungen suchen. Wir dürfen uns mit bloßem

Beobachten nicht zufriedengeben, wir müssen Theorien entwickeln, die Ursache und Wirkung miteinander verknüpfen.

Das ist in manchen Bereichen der Wissenschaft schwieriger als in anderen. Eine logische, kausale Begründung dafür zu finden, warum ein in die Luft geworfener Stein in parabelförmiger Bahn wieder zur Erde zurückkehrt, ist einfach. Verworrene soziale oder politische Fragen logisch zu ordnen und eindeutige kausale Verbindungen zu erkennen, ist viel schwieriger. Versuchen muss man es trotzdem. Denn in allen Wissenschaftsbereichen gilt dasselbe Ziel: Erst wenn man neue Ideen auf Basis nachprüfbarer Beobachtungen auf logische Weise in das große Netz der bekannten Tatsachen eingebunden hat – erst dann hat man die Wissenschaft wirklich weitergebracht.

Ein netz, das uns trägt

Worauf wir uns verlassen können, warum im Badezimmer kein fliegendes Einhorn wohnt und warum unterschiedliche Forschungsbereiche zusammenarbeiten müssen: Glaubwürdig sind wissenschaftliche Tatsachen erst dann, wenn sie logisch mit vielen anderen Fakten verwoben sind.

Eigentlich dürfte die Sonne gar nicht scheinen. William Thomson, auch bekannt als Lord Kelvin, gehörte zu den berühmtesten Physikern seiner Zeit. Er versuchte im neunzehnten Jahrhundert, das Alter der Erde und der Sonne zu bestimmen: Wenn man sich die Sonne als glühenden Feuerball vorstellt, wie ein riesengroßes Stück heiße Kohle, dann muss ihr Brennstoff irgendwann aufgebraucht sein – und zwar nach ungefähr dreitausend Jahren, wie seine Berechnungen ergaben. Doch das ist offensichtlich falsch, denn wir Menschen beobachten die Sonne schon seit deutlich längerer Zeit.

Lord Kelvin entwickelte daher noch eine andere Theorie: Die Sonne, so meinte er, muss aus dem Zusammenstoß unzähliger

Meteoriten entstanden sein. Und die Energie ihrer Zusammen-
stöße sorgt bis heute für die gewaltige Hitze, die unsere Sonne zum
Strahlen bringt. So könnte man ein Sonnenleuchten erklären, das
mindestens zwanzig Millionen Jahre dauert.

Doch zur selben Zeit präsentierte ein anderer großer Naturforscher seine Ideen, und die schienen Kelvins Berechnungen zu
widersprechen: Charles Darwin hatte seine Evolutionstheorie veröffentlicht, und diese deutete darauf hin, dass sich das Leben auf der
Erde sehr langsam entwickelt hatte – zumindest über Hunderte Millionen Jahre hinweg. Lord Kelvin fand das absurd: Wie soll sich das
Leben auf der Erde über einen längeren Zeitraum entwickeln, als die
Sonne überhaupt scheinen kann!

Ganz offensichtlich war die Theorie der Sonnenstrahlung
damals noch nicht ausgereift. Es gab verschiedene Ideen, aber die
Ergebnisse fügten sich nicht zu einem stimmigen Gesamtbild
zusammen. Das änderte sich erst viel später, im zwanzigsten Jahrhundert, als man begann, die Physik der Atomkerne zu verstehen.

Heute wissen wir ganz genau, dass wir das Sonnenlicht weder
einem himmlischen Kohlenhaufen verdanken noch einer Massen-
karambolage von Asteroiden, sondern der Kernfusion – einer Ener-
giequelle, von der Darwin, Kelvin und ihre Zeitgenossen noch keine
Ahnung hatten. Bei gewaltigem Druck und extremer Hitze werden
im Inneren eines Sterns Atomkerne miteinander verschmolzen.
Aus Wasserstoffkernen werden Heliumkerne gebildet, dabei wird
Energie frei und ein Teil dieser Energie erreicht unsere Erde in Form
von Licht.

Warum ist diese Sichtweise nun verlässlicher als die Berechnungen von Lord Kelvin? Wenn er falschlag – können wir dann
heute mit unserer Kernfusionstheorie nicht genauso falschliegen?
Was ist nun wirklich der Grund dafür, dass man manchen Theorien
mit Sicherheit glauben soll?

Der entscheidende Grund ist, dass es nicht nur einen entscheidenden Grund gibt.

Das Netz der Wissenschaft: Fakten, die zusammenpassen

Unsere moderne Theorie vom Leuchten der Sonne ist nicht bloß eine Behauptung, die unabhängig vom Rest unseres Wissens aus der Luft gepflückt wurde. Sie ist eng verknüpft mit einer Fülle anderer Theorien, Beobachtungen und Berechnungen, die wir aus unterschiedlichen Forschungsgebieten kennen.

Die Kernphysik sagt uns, wie Atomkerne miteinander verschmelzen. Wie viel Energie dabei freigesetzt wird, ergibt sich aus Einsteins Relativitätstheorie, nach der berühmten Formel $E=mc^2$. Die Astrophysik kann uns sagen, wie all das mit dem Druck und der Temperatur der Sterne zusammenhängt, und diese Ergebnisse kann man dann mit astronomischen Beobachtungen vergleichen.

Zusätzlich können wir Kernfusion auch künstlich herbeiführen: Genau jene Effekte, die unsere Sonne leuchten lassen, sind auch für die furchtbare Zerstörungskraft von Wasserstoffbomben verantwortlich. Und in Fusionsreaktoren gelingt es sogar, Kernfusion ganz gezielt und kontrolliert ablaufen zu lassen. Wir können also auf ganz unterschiedliche Arten zeigen, dass ein Verschmelzen leichter Atomkerne ein sternenhelles Leuchten bewirkt. All diese Ergebnisse passen wunderbar zusammen, nirgendwo ergibt sich ein unüberbrückbarer Widerspruch.

Das sind die entscheidenden Zutaten, aus denen wissenschaftliche Verlässlichkeit entsteht. Erstens haben wir eine Theorie, die Ursache und Wirkung auf logische Weise miteinander verknüpft. Wir beobachten nicht nur, dass Sterne und Wasserstoffbomben hell und heiß sind, sondern wir können auch erklären, warum das so ist. Und zweitens handelt es sich nicht nur um eine einzelne Verknüpfung, sondern um ein ganzes Netz. Unterschiedliche Argumentationsfäden, die auf unterschiedlichen Methoden beruhen, verleihen einander Halt, und alles lässt sich wunderbar mit dem zusammenknoten, was wir über die Welt bereits wissen. Es gibt unzählige Querverbindungen zu anderen Behauptungen, auf die wir bereits vertrauen.

Eine solche Theorie ist mehr als ein Bauchgefühl. Sie ist nicht bloß eine Kette von Argumenten, die sofort zerreißt, wenn irgendwo ein Kettenglied kaputtgeht. Sie funktioniert nicht wie ein Kartenhaus, das augenblicklich einstürzt, wenn man irgendwo eine Karte entfernt. Sie ist ein Geflecht aus Daten, Fakten und Beobachtungen, das sich ins große Netz der Wissenschaft einfügt. Und genau das ist es, worauf wir uns verlassen können. Wenn sich irgendwo ein Knoten löst oder ein Faden reißt, dann bleibt das Netz immer noch tragfähig. In so ein Netz kann man sich bedenkenlos fallen lassen.

Jede große wissenschaftliche Theorie ist so aufgebaut. Man kann das an vielen Beispielen untersuchen, etwa an Charles Darwins Evolutionstheorie: Lebewesen geben verschiedene Eigenschaften an ihre Nachkommen weiter. Manche dieser Eigenschaften erhöhen die Wahrscheinlichkeit, dass diese Nachkommen überleben und diese Eigenschaften an noch mehr Lebewesen weitergeben können. Somit werden diese Eigenschaften von Generation zu Generation immer häufiger. Das erklärt ganz logisch, warum sich aus einer bestimmten Spezies im Lauf der Zeit eine völlig andere Spezies entwickeln kann.

Die Evolutionstheorie ist bestens in das Netz der bestehenden Wissenschaft eingeflochten: In der Paläontologie untersucht man Fossilien, ihr Alter bestimmt man durch Methoden aus der Physik und der Geologie. Dabei stellt man fest, dass sich Tier- und Pflanzenarten kontinuierlich verändert haben. Diese Ergebnisse passen zu den Beobachtungen, die der Mensch seit Tausenden Jahren beim Züchten von Tier- und Pflanzenarten gemacht hat. Zusätzlich kann man die Evolution auch direkt im Labor beobachten, etwa indem man Bakterien oder Fruchtfliegen über viele Generationen hinweg studiert. Die molekulare Genetik erklärt uns, was all diese Phänomene mit unserer DNA zu tun haben.

Was geschieht nun, wenn sich plötzlich herausstellt, dass irgendein berühmtes Fossil falsch datiert wurde? Was ist, wenn bei

der statistischen Auswertung irgendeines gentechnischen Experiments ein Rechenfehler aufgedeckt wird? Was passiert mit der Evolutionstheorie, wenn jemand einen Australopithecus-Knochen im
Museum als Fälschung entlarvt?

Gar nichts. Es gibt so viele Belege für die Evolutionstheorie,
dass es völlig egal ist, wenn irgendeiner von ihnen verschwindet.
Natürlich können sich bestimmte Details der Evolutionsbiologie
durch neue Erkenntnisse verändern, aber man wird die Evolutionstheorie nicht restlos widerlegen.

Genauso ist es mit der Theorie der Kontinentaldrift: Die Küstenlinien von Afrika und Südamerika sehen verdächtig ähnlich aus,
das war schon seit Jahrhunderten verschiedenen Leuten aufgefallen.
Kann es sein, dass diese beiden Kontinente irgendwann zusammen-
gehörten, dann aber auseinanderbrachen und sich langsam voneinander entfernten? Das ist eine interessante Vorstellung, aber eine
Vorstellung allein ist noch keine Wissenschaft, und so wurde diese
These lange Zeit nicht allzu ernst genommen.

Erst zu Beginn des zwanzigsten Jahrhunderts gelang es dem
deutschen Naturforscher Alfred Wegener, die mutige Idee der wan-
dernden Kontinente in ein plausibles Netz aus Argumenten zu
knüpfen: Nicht nur die Küstenlinien, sondern auch andere geologische
Strukturen in Afrika und Südamerika fügen sich auffallend gut ineinander. Bestimmte fossile Überreste von Pflanzen und Tieren hat man
auf beiden Kontinenten gefunden – sie müssen wohl irgendwann auf
einer gemeinsamen Landfläche gelebt haben. Auch an den Gletscher-
spuren aus vergangenen Eiszeiten kann man erkennen, dass verschiedene Kontinente früher zusammengehört haben müssen.

Trotz all dieser Argumente konnte sich Alfred Wegener mit
seiner Theorie zunächst nicht durchsetzen. Als er im Jahr 1930 bei
einer Grönlandexpedition starb, war seine Kontinentaldrifttheorie
längst noch nicht allgemein anerkannt. Ein wichtiger Grund dafür
war, dass Wegener keinen Mechanismus angeben konnte, um die
Bewegung ganzer Kontinente logisch zu erklären.

Im Lauf der Zeit begann man aber zu verstehen, was im Inneren unseres Planeten passiert: Die heiße, flüssige Masse unter der Erdkruste wartet nicht einfach träge und bewegungslos auf ihr Auskühlen. Das Erdinnere ist in Bewegung, mächtige Konvektionsströme sind dort am Werk, die laufend an den Kontinentalplatten zerren. Man untersuchte den Boden des Atlantiks und fand den mittelozeanischen Rücken, eine vulkanisch aktive Zone, die aus relativ jungem Gestein besteht – wenn sich Kontinente auseinanderbewegen, muss sich schließlich dazwischen irgendwo neue Erdkruste bilden.

Und so bestand schließlich wenige Jahrzehnte nach Wegeners Tod kein Zweifel mehr an seiner Theorie der Kontinentaldrift. Man hatte sie mit Nachbarwissenschaften wie Geologie, Paläontologie und Geophysik so erfolgreich in Einklang gebracht, dass es dumm gewesen wäre, Wegeners Theorie weiterhin zu leugnen.

Dasselbe gilt heute für die Theorie der Klimaerwärmung: Die Temperatur auf unserem Planeten steigt, weil wir klimaverändernde Gase wie CO_2 in die Luft blasen. Wir können logisch erklären, durch welchen Mechanismus sich das Klima ändert: Das CO_2 in der Atmosphäre lässt zwar die Strahlung der Sonne großteils durch, die Wärmestrahlung, die von der Erde abgegeben wird, hat allerdings eine größere Wellenlänge – und diese langwellige Strahlung wird vom CO_2 daran gehindert, in den Weltraum zu entschwinden.

Auf der ganzen Welt werden Temperaturdaten erhoben, am Anstieg der Temperaturen gibt es längst keinen Zweifel mehr. Gleichzeitig gehen die Gletscher zurück und das Schelfeis an den Polen schmilzt. Der Meeresspiegel steigt, nicht nur durch Schmelzwasser von den Polen und Gletschern, sondern auch durch gewöhnliche Wärmeausdehnung: Wärmeres Wasser braucht ein bisschen mehr Platz als kälteres Wasser. Der Effekt ist winzig, aber weil die Ozeane so tief sind, ist er eindeutig messbar.

Die CO_2-Menge in der Atmosphäre nimmt zu, ein Teil davon wird von den Ozeanen aufgenommen und führt dort zu einer Übersäuerung, die wir ebenfalls messen können. All das bringt verschiedene Ökosysteme durcheinander, wir beobachten bereits ein massenhaftes Aussterben von Tier- und Pflanzenarten.

Wir haben also Messdaten aus ganz unterschiedlichen, voneinander unabhängigen Bereichen der Wissenschaft, von der Ozeanforschung über die Atmosphärenphysik bis zur Zoologie. Diese Messdaten passen zueinander, sie bestätigen sich gegenseitig. Daher ist auch der menschengemachte Klimawandel eine Theorie, die eine innere Logik hat und eng mit dem Rest der Wissenschaft verwoben ist. Darauf können wir uns verlassen.

Mehr Knoten – mehr Halt

Es gibt wissenschaftliche Wahrheiten, an denen nicht zu rütteln ist: Die Erde bewegt sich um die Sonne, wir alle bestehen aus Atomen und einen toten Goldfisch kann man nicht gesundstreicheln. Aber natürlich ist nicht alles in der Wissenschaft derart verlässlich. Es gibt einen kontinuierlichen Übergang von der bloßen Vermutung zur unbestreitbaren Wahrheit. Manchmal machen wir einfach nur eine einzelne seltsame Beobachtung, hören eine überraschende Expertenmeinung oder wundern uns über ein unerwartetes Messergebnis. Das ist zweifellos interessant, aber ein hohes Maß an Zuverlässigkeit ist das noch nicht.

Die allereinfachste Möglichkeit, unser Vertrauen in ein wissenschaftliches Ergebnis zu erhöhen, ist die simple Wiederholung: Wir können die Experimente anderer Leute nachmachen und überprüfen, ob wir dieselben Ergebnisse erhalten. Das ist in manchen Forschungsdisziplinen einfacher als in anderen. Eine chemische Reaktion sollte heute in Kanada genau so ablaufen wie vor zwei Jahren in Südchina. In den Sozialwissenschaften, in der Psychologie oder in der Medizin ist es oft viel schwieriger, ein Experiment korrekt zu wiederholen. Dort hängen die Ergebnisse von vielen komplizierten Faktoren ab, die man kaum perfekt kontrollieren kann.

Daher passiert es in solchen Forschungsbereichen besonders leicht, dass man bei der Wiederholung einer alten Studie plötzlich zu ganz anderen Ergebnissen kommt. Und das ist natürlich ein Problem – denn in jeder Wissenschaftsdisziplin müssen die Ergebnisse reproduzierbar sein. Wenn heute das und morgen jenes als wahr gilt – worauf soll man sich dann verlassen?

Passiert es häufig, dass alte Ergebnisse in neuen Untersuchungen nicht bestätigt werden können, spricht man von einer „Replikationskrise". Im Jahr 2015 veröffentlichte die „Open Science Collaboration", ein großes internationales Forschungsteam, eine bemerkenswerte Analyse: Hundert psychologische Studien waren wiederholt worden, um neue Ergebnisse mit den alten Daten zu vergleichen. Und die Übereinstimmung war alles andere als vertrauenserweckend: Die Effekte, die man bei den ursprünglichen psychologischen Experimenten beobachtet hatte, waren bei den Wiederholungen im Durchschnitt nur noch halb so groß. In vielen Fällen waren die Effekte nun so schwach, dass sie nicht mehr als statistisch signifikant gelten konnten: siebenundneunzig Prozent der Originalstudien hatten ein signifikantes Ergebnis (mit einem p-Wert unter 0,05), bei den wiederholten Studien waren es nur noch sechsunddreißig Prozent.

Wie kann man solche Probleme verhindern? Sollten wir von Anfang an jede Studie mehrfach durchführen und die Ergebnisse nur dann veröffentlichen, wenn sie alle einigermaßen gut übereinstimmen? Auch das wäre keine Lösung. Schließlich könnte es sein, dass sich schon in der Grundidee der Studie ein schwerer Denkfehler versteckt, den wir beim Wiederholen der Experimente jedes Mal mitkopieren.

Wenn wir uns die Wissenschaft aber als Netz vorstellen, in dem es immer verschiedene Wege geben muss, um von einem Knoten zum anderen zu gelangen, dann bietet sich eine ganz andere Kontrollmöglichkeit: Können wir es mit anderen Daten, Messmethoden und Sichtweisen versuchen? Gibt es einen alternativen Weg, der uns zum selben Ziel führt?

Wie das in den Sozialwissenschaften gelingen kann, zeigt eine berühmte Studie aus den frühen 1930er-Jahren: In der Arbeitersiedlung Marienthal in der Nähe von Wien war das Leben damals trist. Eine große Textilfabrik war geschlossen worden, und plötzlich war fast ganz Marienthal arbeitslos. Die Sozialpsychologin Marie Jahoda untersuchte gemeinsam mit dem Soziologen Paul Lazarsfeld und anderen, welche Auswirkungen das auf die Psyche der Bevölkerung hatte.

Erwartet hatte man eigentlich, dass in der arbeitslosen Bevölkerung sozialrevolutionäre Umsturzgelüste aufkeimen würden – aber das war nicht der Fall. Die dominierenden Gefühle waren eher Depression, Hoffnungslosigkeit und Apathie.

Marie Jahoda und ihre Kollegen hätten einfach psychologische Fragebögen austeilen können – aber damit wollte sich das Team nicht zufriedengeben. Man verwendete verschiedene Methoden gleichzeitig: Interviews wurden geführt, Berichte wurden analysiert, statistische Daten wurden erhoben, sogar Tagebuchnotizen und Briefe wurden ausgewertet. Diese unterschiedlichen Ansätze lieferten keine widersprüchlichen Ergebnisse, sondern fügten sich zu einem schlüssigen Gesamtbild zusammen – und genau deshalb ist die 1933 publizierte Studie *Die Arbeitslosen von Marienthal* bis heute berühmt und zählt zu den Klassikern der soziologischen Literatur.

Diese Strategie bezeichnet man als Triangulation: Man sammelt nicht einfach immer größere Mengen ähnlicher Daten, sondern versucht sich einer Frage von allen Seiten zu nähern, am besten mit unterschiedlichen Methoden.

Auch in anderen Forschungsbereichen ist das sinnvoll: Wie kann man sich darauf verlassen, dass ein neues Medikament tatsächlich wirkt? Wir können statistisch untersuchen, ob die Krankheitsdauer durch das neue Medikament verringert wurde. Und zusätzlich führt man vielleicht Laborexperimente durch, um zu verstehen, was dabei auf molekularbiologischer Ebene genau passiert – ein völlig anderer Ansatz, der unser Vertrauen in das Ergebnis deutlich steigern kann.

Sogar in der physikalischen Grundlagenforschung versucht man diesen Weg zu gehen: Im Jahr 2012 wurde ein neues Teilchen entdeckt. Die Begeisterung war groß, als die Messergebnisse bekannt gegeben wurden. Es schien sich um das lang gesuchte Higgs-Boson zu handeln. Am kilometerlangen, kreisrunden Teilchenstrahl des CERN hatte man gleich zwei riesengroße Detektorsysteme aufgebaut: ATLAS und CMS. Die beiden Detektorsysteme sind technisch unterschiedlich und wurden von unterschiedlichen Forschungsteams entwickelt – aber beide kamen zum gleichen Ergebnis. Man hatte das neue Teilchen also gleich doppelt gemessen, und deshalb konnte das spektakuläre Ergebnis mit selbstbewusster Zuversicht verkündet werden.

Diese Art der mehrfachen Beweisführung ist eine wunderbare Sache, sie ist aber noch immer nicht genug. Zusätzlich muss man auch noch überprüfen, ob die neuen Behauptungen zu anderen, schon bestehenden Erkenntnissen passen, die wir bereits als wahr akzeptiert haben. Wenn nein, müssen wir uns ganz genau ansehen, ob das Problem bei den alten oder den neuen Ideen liegt. Wenn ja, haben wir gute Gründe, die neuen Erkenntnisse tatsächlich als wahr zu betrachten. Wenn sich die These von allen Seiten mit bekannten Tatsachen logisch verknüpfen lässt, dann ist sie wahrscheinlich richtig.

Der Grad an Verknüpfung, den wir heute in den Naturwissenschaften erreicht haben, ist bemerkenswert. Es ist heute ganz normal, ganze Wissenschaftsdisziplinen miteinander zu verbinden. Die Wissenschaft zerfällt nicht in unterschiedliche Teilbereiche, die jeweils ihr eigenes logisches Netz bilden. Alle Forschungsbereiche sind eng miteinander verwoben. Es wäre völlig lächerlich, die Chemie widerlegen zu wollen, obwohl man an die Physik glaubt. Man kann nicht Zellbiologie betreiben und gleichzeitig die Neurologie ablehnen. Man kann nicht die Geologie der Alpen erforschen, ohne an Geophysik, Thermodynamik und Mechanik zu glauben. Das bedeutet nicht, dass alle Wissenschaftsdisziplinen in Wirklichkeit das Gleiche sind und dass man eine Forschungsdisziplin auf eine andere reduzieren kann.

Aber keine von ihnen schwebt einsam und verbindungslos an den übrigen Disziplinen vorüber.

In der Esoterik ist das ganz anders: Dort gibt es kein System, keine verbindende Struktur, sondern nur Einzelbehauptungen. Manche Leute lassen sich zum schamanischen Heiltrommler ausbilden, andere zünden Räucherstäbchen an, um Kontakt zu Toten aufzunehmen, und wieder andere befragen den keltischen Mondkalender, wann sie sich ihre Fingernägel schneiden sollen.

Solche Vorstellungen widersprechen nicht nur unserem naturwissenschaftlichen Wissen, sie fügen sich nicht einmal untereinander logisch zusammen. Es gibt keine schlüssige Verbindung zwischen Astrologie und außerirdischen UFOs. Wünschelruten helfen uns nicht, eine glaubwürdige Erklärung für Telepathie zu finden, und mit einem Heilkristall kann ich nichts über die fünfdimensionale Schwingungsfrequenz herausfinden, die man Einhörnern, Engeln und anderen Zauberwesen nachsagt.

Während man in der Wissenschaft versucht, neue Knoten an ein Netz aus gut belegten Fakten anzuknüpfen, bastelt sich in der Esoterik jeder sein eigenes Netz – es muss nirgendwo befestigt sein, es muss nicht zu dem passen, was andere bereits behauptet haben, jeder Faden hängt einfach allein in der Luft. Genau deshalb ist die Esoterik der Wissenschaft hoffnungslos unterlegen.

Carl Sagan und das Einhorn im Badezimmer

Von neuen Erkenntnissen müssen wir verlangen, dass sie sich prinzipiell in das bestehende Netz der Wissenschaft einfügen lassen – der Biologe und Autor Christian Weymayr bezeichnet diese notwendige Eigenschaft als „Scientabilität". Wenn eine neue Idee ernst genommen werden soll, muss sie zumindest theoretisch angeknüpft werden können an das, was wir bereits wissen.

Wenn mir jemand begeistert erzählt, dass er ein Katzenbaby adoptiert hat, dann bin ich relativ rasch bereit, ihm das zu glauben.

Es passt schließlich zu den Fakten, die ich über die Welt bereits kenne: Ich weiß, dass Menschen Katzenbabys adoptieren, und ich weiß aus persönlicher Erfahrung, dass es mit den Naturgesetzen problemlos vereinbar ist, von einem Katzenbaby begeistert zu sein. Wenn er mir vielleicht sogar ein Foto von seiner Babykatze präsentieren kann, werde ich nicht auf den Gedanken kommen, an seiner Katzenbabythese zu zweifeln.

Ganz anders sieht die Sache aus, wenn mir jemand erzählt, dass in seinem Badezimmer ein fliegendes Einhorn wohnt, das sich von Haarshampoo ernährt. Die These passt nicht zum Netz bekannter Fakten, das ich im Kopf habe. Selbst wenn er mir ein Foto zeigt, auf dem er in inniger Umarmung mit einem herzerwärmend süßen Einhorn zu sehen ist, werde ich das wohl für eine Fälschung halten. Woher kommt das Einhorn? Wie konnte diese Tierart so lange unentdeckt bleiben? Handelt es sich um ein gentechnisches Experiment? Wie kann sich das Tier von Haarshampoo ernähren, wie kann es fliegen und warum um alles in der Welt kommt jemand auf die Idee, es im Badezimmer einzuquartieren?

Wir stellen also offenbar nicht immer dieselben Ansprüche an die Qualität von Beweisen. Das hat nichts mit Vorurteilen zu tun, das ist nicht unfair, sondern absolut sinnvoll. Der Astronom und Wissenschaftsautor Carl Sagan fasste das in einer wichtigen Regel zusammen: „Außerordentliche Behauptungen erfordern außerordentliche Beweise.“

Schließlich steht eine These niemals ganz allein auf dem Prüfstand, sondern immer gemeinsam mit anderen Aussagen, die damit logisch zusammenhängen. Wenn ich ein Gerät untersuche, das angeblich aus dem Nichts Energie erzeugt, dann geht es dabei nicht bloß um dieses Gerät, sondern um das Gesetz der Energieerhaltung, das tief in der Mathematik unserer Naturgesetze verwurzelt ist und das in unzähligen Experimenten bestätigt wurde. Ich beginne daher nicht bei null, sondern mit einem reichen Erfahrungsschatz, der über Jahrhunderte aufgebaut wurde. Wer uns überreden will, diesen Erfahrungsschatz anzuzweifeln, der muss außergewöhnlich eindrucksvolle Argumente dafür vorlegen.

Beim fliegenden Einhorn im Badezimmer ist es genauso: Wir wissen, dass in der zoologischen Forschung auf der ganzen Welt noch nie ein Einhorn gefunden wurde. Wir wissen, dass pferdeähnliche Tiere aus physikalischen Gründen nicht fliegen können. Wir wissen, dass Haarshampoo kein geeignetes Nahrungsmittel für Tiere ist. Dieses gewaltige argumentative Gewicht muss man zunächst mal mit noch gewaltigeren Gegenargumenten aufwiegen, wenn man uns überzeugen möchte.

Methode und Inhalt

Wir gelangen auf diese Weise zu einer recht nützlichen Definition von Wissenschaft: Wissenschaftliches Arbeiten bedeutet, neue Fäden zum großen, tragfähigen Netz der Wissenschaft hinzuzufügen, um es noch größer und noch tragfähiger zu machen.

Oft wird Wissenschaft ganz anders erklärt – nämlich über die Methoden, an die man sich in der Wissenschaft halten muss: Wissenschaftliche Arbeit bedeutet Thesen so zu formulieren, dass man sie durch Beobachtung überprüfen kann und sie sich dabei prinzipiell auch als falsch erweisen könnten – das ist eine wichtige Grundidee von Karl Poppers kritischem Rationalismus. Von unterschiedlichen Theorien sollten wir immer die wählen, die besser mit unseren Beobachtungen übereinstimmt – das hat sich seit Jahrhunderten bewährt. Wenn die Beobachtung durch verschiedene Theorien erklärt werden kann, dann ist es sinnvoll, die einfachere Theorie zu verwenden – das haben wir als „Ockhams Rasiermesser" kennengelernt. All das sind äußerst kluge Regeln. Aber keine von ihnen gilt ausnahmslos immer.

Das war ein wesentlicher Kritikpunkt des 1924 in Wien geborenen Wissenschaftsphilosophen Paul Feyerabend: Jede Regel wurde im Lauf der Wissenschaftsgeschichte irgendwann gebrochen – und zwar von Leuten, die trotzdem die Wissenschaft einen Schritt nach vorn brachten. Es gibt keine wissenschaftliche Methode, keine Verhaltensnorm, keine Grundregel, die immer und zu jeder Zeit in allen Wissenschaftsdisziplinen sinnvoll ist.

Und daraus schloss Feyerabend: Jeder Versuch, Methoden vorzuschreiben, ist unsinnig und unmöglich. Wir sollten daher Wissenschaft einfach völlig regellos und anarchistisch betreiben, ohne jeden Methodenzwang. Ein Regentanz ist für Feyerabend genauso gut wie Meteorologie, und eine Wahlprognose ist genauso gut wie ein astrologischer Blick in die Sterne. „Anything goes" war der Schlachtruf, mit dem er in den 1970er-Jahren berühmt wurde.

Mit der Beobachtung, dass keine Methode alle Fragen beantwortet, hatte Feyerabend sicher recht. Aber das ist keine besonders überraschende Erkenntnis. Es gibt auch kein Küchengerät, das ausnahmslos und zu jeder Zeit für jedes Kochrezept nützlich sein kann. Und trotzdem ist es nicht besonders schlau, zur vollkommenen Küchenanarchie aufzurufen, die Zitronen mit dem Kaffeefilter auszupressen und die Eier mit dem Pürierstab zu schälen.

Dass keine Methode überall anwendbar ist, bedeutet noch lange nicht, dass es sinnlos ist, sich an irgendwelche Regeln zu halten, oder dass es völlig egal ist, welche Methoden man verwendet. Es mag schwierig sein, „methodisch korrekte Wissenschaft" präzise zu definieren. Aber das heißt noch lange nicht, dass man wissenschaftliche

Arbeit von pseudowissenschaftlichem Bauchgefühl nicht unterscheiden kann.

Vielleicht gibt es gar keine allgemeingültige Definition, die mit einem einzigen Satz erklärt, was „Wissenschaft" bedeutet. Vielleicht kann man sich dieser Frage nur in vielen kleinen Schritten immer weiter annähern. Das sollte uns nicht stören. Auch andere Dinge sind schwer zu definieren – „tierfreundliches Verhalten" zum Beispiel. Auch dafür gibt es keine einfache Regel, und trotzdem können wir normalerweise recht zuverlässig einschätzen, ob jemand ein Tierfreund ist oder nicht. Mit einem großen Messer den Bauch eines Hundes aufzuschneiden, würden wir eher nicht zu den Methoden angewandter Tierfreundlichkeit zählen. Wenn es sich allerdings um eine lebensrettende Operation handelt, sieht die Sache anders aus. Es kommt vor, dass eine Regel in speziellen Situationen gebrochen werden muss, aber deshalb ist die Regel noch lange nicht sinnlos.

Das Gemeinsame und das Trennende

Einige ganz einfache Grundregeln sind fast immer sinnvoll, sie sollte man in allen Bereichen der Wissenschaft im Kopf behalten: Man muss möglichst logisch und nachvollziehbar argumentieren. Ein Rechenfehler in der Atomphysik ist genauso falsch wie ein Rechenfehler beim Auswerten psychologischer Fragebögen. In beiden Fällen kann man das nicht als erfrischend-kreative Querdenkerei durchgehen lassen. In allen Forschungsbereichen muss man belegen können, wie man zu seinen Behauptungen kommt. „Sie wurden mir im Traum offenbart" wird nicht ausreichen. „Ich habe recht, und alle Leute, die sich bisher zu diesem Thema geäußert haben, sind einfach unfähige Vollidioten" wird nicht akzeptiert werden – außer man hat überwältigend gute Belege dafür.

Es gibt aber auch gewisse Spielregeln, die in unterschiedlichen Wissenschaftsdisziplinen unterschiedlich ausgelegt werden. Elementarteilchenphysik wird ganz anders betrieben als Biologie, und in der

Sozialforschung geht man ganz anders vor als in einem Chemielabor. Wie präzise und wie zuverlässig müssen Vorhersagen sein, um veröffentlicht werden zu können? Wie kompliziert sollen Erklärungsmodelle sein? Wie viel Mathematik soll man sinnvollerweise verwenden? Darauf hat man in der Physik sicher ganz andere Antworten als in der Soziologie. Das liegt daran, dass sich manche Wissenschaftsdisziplinen mit einfacheren Dingen beschäftigen und andere mit komplexeren.

Die Physik mag zwar eine komplizierte Wissenschaftsdisziplin sein, mit schwierigen Formeln und verwirrenden Naturgesetzen, aber eigentlich hat man es dort mit vergleichsweise simplen Dingen zu tun. Wenn man den Zusammenstoß von Atomkernen berechnet oder die Bahn eines Planeten um seinen Stern, dann reichen ein paar Zahlen aus, um die Situation sehr genau zu beschreiben. Die meisten anderen Dinge im Universum kann man dabei ignorieren. Man muss nicht darauf achten, ob der Planet gerade gut gelaunt ist, und man muss einen Atomkern nicht in seinem kulturgeschichtlichen Kontext verstehen. Physik ist einfach.

In der Chemie ist es ähnlich, aber bereits in der Biologie wird die Sache deutlich komplizierter. Da beschäftigt man sich manchmal mit Forschungsobjekten, die eine Meinung haben, sich fortpflanzen oder einander auffressen. Das erhöht die Anzahl möglicher Fehlerquellen ganz gewaltig.

Manche Lebewesen entwickeln ein kompliziertes Nervensystem mit merkwürdigen Gedanken, die dann von der Psychologie erforscht werden können. Und wenn viele Menschen mit merkwürdigen psychologischen Eigenschaften in einer komplizierten Gesellschaft zusammenleben, dann passieren noch viel seltsamere Dinge, die sich nur mit den Sozialwissenschaften erklären lassen. Dass man dafür ganz andere Regeln, Methoden und Forschungsstrategien braucht als in der Naturwissenschaft, ist klar.

Wenn man ein physikalisches Experiment mit hunderttausend Elektronen macht, und die Ergebnisse sind nicht gut genug, dann probiert man es eben noch einmal, mit einer Million Elektronen.

Wenn man in der Medizin eine seltene Krankheit erforscht, muss man hingegen mit ein paar Dutzend Studienteilnehmern schon sehr zufrieden sein. Und eine Anthropologin in Ostafrika findet vielleicht nur einen Oberschenkelknochen, der Millionen Jahre lang vergraben war, und muss versuchen, aus diesem einen Stück möglichst viel Information herauszuholen. Ihre Ergebnisse werden daher weniger verlässlich sein. Das wertet weder ihre persönliche Leistung ab noch die Seriosität ihrer Forschungsdisziplin. Sie hat einfach nur mit Problemen zu kämpfen, die man anderswo nicht hat.

Wenn man ein neues Medikament ausprobieren möchte, dann führt man Doppelblindstudien durch. Manche Versuchspersonen bekommen den echten Wirkstoff, andere ein wirkungsloses Placebo. Weder die Patienten noch die Studienleiter wissen, wer zu welcher Gruppe gehört. In der Medizin ist das eine ganz alltägliche, allgemein akzeptierte Methode. Wenn man hingegen untersuchen will, auf welche Weise sich totalitäres Gedankengut in einer Gesellschaft ausbreitet, wird man nicht versuchen, in statistisch ausgewählten Staaten Placebo-Diktatoren zu installieren, um dann Vergleiche zu echten Gewaltregimes ziehen zu können.

Es wäre unsinnig, mit den Methoden einer Forschungsdisziplin auch in weit von ihr entfernten Bereichen der Wissenschaft herumstochern zu wollen. Benachbarte Wissenschaftsbereiche miteinander zu verknüpfen ist wichtig, aber unterschiedliche Probleme brauchen oft unterschiedliche Werkzeuge. Leider haben sich innerhalb der Wissenschaft ganz unterschiedliche Traditionen und Kulturen herausgebildet, die einander oft kaum verstehen. Man wird in einer bestimmten Fachdisziplin ausgebildet, hält die Regeln dieser Disziplin für selbstverständlich und schüttelt verächtlich den Kopf, wenn man feststellt, dass Leute in anderen Fachdisziplinen ganz andere Regeln anwenden. Das ist ein Problem.

Wenn Naturwissenschaftler die Psychologie oder die Sozialwissenschaft belächeln, weil man dort keine präzisen Prognosen errechnen kann, die auf fünf Nachkommastellen genau stimmen, dann liegen sie falsch. Die Psychologie ist nicht deswegen weniger präzise als die Physik, weil Psychologen dümmer sind oder zu wenige Mathematikkurse belegt haben, sondern weil es in der Psychologie um Dinge geht, die unvergleichlich viel komplexer sind als die Forschungsobjekte der Physik. Niemand sollte sich darüber wundern, dass man eine solche Wissenschaftsdisziplin weniger gut in mathematische Formeln packen kann als Atome, Planeten oder Zahnradgetriebe.

Wenn Sozial- oder Geisteswissenschaftler die Naturwissenschaft belächeln, weil man dort einfach nackte Zahlen präsentiert, ohne sie in einen gesellschaftlichen, historischen und kulturellen Kontext einzubetten, liegen sie auch falsch. Die Naturwissenschaft ist nicht deshalb objektiver als die Sozialwissenschaft, weil Naturwissenschaftler zu dumm sind, sich mit gesellschaftlichen Fragen auseinanderzusetzen, sondern weil die Naturwissenschaft Aussagen erlaubt, die präzise, wahr und zuverlässig sind – völlig unabhängig davon, wer diese Aussagen in welchem Zusammenhang zu welcher Zeit getroffen hat. Niemand sollte sich darüber wundern, dass die Formeln der Kernphysik wahr sind, egal, wie man zur Politik der nuklearen Abrüstung steht.

Naturwissenschaftler müssen lernen, dass manche Themen tatsächlich nur in einem kulturellen, historischen oder politischen Kontext diskutiert werden können. Es gibt wissenschaftliche Fragen, auf die man keine präzise Antwort finden kann. Und trotzdem kann es sich um wertvolle, erkenntnisfördernde Wissenschaft handeln.

Sozial- und Geisteswissenschaftler müssen lernen, dass die Naturwissenschaft einen ungeheuren Grad an Präzision und Zuverlässigkeit erlaubt. Es gibt wissenschaftliche Fragen, auf die es eine Antwort gibt, auf die man sich für immer verlassen kann.

Verschiedene Leute bevorzugen verschiedene Methoden, aber trotzdem knüpfen wir in der Wissenschaft alle am selben Netz. Es gibt keine Konkurrenz zwischen der Physik und der Soziologie, zwischen der Chemie und der Psychologie. Niemand zieht einen Vorteil daraus, andere Leute und ihre Methoden schlechtzureden. In Wahrheit haben wir alle dasselbe Ziel: Wir wollen die Welt besser verstehen.

Wir wollen wissen, warum die Sonne scheint, warum sich Kontinente bewegen, wie die Säugetiere entstanden sind und warum Menschen so eine komplizierte Spezies sind. Und besonders schön ist es, wenn wir dabei auch noch herausfinden, wie all das miteinander verbunden ist.

AUF DEN SCHULTERN VON RIESEN

Warum es dumm ist, Forschungsergebnisse zu fälschen, warum es trotzdem gemacht wird und wie wir gemeinsam klüger werden, als wir es allein jemals geschafft hätten: Wissenschaft ist immer ein Gemeinschaftsprojekt.

Manche Leute singen, wenn sie allein im Aufzug fahren. Andere bohren in der Nase. William Summerlin allerdings zerstörte während einer Aufzugsfahrt seine wissenschaftliche Karriere, mit einem schwarzen Filzstift.

Summerlin forschte am Memorial Sloan Kettering Cancer Center in New York, sein Chef war der weltberühmte Immunologe Robert Good. Eigentlich wollte Summerlin die Transplantationsmedizin revolutionieren: Wenn man Organe verpflanzt, werden sie oft recht schnell abgestoßen. Summerlin und Good glaubten aber, dass sich diese Abstoßungsreaktion verhindern lässt, wenn man das Gewebe vor der Transplantation auf die richtige Weise mit einer Nährlösung behandelt.

Im Tierversuch lässt sich das testen: Man entnimmt schwarzen Mäusen kleine Hautstücke und transplantiert sie nach der Spezialbehandlung ins Fell von weißen Mäusen. Wenn alles gut geht und das Transplantat nicht abgestoßen wird, dann entsteht auf diese Weise eine weiße Maus mit einem dauerhaften schwarzen Fleck.

Anfangs hatten die Ergebnisse nicht schlecht ausgesehen, und Summerlins Forschung hatte bereits für einiges Aufsehen gesorgt. Doch andere Leute hatten versucht, das Experiment zu wiederholen, und waren gescheitert. Und auch Summerlin selbst brachte keine zufriedenstellenden Ergebnisse mehr zustande. Offenbar war es doch nicht so einfach, Mäuse mit überzeugend aussehenden tiefschwarzen Fremdfell-Punkten zu produzieren.

Und so wurde Summerlin eines Tages ins Büro seines Chefs Robert Good gerufen, um die Misere zu besprechen. Als er so mit seinen Mäusen im Aufzug stand, hatte er eine Idee. Er nahm einfach einen schwarzen Filzstift aus der Tasche und half ein bisschen nach. Als er im Stockwerk des Chefs angekommen war, hatten seine Mäuse plötzlich wunderschöne schwarze Fellflecken. So sah das Forschungsergebnis gleich viel besser aus.

Als Summerlin dann nach der Besprechung die Mäuse zurückbrachte, flog die Sache auf: Die schwarzen Mäusefellflecken ließen sich nämlich mit Alkohol wieder abwaschen. Robert Good wurde informiert, man sah sich die Sache genauer an, und bald kamen noch andere atemberaubende Schwindeleien ans Tageslicht: William Summerlin hatte auch behauptet, Kaninchen auf beiden Augen menschliche Hornhaut eingepflanzt zu haben, ganz ohne Abstoßungsreaktion. Aber das Ergebnis war einfach zu schön, um wahr zu sein: In Wirklichkeit war das Kaninchen niemals operiert worden. Der Skandal wurde öffentlich, Summerlin musste seine wissenschaftlichen Arbeiten zurückziehen und das Forschungsinstitut verlassen.

Zwischen Selbsttäuschung und Betrug

Das Wunderbare an der Wissenschaft ist: Sie wird von Menschen gemacht, und Menschen sind großartig. Das Furchtbare an der Wissenschaft ist: Sie wird von Menschen gemacht, und Menschen sind schrecklich.

Die Wissenschaft selbst, das sorgfältig geknüpfte Netz an Wahrheiten, das wir alle gemeinsam produzieren, mag etwas Schönes, Edles und ewig Wahres sein. Der Wissenschaftsbetrieb, das brodelnde Gewimmel menschlicher Eitelkeiten, in dem die Wissenschaft entsteht, ist etwas völlig anderes. Dort gibt es Lüge, Betrug und politische Machtkämpfe – wie in jedem anderen Bereich unserer Gesellschaft auch.

Ein berühmtes Beispiel dafür ist der „Piltdown-Mensch", ein sensationeller Fund, der im Jahr 1912 der Öffentlichkeit präsentiert wurde. Der Archäologe Charles Dawson hatte in der Nähe des englischen Dorfes Piltdown Schädelüberreste entdeckt, wie man sie zuvor noch nirgendwo gesehen hatte: Die Schädelkapsel sah aus wie beim modernen Menschen und war geräumig genug, um einem großen, hoch entwickelten Gehirn Platz zu bieten; der Unterkiefer hingegen erinnerte stark an einen Menschenaffen. Das Staunen war groß: Endlich hatte man den „Missing Link" entdeckt, den lang gesuchten Übergang zwischen Tier und Mensch – und zwar in England. Der erste Mensch war Brite!

Doch im Lauf der Zeit kamen Zweifel auf: Der Piltdown-Mensch wollte nicht so recht zu den archäologischen Funden passen, die anderswo gemacht wurden. Nach genaueren Untersuchungen stellte sich schließlich heraus: Es handelte sich um einen menschlichen Schädelknochen, kombiniert mit dem Unterkiefer eines Orang-Utans. Die Zähne waren zurechtgeschliffen worden, die Knochen hatte man eingefärbt, um sie älter aussehen zu lassen. Bis heute ist nicht ganz klar, ob Charles Dawson selbst seinen Fund gefälscht hat oder ob er vielleicht ausgetrickst wurde.

Vielleicht handelte es sich einfach um einen dummen Scherz, der außer Kontrolle geraten war.

Mehr Wunsch als Wirklichkeit waren auch die Ergebnisse des Physikers Jan Hendrik Schön. Er war erst siebenundzwanzig Jahre alt, als er 1997 an den Bell Labs in New Jersey (USA) zu forschen begann. Dort beschäftigte er sich unter anderem mit Supraleitern. Das sind Materialien, die elektrischen Strom völlig ohne Widerstand leiten. Normalerweise ist das nur bei extrem tiefen Temperaturen möglich, doch Schön präsentierte Supraleiter, die auch bei bemerkenswert hohen Temperaturen funktionieren – eine wissenschaftliche Sensation. Auch von anderen atemberaubenden Effekten in seinem Labor wurde berichtet. Bald galt er als wissenschaftlicher Superstar und Nobelpreiskandidat.

Schöns wissenschaftliche Produktivität schien jeden gewohnten Rahmen zu sprengen: Anderswo dauert es oft Monate oder gar Jahre, bis ein wissenschaftlicher Fachartikel fertiggestellt ist. Schön hingegen hielt die Fachwelt mit wissenschaftlichem Dauerfeuer in Atem: Alle paar Tage oder Wochen veröffentlichte er einen neuen Artikel. Doch so sehr sich andere Forschungsgruppen auch anstrengten – es gelang niemandem, seine spektakulären Ergebnisse zu reproduzieren.

So begann in der Fachwelt eine gewisse Skepsis zu wachsen, und bald erkannte man verdächtige Unstimmigkeiten: Wenn man Schöns Daten aus unterschiedlichen Publikationen genau untersuchte, stellte man fest, dass sie genau gleich aussahen – obwohl es sich angeblich um ganz unterschiedliche Experimente handelte. Ein Untersuchungskomitee wurde eingesetzt, und eine ganze Reihe von Schummeleien kam ans Licht. Daten waren manipuliert oder überhaupt frei erfunden worden. Schön verlor seine Forschungsstelle, sogar sein Doktortitel wurde ihm nachträglich aberkannt.

Solche bewussten Betrügereien sind zum Glück selten. Oft hat wissenschaftliches Fehlverhalten weniger mit böser Absicht zu tun, sondern ergibt sich eher aus einer Kombination aus Selbsttäuschung, Schlampigkeit und Erfolgsdruck. Man ist überzeugt, genau zu wissen, wie das Ergebnis aussehen muss. Nur diese blöden Experimente liefern einfach nicht die richtigen Resultate! Vermutlich war nur irgendeine Kleinigkeit am Gerät falsch eingestellt, nächste Woche haben wir garantiert die richtigen Zahlen. Aber der Chef will die Daten schon morgen sehen, und die Einreichfrist für den Fördergeldantrag läuft diese Woche ab – was ist, wenn ich die Ergebnisse von heute einfach ein bisschen so manipuliere, dass sie jetzt schon so aussehen wie das, was ich ja ohnehin ganz sicher ohne jeden Zweifel nächste Woche ganz ehrlich messen werde?

So ungefähr wird es wohl auch bei William Summerlin und seiner Maus mit dem Filzstiftfleck gewesen sein. Er hat sich sicher nicht mit verschränkten Armen in seinen Lehnstuhl gesetzt und faul darüber nachgedacht, wie er am besten seine Ergebnisse fälschen kann. Summerlin hat zweifellos hart gearbeitet. Er hat tatsächlich seinen Mäusen Fellstückchen anderer Mäuse verpflanzt, und er war sicherlich davon überzeugt, dass seine Methode funktioniert.

Aber die Arbeitslast, die Summerlin zu bewältigen hatte, war gewaltig, und der Erfolgsdruck ebenso. Er hatte Journalisten bereits von den wunderbaren Möglichkeiten der neuen Methode erzählt, und er hatte eine Menge Fördergeld eingeworben. Kein Zweifel: Spektakuläre Resultate mussten her!

Trotz aller Mühen sah das Ergebnis allerdings nicht aus wie erhofft. Statt eines überzeugenden schwarzen Fellstücks war da auf der Maus nur ein hässlicher grauer Fleck zu sehen. War das ein Zeichen, dass die Transplantation schiefgegangen war? Oder ist das ganz normal? Möchte man diese ärgerliche Frage jetzt wirklich mit dem Chef des Forschungsinstituts diskutieren – oder ist es nicht viel einfacher, die Sache fürs Erste beiseitezuschaffen, indem man mit dem Filzstift ein wenig nachhilft?

Natürlich ist solches Verhalten inakzeptabel. Natürlich muss es bestraft werden. Aber menschlich nachvollziehbar ist es in vielen Fällen schon. Gerade junge Leute haben es in der Wissenschaft nicht leicht: Viele haben nur eine befristete Stelle und müssen mit aller Kraft darum kämpfen, irgendwie ihre akademische Karriere fortsetzen zu können. Wer am Ende des Jahres keine spektakulären Ergebnisse vorzeigen kann, muss sich nächstes Jahr vielleicht schon von der wissenschaftlichen Berufslaufbahn verabschieden.

Wer viele wissenschaftliche Artikel veröffentlicht hat, gilt als erfolgreich – wenn sich in diesen Artikeln einige Schlampereien verstecken, fällt das meist nicht auf. Wer sich hingegen lieber ein paar Monate zusätzlich Zeit nimmt, um die Ergebnisse doppelt und dreifach zu überprüfen, wird am Ende eine geringere Zahl an wissenschaftlichen Publikationen vorweisen können und dadurch am heiß umkämpften wissenschaftlichen Arbeitsmarkt geringere Chancen haben.

Im Kopf von Wissenschaftlern, die es mit wissenschaftlichen Regeln nicht so genau nehmen, laufen wohl ähnliche Denkprozesse ab wie im Kopf von Esoterikern oder Pseudowissenschaftlern. Auch Wunderheiler, Astrologen oder Besitzer von Esoterikläden sind meistens keine bösartigen Fälscher, die sich grinsend die Hände reiben und bewusst die ganze Welt hinters Licht führen. Ihnen ist vielleicht bewusst, dass sie manche Fakten ein bisschen zurechtgebogen haben, aber die meisten Schummler reden sich trotzdem ein, im Großen und Ganzen die Wahrheit zu sagen.

Der Patient ist durch bloßes Handauflegen gesund geworden – ein wahres Wunder! Dass der Patient zusätzlich zum Handauflegen auch noch Antibiotika bekommen hat und die Heilung auf diese Weise viel besser zu erklären ist, schiebt man beiseite. Das ist doch nur ein Detail, es hätte ganz sicher auch ohne Antibiotika funktioniert.

Und was macht man, wenn man ein geniales Perpetuum mobile konstruiert hat, das sich jetzt in Wirklichkeit aus

irgendeinem Grund nicht so recht bewegen will? Das ist sicher nur ein technisches Detail. Das Gerät ist schließlich noch nicht voll ausgereift. Dann verwenden wir eben einen kleinen Elektromotor, um das Ding in Bewegung zu halten. Heute geht es vorerst nur darum, ein nettes Werbevideo zu drehen. Das Kabel lässt sich für die Filmaufnahmen problemlos verstecken, und nächste Woche haben wir die Schwierigkeiten dann ganz sicher behoben und das Perpetuum mobile funktioniert wirklich, ganz ohne Stromkabel von außen. Versprochen!

Gemeinsam sind wir weniger dumm

Wir Menschen belügen uns immer wieder selbst, das können wir niemals völlig verhindern. Egal, wie konsequent wir in unserem eigenen Kopf Ordnung schaffen, manchmal spielt uns das Bauchgefühl einen Streich. Das wurde schon oft genug bewiesen – von René Blondlots geheimnisvollen N-Strahlen, die es gar nicht gibt, bis zu Summerlins Mäusen mit den aufgemalten Flecken. Die Wissenschaftsgeschichte zeigt uns aber auch, dass sich die Wissenschaft durch solche Lügen nicht aufhalten lässt. Schwindeleien werden aufgedeckt, Fehler werden ausgebessert, Irrtümer werden aufgeklärt. Die inneren Kontrollmechanismen des Wissenschaftsbetriebs funktionieren bemerkenswert gut.

Das Geheimnis dieses Erfolgs ist recht einfach: Kooperation. Wissenschaft funktioniert dann, wenn viele verschiedene Menschen ihre Ideen bündeln, ihre Resultate vergleichen und einander korrigieren. Genau das ist der Zweck der vielen Verhaltensregeln, die sich im Wissenschaftsbetrieb im Lauf der Jahrhunderte eingebürgert haben.

Was wir heute als „gute wissenschaftliche Praxis" bezeichnen, ist nichts anderes als eine Sammlung nützlicher Vorschriften zur Verbesserung menschlicher Zusammenarbeit bei komplizierten Themen: Wir sollten in der Wissenschaft keine Geheimnisse für uns behalten, sondern offen und ehrlich erklären, wie wir unsere Experimente durchgeführt haben. Wenn wir fremde Ideen übernehmen, sollten wir klar sagen, woher wir sie haben. Wir sollten unsere Ideen so festhalten, dass es anderen Leuten möglichst leichtfällt, sie zu verstehen. Wenn ich berichte, dass Kupferchlorid beim Verbrennen wunderschön leuchtet, ist das nicht besonders hilfreich. Wenn ich sage, dass es mit blaugrüner Flamme brennt, überträgt sich die Beobachtung viel besser in fremde Köpfe. Am besten ist es überhaupt, wenn wir unsere Beobachtungen in Form von Zahlen festhalten – Zahlen sind schließlich für alle Menschen gleich.

Der Wissenschaftsbetrieb ist voll von Kontrollmechanismen, mit denen wir gemeinsam Fehler aufspüren können. Dazu gehört auch das „Peer Review"-Prinzip: Man veröffentlicht Ergebnisse üblicherweise in anerkannten Fachjournalen, und die Redaktion des Journals schickt den Artikel zunächst an fachkundige Leute, die an ähnlichen Themen forschen. Wenn sie Fehler finden, wird der Artikel abgelehnt – oder er muss zumindest verbessert werden.

Natürlich funktioniert das nicht perfekt. Nichts, was mit Menschen zu tun hat, funktioniert jemals perfekt. Wenn etwas in einem Fachjournal mit Peer-Review publiziert wurde, muss es noch lange nicht richtig sein. Manchmal werden Fehler übersehen. Manchmal werden neue Ideen für nutzlos gehalten, die eigentlich genial gewesen wären. Manchmal spielen Freundschaften, Feindschaften oder merkwürdige Modetrends eine viel zu große Rolle. Aber zum Glück muss der Wissenschaftsbetrieb auch gar nicht perfekt funktionieren. Für den wissenschaftlichen Fortschritt genügt es, wenn wir dafür sorgen, dass sich gute Ideen besser ausbreiten als schlechte.

Wissenschaft und Schwarmintelligenz

Das wirklich Erstaunliche an der Art, wie wir Menschen Wissenschaft betreiben, ist allerdings nicht, dass wir einander auf Fehler aufmerksam machen können. Das Entscheidende ist, dass wir uns beim wissenschaftlichen Arbeiten zu etwas Größerem zusammenschließen, das mehr ist als die Summe seiner Teile.

Wissenschaft ist so etwas Ähnliches wie Schwarmintelligenz, wie wir sie auch von Tieren kennen. Wenn Schwärme aus unzähligen Vögeln gemeinsam über die Bäume ziehen, dann können sie gemeinsam einer Gefahr ausweichen oder gemeinsam nach Nahrung suchen. Ihre Bewegung wirkt flüssig und elegant, niemals fallen einzelne Vögel aus dem Schwarm zu Boden, weil sie in den Wirren eines Richtungswechsels zusammengestoßen sind. Man könnte glauben, dass hier irgendein fest einstudierter Plan am Werk sein muss, der von irgendjemandem schon vorher festgelegt wurde. Aber so ist das nicht – es gibt keinen Vogelkönig, der die anderen dirigiert. Es gibt nur viele kleine Signale, die ununterbrochen zwischen den Tieren ausgetauscht werden, sodass insgesamt etwas Größeres entsteht – etwas, das sich ganz anders benimmt als ein Vogel.

Wissenschaft funktioniert ganz ähnlich. Es handelt sich um ein Gemeinschaftsspiel – und zwar um ein ganz besonders diffiziles. Wenn im Parlament über ein Gesetz abgestimmt wird, ist das eine recht einfache Sache: Manche Leute sind dafür, andere sind dagegen, am Ende hat eine der beiden Gruppen eine Mehrheit. In der Wissenschaft funktioniert das anders: Man kann über wissenschaftliche Wahrheit nicht abstimmen lassen – auch nicht unter den Leuten, die sich am allerbesten damit auskennen. Die Wahrheit wächst wie von selbst, sie ergibt sich aus den vielen kleinen Signalen, die ununterbrochen zwischen Menschen ausgetauscht werden, sodass insgesamt etwas Größeres entsteht – etwas, das sich deutlich klüger benimmt als ein Mensch.

Wissenschaft entsteht nicht nur in Form von Büchern oder wissenschaftlichen Artikeln. Sie entsteht genauso durch wirre Gedanken, die man am Forschungsinstitut ganz nebenbei in der Kaffeepause diskutiert. Sie entsteht, wenn die Professorin am Nachhauseweg noch einmal über die überraschende Frage der Studenten nachgrübelt, die eigentlich doch nicht so verrückt war, wie ursprünglich gedacht. Sie entsteht, wenn man während einer internationalen Konferenz mit Menschen aus allen Teilen der Welt beim Abendessen sitzt, neue Ideen und dumme Witze austauscht und gemeinsam Formeln auf Papierservietten kritzelt, bis man spätabends endlich verstanden hat, wo der Fehler lag. Man wird in der Wissenschaft dazu gezwungen, das eigene Hirn mit den Hirnen anderer Leute zusammenzuschließen.

Eine Gehirnzelle allein macht sich keine Gedanken. Erst wenn viele Zellen zu einem Gehirn zusammengeschlossen sind, können sie gemeinsam eine Idee haben. Und ein Mensch allein macht keine Wissenschaft. Erst wenn sich viele Menschen zu einem Netz zusammenschließen, kann echte Wissenschaft entstehen.

Gedanken, die nicht in einen Kopf passen

Intelligenz ist die Fähigkeit, in unserem Kopf ein Modell der Welt zu formen und zu verstehen, wie dieses Modell mit der

Wirklichkeit zusammenhängt. Bei Tieren ist das genauso: Auch die Katze hat in ihrem Kopf ein vereinfachtes Modell der Welt angelegt. In diesem Modell kommt der Nachbarhund vor, der Geruch der Topfpflanze und die Metalldosen, aus denen das Futter kommt. Atomkerne, Chromosomenpaare oder Galaxiencluster sind kein Teil dieses Modells.

Wir Menschen haben ein leistungsfähigeres Gehirn und sind daher in der Lage, uns ein komplizierteres, facettenreicheres und genaueres Bild von der Welt zu machen. Aber auch der klügste Mensch hat seine Grenzen. Unser Gedächtnis ist nicht gut genug, um sich alles zu merken. Unser Leben dauert nicht lange genug, um alles zu erfahren. Wir sind nicht schlau genug, um komplizierte Theorien bis ins Detail zu verstehen.

Die Wissenschaft erlaubt uns, diese Grenzen zu sprengen. Gemeinsam entwickeln wir Gedanken, die so groß sind, dass sie in einen einzelnen Kopf gar nicht hineinpassen würden. Plötzlich ist unsere natürlich begrenzte Denkkapazität keine unüberwindbare Obergrenze mehr, die uns zwingt, uns mit einfachen Modellen zufriedenzugeben. Die moderne Wissenschaft ist ein umfassendes, facettenreiches und unüberblickbar komplexes Modell der Wirklichkeit, das ganze Bibliotheken füllt. Jeder Mensch kann nur einen Teil davon verstehen, aber wir alle gemeinsam, als Menschheit, verstehen es ganz.

Es ist bemerkenswert, wie gut uns das gelingt: Irgendjemand hat in einem vergangenen Jahrhundert sein halbes Leben über ein schwieriges Problem nachgedacht und seine Gedanken sorgfältig aufgeschrieben. Und die mathematische Formel, auf die er dabei gestoßen ist, können wir heute aus den alten Büchern herauspflücken und weiterverwenden. Wir müssen den jahrelangen Denkprozess, mit dem diese Formel gefunden wurde, nicht wiederholen. Wir können direkt dort anfangen, wo andere Leute vor uns aufgehört haben. Das ist ein ungeheurer Luxus.

Ein wissenschaftliches Lehrbuch zu verstehen mag anstrengend sein, aber es ist unvergleichlich viel einfacher, als seinen Inhalt

selbst zu entdecken. Wir ersparen uns dabei hartnäckige Missver-
ständnisse, ärgerliche Messfehler und zeitraubende Irrwege. Es ist
ähnlich wie beim Wandern im dichten Urwald: Wenn sich vor uns
schon jemand einen Weg gebahnt hat, ist es für uns viel einfacher,
auf demselben Pfad hinterherzulaufen.

Und genau so sollten wir Wissenschaft definieren: Wissenschaft ist geteilte Wahrheit, die weitergegeben werden kann. Wissenschaft ist, wenn man Wissen erzeugt, auf das sich andere Leute
verlassen können. Wir sehen nicht nur mit unseren eigenen Augen,
wenn wir wissenschaftlich arbeiten. Wir können die Augen aller
anderen Menschen mitbenutzen, die sich jemals mit denselben
Fragen beschäftigt haben.

Was hätten Genies wie Newton, Darwin oder Einstein wohl
dafür gegeben, um das zu wissen, was heute in Schulbüchern zu
lesen ist! Auch wenn wir weniger schlau sind als sie, sind wir heute
Teil einer Menschheit, die viel umfassender gebildet ist als je zuvor.

Wir stehen auf den Schultern von Riesen – und deshalb
sehen wir ein Stück weiter in die Ferne als sie. Das ist ein altes,
oft verwendetes Bild für den wissenschaftlichen Fortschritt. Allerdings kommen uns die Riesen, auf deren Schultern wir stehen,
vielleicht auch nur deshalb so groß vor, weil sie wiederum auf den
Schultern anderer Leute stehen. Möglicherweise gibt es gar keine
Riesen, sondern nur eine riesengroße Pyramide aus unterschiedlich großen Zwergen.

Auch kluge Leute reden Unsinn

Warum man nicht immer kompromissbereit sein soll, warum auch Genies keine Einzelkämpfer sind und wohin die Nobelpreis-Krankheit führen kann: Expertenmeinungen sollte man ernst nehmen, aber eine Garantie für absolute Wahrheit liefern sie nicht.

Die Nacht roch ein bisschen nach Frühling, und ein bisschen nach Bier und Benzin. Es war spät, die U-Bahn fuhr längst nicht mehr, ich war ein junger Student auf dem Weg nach Hause und wartete am Wiener Schwedenplatz auf den Nachtbus Nummer neunundzwanzig.

Bald bog der Bus behäbig um die Ecke und müde Menschen mühten sich hinein. Plötzlich war auf der anderen Seite des Platzes hektische Bewegung zu erkennen: Zwei junge Männer stützten einen älteren, halb schoben sie ihn, halb zogen sie ihn in Richtung des Busses, und gerade noch rechtzeitig, bevor der Nachtbus Nummer neunundzwanzig seine Reise fortsetzte, stiegen sie ein, alle drei, und setzten sich direkt neben mich.

„So nette junge Leute!", rief der ältere. „Das ist so freundlich, mich zum Bus zu bringen!" Die beiden jüngeren Männer lächelten. Sie hätten das doch gerne gemacht, meinten sie. Schließlich wüssten sie selbst ganz ausgezeichnet über das Wiener Nachtbusnetz Bescheid, da sei es doch selbstverständlich, anderen Leuten zu helfen.

„Nein, das ist alles andere als selbstverständlich, heutzutage!", erwiderte der ältere Mann. Laut und ausführlich lobte er weiterhin die edle Tat und hörte damit auch nicht auf, als den beiden Nachtbusexperten die Sache irgendwann schon peinlich war. Nach einer Weile verabschiedeten sie sich höflich und stiegen aus.

Der ältere Mann lächelte und sah mich an. „Das ist gar nicht mein Bus", erklärte er mir vergnügt. „Ich muss eigentlich ganz woanders hin – aber die beiden waren einfach so nett, da konnte ich nicht nein sagen. Und deshalb fahr ich jetzt halt nach Floridsdorf, dort trink ich noch ein Vierterl, und dann fahr ich wieder heim!"

Das Expertenproblem

Viele Leute halten sich für Experten – auch in Situationen, in denen sie lieber auf andere gehört hätten. Die beiden hilfsbereiten jungen Männer waren zweifellos überzeugt davon, den optimalen Heimweg für den älteren Herrn zu kennen, doch in diesem Fall lagen sie mit ihrer Expertise falsch.

Es ist wohl die wichtigste Kompetenz unserer Zeit: Wir müssen Kompetenz richtig einschätzen – die Kompetenz anderer Leute, aber auch unsere eigene. Wir müssen lernen, bei welchen Fragen wir uns auf uns selbst verlassen können, und auf wen wir hören sollten, wenn unser eigenes Wissen nicht genügt.

Manchmal ist das sehr verwirrend: Eine Epidemie bricht aus, und plötzlich halten sich weite Teile der Bevölkerung für Virologie-Experten. Die Regierung wird von einem Expertengremium beraten, das zu großer Vorsicht mahnt. Aber meine Tante kennt einen Hausarzt, der die ganze Sache für harmlos hält. Ist der nicht auch ein Experte? Wie sollen wir damit umgehen, wenn uns ganz unterschiedliche Meinungen mit großem Selbstbewusstsein präsentiert werden?

Wir müssen einsehen, dass es unterschiedliche Stufen der Expertise gibt: Wenn wir von einem bestimmten Thema noch überhaupt keine Ahnung haben, dann erscheint uns vielleicht jemand als Experte, der drei ausführliche Zeitungsartikel darüber gelesen hat. Es gibt aber auch andere Leute, die in diesem Fach ein mehrjähriges Studium abgeschlossen haben – sie wissen darüber viel mehr, als in diesen drei Zeitungsartikeln steht. Und dann gibt es vielleicht auch noch international anerkannte Spezialisten, die genau an dieser Frage seit Jahren forschen – bei ihnen finden wir noch einmal einen viel höheren Grad an Zuverlässigkeit.

Es kann also passieren, dass man zwar viel mehr weiß als manche anderen Leute, im Vergleich zu echten Experten aber immer noch ziemlich ahnungslos ist. Das ist keine Schande, aber wir müssen unsere eigene Meinung mit einer gewissen kritischen Skepsis betrachten.

Genau das fällt vielen Leuten schwer: Sie verbringen dreiundzwanzig Minuten mit intensiver Recherche über ihre Krankheitssymptome und glauben dann, den Ärzten widersprechen zu können. Sie züchten im Garten erfolgreich Tomaten und haben dann eine ausgeprägte Meinung darüber, wie die moderne Landwirtschaft eigentlich funktionieren sollte. Sie erinnern sich an die wunderschönen heißen Sommer ihrer Kindheit und erklären den Experten, dass die Sache mit dem Klimawandel doch gar nicht so schlimm sein kann.

Das hat nichts mit fehlender Bildung zu tun – ganz im Gegenteil. Gerade kluge Leute, die auf einem bestimmten Gebiet tatsächlich Experten sind, übersehen leicht die Grenzen ihrer eigenen Expertise. Es gibt Physiker, die sich als Experten für die gesamte Natur betrachten, weil schließlich alles irgendwie aus physikalischen Einzelteilen besteht. Es gibt Mathematiker, die sich als Experten für die gesamte Wissenschaft betrachten, weil schließlich alles irgendwie mit Zahlen zu tun hat. Und es gibt Philosophen, die sich als Experten für überhaupt alles betrachten, weil nur die Philosophie die Dinge ausreichend allgemein betrachtet, um zu betrachten, welche Betrachtung für uns überhaupt in Betracht kommt.

Ganz egal wie klug wir sind, wir alle sind bei fast allen Themen Laien. Selbstverständlich ist es völlig in Ordnung, wenn wir als Laien unsere Meinung öffentlich äußern. Auch die Meinung von Außenseitern kann interessant und wertvoll sein. Aber wenn man als Laie glaubt, den echten Experten widersprechen zu können, sollte man vorsichtig sein. Das sollte man nur versuchen, wenn man außergewöhnlich gute Argumente hat. Wer Expertenmeinungen anzweifelt, sollte erst recht auch seine eigene Meinung anzweifeln.

Die Kompromiss-Falle

Zwischen echter Expertise und halbgebildetem Selbstbewusstsein müssen wir unterscheiden – besonders heikel ist das in den Medien. Dort ist es üblich, immer beide Seiten gleichermaßen zu Wort kommen zu lassen. Wenn die Regierungspartei etwas sagen darf, dann soll auch die Opposition ihre Version der Wahrheit präsentieren dürfen – das ist sinnvoll. Aber wenn es eine Auseinandersetzung zwischen wissenschaftlich belegten Fakten und eilig zusammengestückelten Bauchgefühlen geht, dann darf man nicht beides gleichberechtigt nebeneinanderstellen.

In Fernsehshows wird diskutiert, ob man Kinder gegen gefährliche Krankheiten impfen soll. Man lädt dazu eine erfahrene Ärztin ein, die sich ihr halbes Leben lang mit wissenschaftlichen Studien beschäftigt hat, und daneben setzt man einen wütenden Impfgegner, der mit irgendwelchen Einzelfällen herumpoltert, um zu beweisen, dass vom Impfen in Wahrheit eine dunkle Gefahr ausgeht. Beide haben gleich viel Redezeit, und am Bildschirm sehen sie gleich groß aus. Der Klimaforscher wird auf Augenhöhe mit dem Klimawandelleugner präsentiert, der Politikwissenschaftler mit der Verschwörungstheoretikerin, die Quantenphysikerin mit dem Perpetuum-mobile-Bastler, der das Gesetz der Energieerhaltung brechen möchte.

Manche Annahmen, Behauptungen und Thesen sind aber von vornherein unglaubwürdiger als andere. Sie trotzdem alle gleichzubehandeln ist nicht Fairness, sondern ein schwerer Fehler. Alle Menschen sind gleich viel wert, aber nicht alle Meinungen.

Hinter der einen These steht eine ganze Forschungsdisziplin, mit Tausenden klugen Leuten, die ihre Aussagen mit unzähligen Experimenten, Studien und Fachartikeln belegen können, während auf der anderen Seite bloß ein paar verschrobene Außenseiter freihändig ihre Fakten zurechtbiegen. Treten sie gleichberechtigt auf, stellt das Publikum fest, dass es hier Meinungsverschiedenheiten gibt, und kommt zu dem Schluss: Die Wahrheit liegt wohl irgendwo in der Mitte. Versuchen wir es doch mit einem Kompromiss!

Das klingt klug, erwachsen und vernünftig – ist aber falsch. Nicht jeder Kompromiss ist sinnvoll, die Wahrheit liegt nicht immer in der Mitte. Ich behaupte, in meinem Badezimmer wohnen vier fliegende Einhörner. Sie glauben mir nicht? Na gut, dann einigen wir uns doch auf zwei fliegende Einhörner! Manchmal ist eine These richtig, und die Gegenthese ist einfach falsch. Wer behauptet, dass die Erde eine Scheibe ist, dass man mit feinstofflicher Energie Krebs heilen kann oder dass er im Badezimmer Einhörner beherbergt, der hat nicht recht. Er hat auch nicht ein kleines bisschen recht, sondern er hat überhaupt nicht recht. Ein Kompromiss zwischen Wahrheit und verrücktem Unsinn ist immer noch verrückter Unsinn.

Das heißt natürlich nicht, dass wir die Aussagen von Fachexperten als heilige Wahrheit verehren müssen. Ganz im Gegenteil:

Zur Wissenschaft gehört es dazu, dass auch Expertenmeinungen ständig hinterfragt, kritisiert und zerpflückt werden. Niemand besitzt die Lizenz zum Rechthaben. Expertenmeinungen sollten wir ernst nehmen, eine Garantie für Wahrheit bieten sie nicht.

Die Meinung von Fachleuten wiegt nicht deswegen schwerer, weil sie bessere, edlere und überlegene Menschen sind. Sie bekommt nur dadurch mehr Gewicht, dass sich Fachleute wissenschaftlicher Methoden bedienen.

Von Experten erwarten wir, dass sie die wissenschaftliche Literatur kennen, die auf ihrem Gebiet besonders wichtig ist. Wir verlangen, dass sie den aktuellen Stand der Forschung im Blick haben. Wir gehen davon aus, dass sie aufgrund ihrer Erfahrung in der Lage sind, verlässliche Fakten von fragwürdigen Behauptungen zu unterscheiden, Experimente nach anerkanntem Stand der Wissenschaft durchzuführen und Daten sorgfältig aufzubereiten. Nur dadurch wird ihre Meinung wertvoll. Wenn sie das nicht können, sind sie keine echten Experten.

Experte zu sein ist daher kein persönlicher Ehrenstatus, den man sich auf die Brust heften kann wie einen Orden. Es bedeutet ständige Verbundenheit mit geprüften Fakten, mit erprobten Methoden, mit anderen Menschen, die sich im selben Fachgebiet gut auskennen. Die Meinung von Fachleuten ist immer nur so gut wie die Wissenschaft, auf die sie sich beziehen. Aber sie ist zweifellos wertvoller als die Meinung von Leuten, die bloß auf ihr Bauchgefühl hören.

Die Wissenschaft kennt keine Einzelkämpfer

Manche Leute vereinen eine ganze Reihe wichtiger Talente in sich, die man für die Wissenschaft braucht: Sie sind außerordentlich intelligent und können komplizierteste Dinge in kurzer Zeit durchschauen. Sie haben das nötige Bauchgefühl, um zur richtigen Zeit die richtigen Fragen zu stellen. Sie sind bereit, lange Zeit hart zu arbeiten, Rückschläge hinzunehmen und konsequent weiterzumachen, bis sie die Lösung gefunden haben.

Solche Menschen sind wichtig, und wir sollten froh sein, dass es sie gibt. Manche von ihnen, Leute wie Isaac Newton, Marie Curie oder Albert Einstein, gelten dann jahrhundertelang als Vorbilder. Man gießt sie in Bronze, man benennt Universitäten nach ihnen und im Geschenkeshop der Universität kann man sie dann kaufen, als niedliche kleine Plastikfiguren mit Wackelkopf.

Aber wir dürfen uns die Wissenschaftsgeschichte nicht als lange Ahnenreihe überlegener Geistesriesen vorstellen, die mit erhabener Würde und unerreichbarer Intelligenz in holzgetäfelten Arbeitszimmern heilige Wissenschaftsschriften hervorbringen, die von uns dann folgsam verehrt werden.

Fortschritt entsteht nicht, indem einmal pro Generation ein Genie unsere Welt umkrempelt. Sonst könnten wir unsere Universitäten durch ein kleines, intensives Eliten-Trainingsprogramm für handverlesene Superstars ersetzen und dadurch eine Menge Geld sparen. Fortschritt entsteht, indem viele kluge Menschen auf viele kluge Fragen viele kluge Antworten finden.

Selbstverständlich gibt es Genies, deren Name für immer mit einer großartigen wissenschaftlichen Idee verbunden bleibt. Aber für jeden von ihnen gibt es unzählige Leute, die genauso genial sind, irgendwo in ihren engen Büros an irgendwelchen Forschungsinstituten sitzen und grundsolide Arbeit leisten, ohne dadurch berühmt zu werden. Der große Forschungsdurchbruch kommt, weil die Zeit für ihn reif geworden ist – nicht, weil der Welt die Geburt eines wissenschaftlichen Erlösers geschenkt wurde.

Isaac Newton brachte die Wissenschaft in ungeheurem Ausmaß nach vorn. Aber das gelang ihm nur, weil andere Leute bereits gewaltige Mengen astronomischer Daten gesammelt hatten, auf die er sich verlassen konnte. Er bediente sich mathematischer Ideen, die sich andere Leute vor ihm ausgedacht hatten. Die Infinitesimalrechnung musste er selbst entwickeln, weil es sie noch nicht gab – allerdings wurde sie fast genau zur selben Zeit auch von Gottfried Wilhelm Leibniz erfunden. Auch ohne Isaac Newton wüssten wir heute, wie man Integrale löst.

Charles Darwins Evolutionstheorie hat die gesamte Biologie revolutioniert. Doch auch sie war nicht einfach nur das Produkt eines einzelnen genialen Kopfes. Im Jahr 1858, als Darwin gerade an seiner Theorie feilte, erreichte ihn ein Brief des Naturforschers Alfred Russel Wallace, der ganz ähnliche Ideen gehabt hatte. Für Darwin war somit klar: Er musste sich beeilen. Rasch schrieb er sein berühmtes Werk *On the Origin of Species* (*Die Entstehung der Arten*) und veröffentlichte es im Jahr 1859. So genial und bedeutend Darwin auch war – hätte es ihn nie gegeben, würde heute in unseren Schulen trotzdem die Evolutionstheorie unterrichtet werden. Nur würden wir sie vermutlich „Wallace'sche Evolutionstheorie" nennen.

Albert Einstein war zweifellos eine wissenschaftliche Ausnahmeerscheinung. Er war so atemberaubend kreativ, dass es fast schon furchteinflößend ist, sich die Liste seiner Leistungen anzusehen. Im Jahr 1905, als Einstein gerade mal sechsundzwanzig Jahre alt wurde, veröffentlichte er die spezielle Relativitätstheorie. Nebenbei schrieb er auch noch seine berühmte Arbeit über den Photoeffekt, eine der wesentlichen Grundlagen der Quantentheorie, für die er später den Nobelpreis bekam. Im selben Jahr veröffentlichte er eine bahnbrechende Arbeit über die Brown'sche Bewegung – ein wichtiger Schritt zum Nachweis von Atomen und Molekülen – sowie einen weiteren Artikel über den Zusammenhang von Masse und Energie, mit seiner berühmten Formel $E=mc^2$.

Doch auch Einsteins Ideen kamen nicht einfach aus dem Nichts. Einige kluge Gedanken aus der Relativitätstheorie hatten andere Leute schon vor Einstein niedergeschrieben – Einstein interpretierte sie auf mutigere und radikalere Weise und dachte noch ein paar Schritte weiter. Vielleicht hätte es ohne Einstein noch Jahre oder Jahrzehnte gedauert, bis jemand anderer die

Relativitätstheorie fertiggestellt hätte, aber irgendjemandem wäre es wohl gelungen. Manchmal liegt ein wissenschaftlicher Durchbruch in der Luft wie eine Regenwolke: Dass es demnächst zu regnen beginnen wird, ist beinahe unvermeidlich. Wo genau der erste Tropfen niedergeht und wem er auf die Nase fällt, ist schwer zu sagen.

Ähnliches lässt sich über andere herausragende Figuren der Wissenschaftsgeschichte sagen – über Marie Curie, die große Pionierin der Radioaktivität, über Rosalind Franklin, die mithilfe von Röntgenstrahlen die Struktur der DNA entschlüsselte, oder auch über Norman Borlaug, der mit bahnbrechenden Erfolgen in der Agrarwissenschaft unzählige Menschen vor dem Hungertod bewahrte. All diese Leute haben Großartiges geleistet, woran wir uns ein Beispiel nehmen können. Aber Wissenschaft besteht nicht nur aus Vorbildern, sondern aus vielen kleinen Leistungen vieler kleiner Leute.

Besonders deutlich sichtbar wird das bei wissenschaftlichen Großprojekten: Als man im Jahr 2012 das Higgs-Boson entdeckte, war die Freude groß. Jahrelang hatte man danach gesucht, schon in den 1960er-Jahren waren die ersten Arbeiten über das „Higgs-Feld" geschrieben worden, aber lange Zeit waren selbst die größten und mächtigsten Teilchenbeschleuniger der Welt nicht leistungsfähig genug, um das Higgs-Boson nachzuweisen.

Die Messung des Higgs-Bosons wurde erst möglich, nachdem man den „Large Hadron Collider" fertiggestellt hatte – die wohl komplizierteste technische Konstruktion, die jemals von Menschen gebaut wurde. Über sechsundzwanzig Kilometer lang ist der kreisrunde Tunnel, den man an der Grenze zwischen Frankreich und der Schweiz in den Boden grub. Durch diesen Tunnel verläuft eine Röhre aus Stahl, in der fast perfektes Vakuum herrscht. Winzige Teilchen rasen durch diesen Röhrenkreis, sie werden von gewaltigen Elektromagneten auf der richtigen Bahn gehalten, die man mit flüssigem Helium kühlen muss. Entlang des Ringtunnels sind

gigantische Teilchendetektoren installiert, die gewaltige Daten-
mengen liefern, die dann wiederum von leistungsfähigen Compu-
tern verarbeitet werden, um festzustellen, was man nun eigentlich
gemessen hat.

Um das Higgs-Boson nachzuweisen, brauchte man unzählige kluge Leute aus vielen verschiedenen Forschungsbereichen:
Aus der Experimentalphysik, um passende Detektoren zu entwickeln. Aus den Ingenieurwissenschaften, um leistungsstarke Elektromagneten zu konstruieren. Aus der Informatik, um einen Weg
zu finden, aus der unüberblickbaren Datenflut die entscheidende
Information herauszufiltern und abzuspeichern. Jemand musste
die Kabel richtig miteinander verbinden. Jemand musste sich um
die Heliumbehälter kümmern. Jemand musste den Tunnel graben,
jemand musste die Gebäude sauber halten und jemand musste in
der Kantine des CERN regelmäßig Essen zubereiten, damit bei der
Arbeit an zukünftigen Nobelpreisen niemand hungern muss.

Als dann im Jahr 2015 schließlich die exakten Messergebnisse
über das Higgs-Boson veröffentlicht wurden, war der Artikel drei-
unddreißig Seiten lang. Nur neun davon beschrieben die eigentliche
Forschungsarbeit, der Rest war die Autorenliste des Artikels – mit
5154 Personen. Und selbst dabei konnte es sich selbstverständlich
nur um einen kleinen Teil der Menschenmassen handeln, die über
Jahrzehnte hinweg direkt oder indirekt zum Gelingen des Projekts
beigetragen hatten.

Wenn man eine solche Leistung dann mit dem Nobelpreis
belohnen möchte – wer soll ihn dann bekommen? Ausgezeichnet
wurden Peter Higgs und François Englert. Beide hatten schon Jahrzehnte vor der Entdeckung des Teilchens theoretische Arbeiten
über das Higgs-Boson veröffentlicht. Man hätte die Entscheidung
sicher auch anders treffen können.

Wenn der Nobelpreis die weltgrößten wissenschaftlichen
Fortschritte krönen soll, dann müsste man ihn eigentlich an
ganze Forschungsdisziplinen vergeben, nicht an Einzelpersonen.

Vielleicht wäre es gerechter, keine feierliche Nobelpreiszeremonie mit Goldmedaillen-Übergabe an erlesene Wissenschaftsstars zu veranstalten, sondern stattdessen ein riesengroßes Nobelpreisfest zu feiern, für Tausende Leute, die sich jahrelang für die Beantwortung einer ganz bestimmten Forschungsfrage eingesetzt haben.

Wir können den Nobelpreis aber auch anders sehen: Als Ansporn, über ungewöhnliche, gewagte Ideen nachzudenken. Man kann ein Leben lang forschen, ohne dabei jemals etwas Überraschendes zu machen. Man kann brav und ordentlich im Strom der Wissenschaft mitschwimmen und ein nettes kleines Problem nach dem anderen lösen, ohne jemals seine Richtung zu ändern. Dagegen ist auch gar nichts zu sagen – aber den Nobelpreis gewinnt man damit nicht. Und manchmal muss in der Wissenschaft eben auch quergedacht werden. Wenn der Nobelpreis manche Leute dazu motiviert, mit neuen, wilden, verrückten Gedanken zu spielen, dann kann das für die Wissenschaft sehr nützlich sein – auch wenn sich die allermeisten dieser wilden, verrückten Gedanken wohl irgendwann als Unsinn herausstellen und ganz sicher nicht mit einem Nobelpreis ausgezeichnet werden.

Die Nobelpreis-Krankheit

Das hat allerdings auch eine Schattenseite: Wenn man den Nobelpreis nämlich nur bekommt, wenn man eine gewisse Vorliebe für seltsame, schräge Ideen hat, dann entstehen im Lauf der Zeit logischerweise auch seltsame, schräge Nobelpreisträger. Immer wieder kommt es vor, dass ernsthafte, begabte Wissenschaftler, nachdem sie den Nobelpreis bekommen haben, in merkwürdigen pseudowissenschaftlichen Unsinn abgleiten und sich begeistert mit Ideen beschäftigen, die eigentlich haarsträubender Unfug sind. Man kann das als „Nobelpreis-Krankheit" bezeichnen.

Ein beeindruckendes Beispiel dafür ist der britische Physiker Brian Josephson. Er war erst zweiundzwanzig Jahre alt, als er an

Quanten-Effekten forschte, für die er dann elf Jahre später mit dem Nobelpreis ausgezeichnet wurde. Danach sorgte er allerdings hauptsächlich mit recht merkwürdigen Ideen für Gesprächsstoff: Er beschäftigte sich mit paranormalen Phänomenen, mit Telepathie, Telekinese und Parapsychologie.

Das ist grundsätzlich nicht verwerflich. Hätte Josephson es geschafft, wissenschaftliche Belege für paranormale Phänomene zu liefern, hätte man ihn wohl begeistert mit mindestens einem weiteren Nobelpreis ausgezeichnet. Hätte er irgendwann zugegeben, dass sich solche Belege nicht finden lassen, hätte er zumindest ein wertvolles Argument gegen esoterische Spinnerei geliefert. Doch leider war beides nicht der Fall – und so gilt Brian Josephson heute als eher trauriges Beispiel dafür, dass auch große Leistungen in der Vergangenheit nicht davor schützen, sich in unwissenschaftlichen Unsinnigkeiten zu verheddern.

Der Biochemiker Kary Mullis wurde 1993 mit dem Nobelpreis für Chemie ausgezeichnet. Er hatte die Polymerase-Kettenreaktion entwickelt – eine Methode, mit der man DNA vervielfältigen kann. Diese Technik hat einen unschätzbaren Wert für die moderne Molekularbiologie. Man verwendet sie beim Klonen von Tieren, bei der Suche nach Erbkrankheiten oder auch für den Nachweis von Viren.

Weniger wertvoll waren seine Aussagen über das HI-Virus, das Aids verursachen kann. Mullis hatte zwar nie an HI-Viren geforscht, trotzdem behauptete er, HIV habe mit der Krankheit Aids gar nichts zu tun.

Aus wissenschaftlicher Sicht ist das Unsinn – der Zusammenhang zwischen HIV und Aids ist gut belegt und wird in Fachkreisen nicht bestritten. 2008 wurde sogar der Medizinnobelpreis für die Entdeckung des Aids-Erregers HIV vergeben, unter anderem an den Virologen Luc Montagnier. Nun könnte man meinen, dass doch zumindest er als Entdecker des HI-Virus eine vertrauenswürdige Autorität rund um Aids und HIV sein muss. Aber auch

Montagnier sorgte für Kopfschütteln und viel wissenschaftlichen Widerspruch, als er später die unbelegbare These aufstellte, man könne HIV auch durch gesunde Ernährung bekämpfen und brauche gar keine Medikamente.

Auch wenn solche Behauptungen in Fachkreisen rasch widerlegt und höchstens mitleidsvoll belächelt werden – für die Öffentlichkeit haben sie oft eine große Bedeutung. Wenn ein Nobelpreisträger so etwas sagt, dann steht das in den Zeitungen, und von irgendjemandem wird es sicher geglaubt. Jeder Mensch redet manchmal Unsinn. Aber wenn jemand einen Nobelpreis gewonnen hat, richtet dieser Unsinn möglicherweise deutlich größeren Schaden an.

Nicht einmal wenn man zwei Nobelpreise gewonnen hat, ist man gegen unwissenschaftlichen Unsinn immun – das bewies Linus Pauling. 1954 erhielt er den Chemienobelpreis, 1963 wurde ihm auch noch der Friedensnobelpreis zugesprochen. Muss es sich bei einer derart ehrwürdigen Persönlichkeit nicht um einen durch und durch sorgfältigen Denker handeln? Keineswegs. Im Alter von fünfundsechzig Jahren begann Pauling sich mit Medizin zu beschäftigen und entwickelte einen merkwürdigen Fanatismus für Vitamine. Er war davon überzeugt, dass man mit Vitamin C Krebserkrankungen vorbeugen kann. Die „Orthomolekulare Medizin", die sich daraus entwickelte, wurde wissenschaftlich nie bestätigt und gehört eher ins Reich der Wunderheiler und der Esoterik.

Das beweist: Auch die Klügsten von uns liegen manchmal völlig falsch. Und genau deshalb hat eine Einzelmeinung für die Wissenschaft wenig Bedeutung – selbst wenn es die Einzelmeinung eines Genies ist.

Viel verlässlicher als eine Einzelmeinung ist der wissenschaftliche Konsens. Wenn die überwältigende Mehrheit der Experten in einer bestimmten Frage einer Meinung ist, dann stimmt das meistens auch. Aber wer ist Experte dafür, uns zu erklären, was die Meinung der überwältigenden Expertenmehrheit ist? Die Sache ist kompliziert. Es gibt keine einfache Lösung – man muss die Glaubwürdigkeit von Expertenmeinungen einfach von Fall zu Fall erneut überprüfen.

Es ist dumm, blind auf die Meinung kluger Leute zu vertrauen. Allerdings wäre es auch dumm, Expertenmeinungen abzulehnen, bloß weil auch Experten nicht immer perfekt richtigliegen. Eine Uhr zeigt auch nicht immer die perfekt richtige Zeit an. Aber wenn wir wissen wollen, wie spät es ist, schauen wir trotzdem auf die Uhr, anstatt magische Zeitanzeigestäbchen in die Luft zu werfen.

WISSENSCHAFT MIT BAUCHGEFÜHL

Warum man im Konzertsaal keine Mathematik erwarten soll, was Spiderman mit Adam und Eva zu tun hat und warum Wissenschaft etwas Wunderschönes ist: Wer zwischen Gefühl und Verstand einen Widerspruch sieht, dem fehlt es vielleicht an beidem.

Freude, schöner Götterfunken! Der Schlusschor von Beethovens neunter Sinfonie erfüllte den Konzertsaal, doch Carl Friedrich Gauß war nicht begeistert. Er galt damals, Mitte der 1820er-Jahre, als einer der größten Mathematiker der Welt, für Musik allerdings interessierte er sich kaum. Er war nur ins Konzert mitgekommen, weil ihn sein Kollege und Freund, der leidenschaftliche Musikliebhaber Johann Friedrich Pfaff, dazu überredet hatte. Als das Konzert schließlich zu Ende war, fragte Gauß: „Und was ist damit bewiesen?"

Ob diese Geschichte wirklich ganz genau so passiert ist oder ob sie vielleicht im Lauf der Jahre beim Weitererzählen etwas zurechtgebogen wurde, ist schwer zu sagen. Fest steht allerdings: Ludwig van Beethoven hat seine neunte Sinfonie nicht geschrieben, um wissenschaftliche Wahrheiten zu verkünden. Wer im Konzertsaal nach Beweisen sucht, wird meistens enttäuscht.

Wir wissen, dass wir uns auf die Wissenschaft verlassen können, und wir kennen eine ganze Reihe von Gründen dafür: Die Wissenschaft verwendet die Methoden der Logik und der Mathematik, die prinzipiell nicht widerlegt werden können. Naturwissenschaftliche Theorien werden niemals am Anspruch scheitern, ewige, perfekte Wahrheiten zu liefern, weil sie diesen Anspruch gar nicht erheben. Wissenschaft ist lebendig und entwickelt sich ständig weiter. Sie ist eine Sammlung von Werkzeugen, mit denen man Probleme lösen kann, keine Sammlung autoritär verordneter Glaubenssätze.

Wenn sich solche Werkzeuge einmal als nützlich erwiesen haben, dann bleiben sie für immer nützlich. In diesem Sinn ist Wissenschaft unwiderlegbar. Vielleicht entdecken künftige Generationen noch bessere, präzisere Theorien. Das heißt aber nicht, dass unsere heutige Weltsicht irgendwann dumm, falsch oder nutzlos erscheinen wird.

Wissenschaft ist ein dicht geknüpftes Netz – genau das macht sie so stabil, verlässlich und tragfähig. Sie ist ein Netz aus Beobachtungen, Fakten und Theorien. Gleichzeitig ist sie auch ein soziales Netz aus vielen klugen Menschen, die gemeinsam Gedanken erschaffen, die keinem von ihnen jemals allein eingefallen wären.

Doch nur weil wir heute so viele zuverlässige wissenschaftliche Theorien kennen, müssen wir sie noch lange nicht in allen Lebensbereichen anwenden. Manchmal ist wissenschaftliche Verlässlichkeit weder nötig noch sinnvoll. In bestimmten Situationen kommen wir mit Wissenschaft allein nicht weiter.

Auch wenn wir eine Weltformel hätten, die alle Naturkräfte des Universums perfekt erklärt, wüsste ich noch immer nicht, was ich heute Abend kochen soll. Wenn wir die Biochemie der Säugetiere entschlüsselt hätten, bis zum allerletzten Molekül, dann könnte ich noch immer nicht sagen, warum die Katze gerade schlecht gelaunt ist. Wenn wir die Gesetze der Akustik erforschen, die Biologie der Ohren und alle Nervensignale im Gehirn, würde uns das trotzdem nicht dabei helfen, jemanden von der Großartigkeit einer Beethoven-Sinfonie zu überzeugen.

Zu viel Rationalität ist auch irrational

Manchmal sind auch unsere besten wissenschaftlichen Theorien einfach nicht zuständig. Manchmal bleibt uns gar nichts anderes übrig, als uns auf unser Bauchgefühl zu verlassen. Das ist aber kein Argument gegen rationales Denken oder gegen die wissenschaftliche Methode – ganz im Gegenteil: Dass wir Menschen komplizierte Emotionen und Bedürfnisse haben, die man nicht mit simplen mathematischen Formeln beschreiben kann, ist eine wissenschaftlich belegbare Tatsache. Sich ein Weltbild zurechtzubiegen, das solche Tatsachen ausblendet, wäre daher höchst unwissenschaftlich. Es wäre völlig irrational, nur die rationale Seite unseres Lebens zu betrachten.

Wir brauchen Wasser, Sauerstoff und Nahrung, und genauso brauchen wir auch Gemeinschaft, emotionale Nähe, Rituale, Traditionen und Kultur. Alle diese Bedürfnisse können wir nur dann verstehen, wenn wir die richtigen Theorien, Methoden und Werkzeuge auswählen, um über sie nachzudenken. Wesentliche Fragen des Lebens werden von den Naturwissenschaften gar nicht berührt. Über Liebe, Hass oder Gerechtigkeit haben sie uns wenig Wertvolles zu sagen. Wer sie deswegen als unzureichend und unvollständig kritisiert, hat nicht verstanden, was Wissenschaft bedeutet.

Zu den Grundregeln der Wissenschaft gehört schließlich der Grundsatz, dass jedes wissenschaftliche Modell nur eine beschränkte Gültigkeit hat. Wenn man Gefühle oder Rituale mit Physik erklären will, dann ist das nicht deshalb unsinnig, weil man dabei die Wissenschaft in ein Territorium hineinträgt, in dem der Zutritt für Wissenschaft verboten ist. Es ist deshalb unsinnig, weil man in diesem Fall einfach das falsche Werkzeug gewählt hat und somit gegen die Regeln der Wissenschaft verstößt. Es ist keine Kollision der Wissenschaft mit dem Irrationalen, das außerhalb der Wissenschaft wohnt, sondern ein Bruch der Regeln, die innerhalb der Wissenschaft gelten.

Wenn uns jemand einredet, dass sich mit Quantenphysik das Bewusstsein erklären lässt, dass unser Verhalten bereits in unseren DNA-Molekülen festgeschrieben ist oder dass man mit Methoden der Neurologie so etwas wie Gerechtigkeit oder freien Willen messen kann, dann sollten wir skeptisch sein. Jede Theorie hat ihren Einsatzbereich. Wenn man ein Werkzeug für etwas verwendet, wofür es nicht gedacht ist, darf man sich nicht wundern, wenn die Sache übel ausgeht. Wer sich mit der Bohrmaschine die Zähne putzt, sollte sich über ein unerfreuliches Resultat nicht beklagen.

Natürlich können wir auch Themen wissenschaftlich untersuchen, die mit Gefühlen und Beziehungen, mit Traditionen oder Kultur zu tun haben. Die Psychologie, die Sozial- und Geisteswissenschaften sind genau dafür da. Wir können untersuchen, warum sich verschiedene Rituale in unterschiedlichen Kulturen im Lauf der Zeit verändert haben. Wir können überlegen, warum sich eine Melodie plötzlich ganz anders anfühlt, wenn man sie mit anderen Akkorden begleitet. Wir können untersuchen, wie sich liebevolle Beziehungen auf die Lebenserwartung auswirken.

Wir müssen allerdings auch akzeptieren, dass uns bei manchen wichtigen Fragen keine wissenschaftlichen Methoden weiterhelfen. Wenn wir herausfinden wollen, wie wir Omas Geburtstag dieses Jahr feiern sollen, dann fragen wir sie am besten nach ihren ganz subjektiven Wünschen. Wir blättern nicht in wissenschaftlichen Lehrbüchern über angewandte Geburtstagstheorie, um die objektiv korrekte Lösung zu finden. Wenn uns jemand ein merkwürdiges neues Musikstück vorspielt, dann spüren wir, ob es uns gefällt oder nicht. Wir brauchen keine musikwissenschaftliche Analyse, um uns für eine Meinung zu entscheiden. Und wenn uns die Katze befiehlt, sie zu streicheln, dann gehorchen wir. Ein tierärztliches Gutachten ist unnötig, die Katze setzt ihren Willen ohnehin durch.

Auch in der Politik hat man es oft mit Fragen zu tun, auf die es keine eindeutige wissenschaftliche Antwort gibt. Was würde wohl geschehen, wenn wir auf die Idee kämen, unsere gesamte Politik einfach durch pure Wissenschaft zu ersetzen? Könnten wir ein Paradies der rationalen Vernunft errichten, in dem die klügsten Leute der Welt alle wesentlichen Probleme unserer Zeit mit mathematischer Präzision analysieren und uns dann sagen, wie wir uns verhalten müssen? Das würde ziemlich rasch in einer Katastrophe enden.

Politik ist viel mehr als das Umsetzen wissenschaftlicher Wahrheiten. Wir können das Regieren nicht einfach an Fachleute delegieren, wie die Konstruktion einer Hängebrücke. In der Politik muss man oft sorgsam abwägen – zwischen Freiheit und Gerechtigkeit, zwischen Sicherheit und Bequemlichkeit, zwischen großen Vorteilen für wenige und kleinen Vorteilen für viele. Für solche Abwägungen gibt es kein Messgerät. Keine mathematische Formel, kein physikalisches Experiment und kein biologisches Versuchslabor kann uns sagen, welche politische Ideologie die richtige ist.

Trotzdem ist gute Politik natürlich nur auf Basis der Fakten möglich. Entscheidend ist, dass wissenschaftliche Erkenntnisse von der Politik erkannt, ernst genommen und berücksichtigt werden – aber dann muss eine politische Entscheidung getroffen werden, die immer auch durch unwissenschaftliche Dinge wie Moral, Tradition und Kultur geprägt ist. Wir brauchen beides: Wissenschaft und Bauchgefühl. Das gilt in der Politik genauso wie in vielen anderen Lebensbereichen.

Fakten sind auch nicht immer das Wahre

Wir Menschen sind Geschichtenerzähler, das ist eine unserer wichtigsten Eigenschaften. Ständig legen wir uns neue Geschichten zurecht – über uns selbst, über den Rest der Welt oder über Dinge, die es gar nicht gibt. Manche Geschichten erzählen wir nur uns selbst, manche erzählen wir anderen Leuten und manche werden so oft herumerzählt, dass sie sich dabei völlig verändern. Nicht alle diese Geschichten sind wahr, aber alle erfüllen irgendeinen Zweck.

Wenn wir uns mit Naturwissenschaft befassen, erzählen wir Geschichten über die physische Welt. Wir erzählen Geschichten über Ursachen und Wirkungen, über logische Zusammenhänge, über die Gesetze des Universums. Es gibt aber auch andere Arten von Geschichten, die man sich für einen ganz anderen Zweck ausgedacht hat. Es ist wichtig, zwischen diesen unterschiedlichen Geschichtensorten zu unterscheiden.

Manche Geschichten werden weltberühmt, zum Beispiel die von Spiderman: Peter Parker ist ein ganz gewöhnlicher Teenager, der von seinem Onkel Ben und seiner Tante May großgezogen wird. Eines Tages, bei einem Schulausflug, wird er von einer radioaktiven Spinne gebissen. Kurz darauf stellt er fest, dass sich sein Körper verändert: Seine Muskeln werden kräftiger, seine Sinne werden schärfer, er entwickelt ein ungeheures Maß an Körperbeherrschung und Geschicklichkeit.

Zunächst weiß er nicht so recht, was er mit seinen neuen Fähigkeiten anfangen soll. Er verdient Geld, indem er in Schaukämpfen zwielichtige Gestalten verprügelt. Doch schließlich wird ihm klar, dass er seine Kräfte dafür einsetzen muss, die Welt zu verbessern. „Aus großer Kraft folgt große Verantwortung" – diesen Grundsatz hat ihm sein Onkel Ben beigebracht. Und so gibt Peter Parker seinem Leben einen neuen Sinn: Als „Spiderman" streift er nun in einem knallbunten Spinnenkostüm durch die Stadt. Aus seinen Handgelenken schießt er klebrige Spinnenfäden, an denen er sich mit aberwitziger Geschwindigkeit durch die Luft schwingt, um immer möglichst schnell dort zu sein, wo er am besten Gutes tun und Böses verhindern kann.

Aus wissenschaftlicher Sicht gäbe es hier einiges zu kritisieren. Der Biss einer Spinne kann den Körper eines Menschen nicht grundlegend umbauen – auch nicht, wenn die Spinne radioaktiv ist. Menschliche Muskeln können keine Superkräfte entwickeln, schon gar nicht über Nacht. Und kein Material der Welt lässt sich einfach auf die gegenüberliegende Hauswand schießen, um dort festzukleben und augenblicklich als fest fixiertes Seil zu dienen, an dem man sich gefahrlos quer über die Straße schwingen kann.

Aber wenn man den Spiderman-Mythos für diese Irrtümer kritisiert, dann hat man seinen Sinn nicht verstanden. Sich darüber aufzuregen, dass sich diese Geschichte nicht mit den naturwissenschaftlichen Fakten verträgt, ist wie einen Pianisten nach dem Konzert zu kritisieren, weil er die verschiedenen Klaviertasten unterschiedlich oft verwendet hat. Das mag schon sein, aber darum geht es nicht.

Die Geschichte von Spiderman erzählt uns etwas über die verwirrenden Gefühle beim Erwachsenwerden. Der Körper verändert sich, man hat keine Ahnung vom Leben, weiß aber noch nicht, dass es völlig normal ist, keine Ahnung vom Leben zu haben. Man versucht herauszufinden, was für eine Sorte Mensch man sein möchte, und muss lernen, mit Verantwortung umzugehen. Und aus diesem Gefühlsgewirr wächst schließlich eine wichtige Erkenntnis: Jedes Talent, jede Fähigkeit, jede Superkraft bringt auch die moralische Verpflichtung mit sich, etwas Sinnvolles damit anzufangen. Und das ist zweifellos wahr. Die Geschichte von Spiderman hat recht, auch wenn sie den Fakten widerspricht.

Religion und Mythologie

Ganz ähnlich ist es bei vielen religiösen Texten: Adam, der allererste Mensch, wird von Gott aus Lehm geformt, dann wird ihm der Lebensatem eingehaucht. Gott legt für Adam ein Paradies an, mit Flüssen, Pflanzen und Tieren, aber als einziger Mensch auf der Welt fühlt sich Adam trotzdem ein bisschen einsam, und so kommt Gott auf die Idee, auch noch Eva zu erschaffen.

Für Adam und Eva gibt es im Paradies weder Verantwortung noch Sünde, denn zwischen Gut und Böse können sie gar nicht unterscheiden. Das ändert sich erst, als sie verbotenerweise die Frucht vom Baum der Erkenntnis essen. Dafür werden sie von Gott bestraft, er vertreibt sie aus dem Paradies, und sie müssen von nun an ein hartes, beschwerliches Leben führen, voller Schmerzen, Arbeit und Mühe.

Auch das ist ein Text über die schwierige Aufgabe, das Richtige zu tun. Vielleicht kann man die Vertreibung aus dem Paradies mit der Erinnerung an eine unbeschwerte Kindheit verstehen, in der man umsorgt wurde und noch keine schweren Entscheidungen zu treffen hatte. Vielleicht kann man den Mythos auch kulturhistorisch deuten – als alte überlieferte Erinnerung an eine Zeit, in der man in besonders fruchtbaren Gegenden lebte, bevor man es wagte, in andere Gebiete aufzubrechen, wo das Leben anstrengender wurde.

Zweifellos falsch ist es, die Geschichte von Adam und Eva als biologischen Tatsachenbericht aufzufassen. Es ist nicht wahr, dass irgendwann der erste Mensch aus Lehm geschaffen wurde. Aber war diese Geschichte überhaupt jemals als Bericht über messbare Fakten gedacht?

Der Mythos von Adam und Eva steht im zweiten und dritten Kapitel des Buchs Genesis. Erstaunlicherweise finden wir im ersten Kapitel eine völlig andere Schöpfungsgeschichte: Dort wird die Welt in sechs Tagen erschaffen. Anfangs ist alles wüst und wirr, nur Gottes Geist schwebt über dem Wasser. Dann lässt Gott am ersten Tag das Licht entstehen, am zweiten Tag den Himmel, am dritten Tag die Erde und das Meer. Auf der Erde lässt Gott Pflanzen wachsen, erst dann, am vierten Tag, kommen Sonne, Mond und Sterne dazu. Am fünften Tag kommen die Tiere an die Reihe, und am sechsten Tag schließlich der Mensch.

Man erkennt leicht, dass diese beiden Geschichten nicht zueinanderpassen. Wurde nun zuerst der Mensch erschaffen und dann Pflanzen und Tiere, oder war es anders herum? Begann alles mit einer lehmigen Wüste ohne Wasser oder mit einer wirren Urflut ohne Land? Mit wissenschaftlichen Methoden hat man herausgefunden, dass die beiden Texte von völlig unterschiedlichen Leuten zu völlig unterschiedlichen Zeiten geschrieben wurden. Die Geschichte von Adam und Eva ist um einige hundert Jahre älter.

Wer auch immer die beiden Teile zusammenfügte, hat aber sicher bemerkt, dass es hier Widersprüche gibt – offenbar wurde das aber nicht als Problem gesehen. Warum auch? Wer sagt, dass der Text überprüfbare Fakten beschreibt, die sich logisch in das Netz der wissenschaftlichen Wahrheit einflechten lassen? Wenn wir Freunde zu einem langen Filmabend einladen und mehrere Filme miteinander kombinieren, stört es uns auch nicht, wenn sie einander widersprechen. Im ersten Film kommen seltsame Außerirdische mit bunten Lichtschwertern vor, denen eine metaphysische Macht erstaunliche Kräfte verleiht. Die Aliens im zweiten Film haben von einer solchen Macht noch nie gehört, dafür können sie sich von einem Raumschiff zum anderen beamen lassen. Das passt doch alles nicht zusammen! Trotzdem kann man beide Filme gut finden.

Texte kann man nur verstehen, wenn man ein Gefühl für unterschiedliche Textsorten entwickelt: „Eine Ingenieurin, eine Physikerin und eine Mathematikerin fahren im Zug nach Schottland." Wenn wir so etwas hören, ist uns völlig klar: So beginnt ein Witz. Wir erwarten in den nächsten dreißig Sekunden eine Pointe. Wir werden nicht nach den Namen der Reisenden fragen, nach dem genauen Datum oder nach dem Fahrplan des Zuges. Diese Geschichte ist nicht dazu da, um Fakten zu berichten. Auch die Anekdote von Carl Friedrich Gauß und Beethovens neunter Sinfonie verliert nicht ihren Sinn, falls sich herausstellt, dass sie bloß erfunden ist.

Dasselbe gilt, wenn in der Bibel steht: „Ein Mann ging von Jerusalem nach Jericho hinab und wurde von Räubern überfallen." So wird ein Gleichnis eingeleitet. Wer fragt, wie das zur offiziellen Kriminalitätsstatistik von Jericho passt, hat den Zweck der Geschichte nicht verstanden. Und auch andere alte Mythen – egal, ob religiös oder nicht – sind niedergeschrieben worden, um auf einer symbolischen Ebene verstanden zu werden, nicht auf einer wissenschaftlichen.

Einen Gesetzestext müssen wir anders lesen als eine wissenschaftliche Studie, und einen Roman müssen wir anders lesen als einen Tagebucheintrag. Wer in einem Anfall von religiösem Fundamentalismus behauptet, irgendein heiliges Buch sei von vorne bis hinten die reine, tatsächliche Wahrheit, macht daher gleich einen doppelten Fehler: Erstens ignoriert er, dass alte Geschichten über Sintfluten, Wunderheilungen und die Entstehung der Welt durch unsere wissenschaftlichen Erkenntnisse längst widerlegt sind, und zweitens übersieht er, dass Mythen aus einer Zeit, in der es eine Wissenschaft in unserem heutigen Sinn noch gar nicht gab, mit einer ganz anderen Intention aufgeschrieben wurden. Sie waren nie als Gegenthese zu wissenschaftlich überprüfbaren Fakten gedacht.

Denselben Fehler machen allerdings auch streng rational denkende Menschen, die alte Mythen für dumm, widerlegt und sinnlos erklären, nur weil sie darin einen Widerspruch zu wissenschaftlichen Erkenntnissen entdeckt haben. Das ist kein Argument gegen diese Mythen – es ist nur ein Argument dagegen, diese Mythen Wort für Wort als Tatsachenbericht zu lesen.

Religion spielt für viele Menschen genau in jenen Lebensbereichen eine wichtige Rolle, in denen die exakte Wissenschaft wenig zu sagen hat: Sie befriedigt das innere Bedürfnis nach Ritualen, nach Festen und Gemeinschaftsgefühl. Wenn wir alte Traditionen fortsetzen, erinnert uns das daran, dass wir unser Leben nicht einfach völlig neu erfinden, sondern fest in alten Menschheitstraditionen verwurzelt sind – das kann sich angenehm anfühlen und emotionalen Halt geben.

Freilich muss man dabei darauf achten, mit alten Traditionen aus vergangenen Epochen nicht auch die überholten moralischen Maßstäbe dieser Epochen künstlich am Leben zu erhalten. Schließlich mussten viele dieser veralteten Moralvorstellungen mit großer Mühe überwunden werden – oft gegen den Widerstand religiöser Würdenträger.

Problematisch wird Religion jedenfalls dann, wenn sie sich dort mit der Wissenschaft anlegt, wo es klare wissenschaftliche Antworten gibt: Wenn es darum geht, ob die Erde tatsächlich vor ein paar tausend Jahren erschaffen wurde, ob eine Pilgerfahrt zu einer heiligen Quelle tatsächlich Krankheiten heilt oder ob man Naturkatastrophen tatsächlich durch Gebete verhindern kann, dann ist die Wissenschaft zuständig. Sich bei solchen Fragen auf religiöse Texte zu verlassen, ist genauso falsch, wie sich in der Hoffnung auf Spiderman-Superkräfte von einer radioaktiven Spinne beißen zu lassen.

Wozu Wissenschaft?

Manche Fragen lassen sich mit wissenschaftlichen Fakten eindeutig beantworten, dann ist jede andere Antwort falsch. Manche Fragen haben mit subjektiven Eindrücken, mit Vorlieben und Emotionen zu tun, dort kann man problemlos verschiedene Meinungen gleichzeitig gelten lassen. Zwischen diesen beiden Bereichen müssen wir unterscheiden. Unsere Emotionen sind nicht wissenschaftlich berechenbar. Das bedeutet aber nicht, dass berechenbare Wissenschaft etwas Emotionsloses ist. Leider ist das ein erschreckend weitverbreitetes Missverständnis.

In vielen Köpfen haben sich dumme Klischeebilder über Wissenschaft festgesetzt: Wissenschaft wird als nützliche Maschinerie gesehen, die mit eiskalter Präzision die Natur in ein Gehege aus

Zahlen sperrt und praktikable Resultate produziert, mit möglichst vielen Dezimalstellen.

Man denkt dabei an schrullige alte Männer in weißen Laborkitteln, die große Tafeln mit unverständlichen Kreidezeichen vollschreiben. Man denkt an verrückte Professoren mit wirrer Frisur, die fantasievoll geformte Glasbehälter schwenken und eine hochgiftige Flüssigkeit zur anderen leeren, bis irgendetwas explodiert oder sich zumindest bunt verfärbt. Man denkt an strenge Rationalisten, die einen neu entdeckten Schmetterling genau dann für ordnungsgemäß analysiert halten, wenn er mit sorgfältigen Rasierklingenschnitten in seine Einzelteile zerlegt wurde. Lauter kluge Leute, keine Frage! Aber irgendetwas muss an denen doch falsch sein! Vermutlich sind sie völlig gefühlskalt und humorlos? Oder so zerstreut, dass sie morgens vergessen, die Hose anzuziehen? Oder so tollpatschig in ihrem Sozialverhalten, dass ihnen gar nichts anderes übrig bleibt, als sich mit Büchern, statt mit Menschen zu beschäftigen?

Nichts daran ist wahr. Wissenschaft wird von einer bunten Vielfalt von Menschen hervorgebracht. Von Frauen und Männern, von alten und jungen, von ernsten und lustigen. In der Wissenschaft gibt es Leute, die Exaktheit und Perfektion anstreben, und andere, die kreatives Chaos lieben. Es gibt Leute, die immer Teil eines Teams sein wollen, und andere, die lieber zurückgezogen und allein arbeiten. Nur eines haben wirklich alle gemeinsam: die Freude am Entdecken. Niemand vertieft sich in eine komplizierte Theorie, nur um sich zu quälen. Niemand kämpft mit schwierigen Formeln, nur weil sie schwierig sind. Mit Wissenschaft beschäftigt man sich, weil es Spaß macht. Weil es gut ist, zu wissen. Weil es schön ist, zu erkennen. Weil es Freude macht, zu verstehen.

Leider kommt diese Begeisterung für Wissenschaft bei vielen Menschen niemals an – und oft spüren sie nicht einmal, dass sie dadurch etwas verpassen. Mathematik und Naturwissenschaft werden nicht unbedingt als wichtiger Teil der Allgemeinbildung gesehen. Niemand würde in der Öffentlichkeit gerne zugeben, beim Lernen von Fremdsprachen immer spektakulär gescheitert zu sein. Niemand würde Musik für nutzlos und langweilig erklären, nur weil er als Kind bei verzweifelt quietschenden Blockflötenversuchen böse Erfahrungen gemacht hat. Wenn aber jemand grinsend erzählt, er verstehe nichts von Physik, habe keine Ahnung von Mathematik und traue sich ohne Unterstützung seines Steuerberaters nicht zu, fünfstellige Zahlen zu addieren, kann er das als charmante Eigenheit durchgehen lassen.

Das führt dann manchmal dazu, dass der Wert der Wissenschaft bloß auf ihre technische Nützlichkeit reduziert wird: Wissenschaft führt zu praktischen kleinen Erfindungen. Wenn wir brav Geld verdienen, können wir uns diese Erfindungen kaufen, und das ist gut für die Wirtschaft. Wissenschaft führt zu Robotern, die unseren Rasen mähen, und zu Garagentoren mit Fernsteuerung. Irgendwelche klugen Leute haben Jahre ihres Lebens mit Materialforschung verbracht, und deshalb ist heute der Mikrochip in meiner Waschmaschine ein bisschen billiger.

Das ist zweifellos richtig, aber ein ziemlich schwaches Argument für wissenschaftliche Forschung. Ein großer Teil der Wissenschaft führt niemals zu Produkten, die man kaufen kann. Und selbst wenn hübsche neue Technikspielzeuge erfunden werden, kann man darüber streiten, ob sie unser Leben wirklich nachhaltig verbessern. Eine elektronisch programmierbare Kaffeemaschine ist eine tolle Sache, aber wenn man keine hat, wird man auch nichts vermissen. Aristoteles hat sich sicher nie in den Schlaf geheult, weil ihm sein Leben ohne drahtlose Stereokopfhörer so leer vorkam. Mancher technische Firlefanz ist nur eine Antwort auf eine Frage, die eigentlich nie gestellt wurde. Gelöst wird ein Problem, von dem niemand etwas wusste.

Im Lauf der Jahrhunderte hat die Wissenschaft allerdings auch zu Erfindungen geführt, deren Wert niemand bestreiten kann, ganz unabhängig von Modetrends und Konsumbegeisterung. Wenn wir unsere Nahrung mit elektrischen Kühlschränken vor dem Vergammeln bewahren, wenn wir mit modernen Transportmitteln die Welt erkunden, wenn wir in wetterfesten Häusern wohnen, in denen sauberes Wasser aus der Leitung kommt, dann verdanken wir das der Wissenschaft. Ein wachsender Teil der Menschheit genießt heute einen größeren Luxus als die reichsten Könige vor tausend Jahren.

Dank moderner Telekommunikation können wir heute mit Menschen reden, die auf anderen Kontinenten leben. Dank moderner Medizin kann man heute Krankheiten heilen, die früher den sicheren Tod bedeutet hätten. Wir leben besser, gesünder und länger als je eine Generation vor uns. All das hat mit klugen Ideen zu tun, die irgendwann reine Grundlagenforschung waren. Trotzdem kann beim Forschen an den Grundlagen der Wissenschaft niemand sagen, ob die neuen Erkenntnisse irgendwann das Leben der Menschheit verbessern werden. Sicher wissen wir nur: Ganz ohne Grundlagenforschung wird sich das Leben der Menschheit bestimmt nicht weiter verbessern lassen.

Die größten, bahnbrechendsten wissenschaftlichen Ideen wurden nicht entwickelt, weil jemand ein Produkt entwickeln, reich werden und das Wirtschaftswachstum ankurbeln wollte, sondern weil jemand Spaß daran hatte, Neues zu entdecken – ganz ohne großes Ziel. Der größte Nutzen der Wissenschaft ist das Wissen selbst. Wissen ist immer besser als Unwissenheit. Je besser wir die Welt verstehen, umso klügere Entscheidungen können wir treffen, und erst dadurch werden wir zu wirklich freien Menschen. Freiheit bedeutet, so leben zu können, wie wir das wollen. Wenn wir aber gar nicht wissen, was wir wollen sollen, weil uns die entscheidenden Fakten fehlen, dann können wir auch nicht frei sein. Entscheidungen ohne echten Grund zu treffen, ist nicht Freiheit, sondern Glücksspiel.

Wissenschaft kann uns Angst nehmen. Wenn wir die Welt verstehen, sind wir kein hilfloser Spielball der Natur. Wir können ein Erdbeben zwar nicht verhindern, aber wir verstehen, wie es entsteht. Und daher müssen wir uns nicht mit der Sorge quälen, dass es vielleicht die Rache des großen Cthulhu war, der Opfergaben von uns verlangt. Wir sehen Krankheiten nicht mehr als Strafe des Schicksals, sondern wir überlegen, wie man sie heilen kann. Und wenn uns jemand erzählt, wir müssen ihm gehorchen, weil sonst morgen die Sonne nicht mehr aufgeht, dann können wir ihn getrost auslachen.

Wissenschaft erzeugt Schönheit, genau wie Musik, Literatur oder Malerei. Keine Sinfonie beendet den Hunger in der Welt, kein Gemälde heilt Kranke, kein Gedicht schützt vor dem Erfrieren. Trotzdem kämen nur Dummköpfe auf die Idee, Kunst für nutzlos zu halten. Wissenschaft kann auf ganz ähnliche Weise schön sein. Eine neue Theorie, die uns einen neuen Blick auf die Welt ermöglicht, kann uns genauso begeistern wie ein Musikstück.

Auch die Schönheit der Natur spüren wir umso stärker, je besser wir sie verstehen. In den Sternenhimmel zu blicken und dabei über gewaltige Pulsare, schwarze Löcher und ferne Planeten nachzudenken, erzeugt ein viel ehrfurchtsvolleres Kribbeln im Bauch als das bloße Betrachten leuchtender Punkte. Und eine schöne Blume wird noch viel wunderbarer, wenn wir wissen, dass sie aus denselben Atomen besteht wie wir und dass sie Teil derselben Evolutionsgeschichte ist, die auch uns Menschen hervorgebracht hat.

Wissenschaft – das sind wir alle

Das vielleicht allerwichtigste Argument für die Wissenschaft ist aber ein anderes: Wir haben gar keine Wahl. Wenn wir Menschen uns fragen, ob wir Wissenschaft betreiben sollen, dann ist das so, als würden Fische diskutieren, ob Schwimmen eine gute Idee ist, oder als würden Bienen überlegen, ob sich diese mühsame Fliegerei zu den Blüten wirklich lohnt. Manche Vogelarten hat die Evolution mit einem kräftigen Schnabel ausgestattet, und damit knacken sie dicke Kerne. Uns Menschen hat die Evolution mit der Fähigkeit zum wissenschaftlichen Denken ausgestattet, und damit lösen wir schwierige Probleme.

Natürlich gelingt das nicht allen von uns gleich gut. Manchmal passiert es, dass wir uns auf der Suche nach einer logischen Antwort auf unglückliche Weise verirren, wie eine Biene, die versehentlich in zäher Zuckermasse kleben bleibt. Aber das Fragenstellen, das Problemlösen, das Forschen ist uns allen angeboren. Schon kleine Kinder wollen herausfinden, wie sich Papas Lieblingsblume von innen anfühlt (klebrig), ob Karottenbrei eine geeignete Landebahn für Spielzeugflugzeuge ist (jawohl) und warum sich die Katze so ungern Hüte aufsetzen lässt (nach wie vor ungeklärt). Unsere Forschungsarbeiten sind vielleicht nicht immer sinnvoll, aber sie sind unausweichlich.

Zusätzlich hat uns die Evolution auch mit der Fähigkeit ausgestattet, eng miteinander zusammenzuarbeiten. Wir haben komplizierte Sprachen entwickelt, mit denen wir unsere Gedanken in fremde Köpfe übertragen können. Wir haben komplizierte Gesellschaftssysteme entwickelt, in denen wir unterschiedliche Aufgaben übernehmen. Wir sind mit Menschen befreundet, die wiederum mit anderen Menschen befreundet sind, deren Freunde wir niemals treffen werden. Die gesamte Menschheit ist in diesem weit verzweigten Netz aus Freundschaft, Kooperation und Gedankenaustausch miteinander verbunden.

Bei anderen Lebewesen ist das anders: Bonobos leben in relativ kleinen Gruppen zusammen, in denen jedes Tier jedes andere kennt – das ist kein weitverzweigtes Netz. Es gibt keine weltweite Gemeinschaft der Schimpansen, keine herdenübergreifende Zusammenarbeit von Kühen und keinen globalen Austausch zwischen unterschiedlichen Wolfsrudeln. All das, was uns Menschen wirklich ausmacht – von der Erfindung der Stadt über Kunst und Kultur bis zur modernen Wissenschaft –, beruht darauf, dass wir in einem riesengroßen sozialen Netz zusammenleben, auch wenn jeder von uns nur einen winzigen Teil davon überblickt.

In diesem Netz produzieren wir Wissenschaft, in weltumspannender Gemeinschaftsarbeit. Das ist nur möglich, wenn wir unsere Gedanken miteinander teilen – und zwar überall, nicht nur in Fachkreisen. Es genügt nicht, wenn Forschungsergebnisse in präziser, wissenschaftlicher Sprache veröffentlicht werden, mit Zahlentabellen und Diagrammen. Aus großen Ideen folgt große Verantwortung – nämlich die moralische Verpflichtung, andere Leute an diesen Ideen teilhaben zu lassen. Niemand hat das Recht, sich hinter großen, ehrfurchteinflößenden Fachbegriffen zu verstecken, wenn man dieselben Gedanken auch einfacher ausdrücken könnte. Was nützt eine geniale Idee, wenn sie niemand versteht?

Wir alle gemeinsam, als Menschheit, sind die komplexeste Struktur, die wir im ganzen Universum kennen. Wir sind eine unvorstellbar exotische Besonderheit. Der Großteil des Universums ist öd und leer. Nichts Spannendes, nichts Komplexes, nichts Fühlendes schwirrt dort draußen herum, im intergalaktischen Raum. Aber hier bei uns, auf der Erde, haben sich simple Atome zu etwas Lebendigem zusammengefügt. Und das Lebendige auf unserem Planeten hat Gefühle, Gedanken und Verstand entwickelt. Und der Verstand hat im Menschen eine Schwelle erreicht, die es uns ermöglicht hat, unsere Gedanken menschheitsumspannend zusammenwachsen zu lassen.

In Form der Menschheit haben es Atome fertiggebracht, dass über Atome nachgedacht werden kann. In Form der Menschheit haben die Naturgesetze dazu geführt, dass Naturgesetze entschlüsselt werden können. In Form der Menschheit hat es das Universum geschafft, die großen Rätsel des Universums zu erforschen.

Nachdem wir alle zu diesem menschheitsumspannenden Netz der Wissenschaft gehören, dürfen wir auch alle mit Recht stolz auf das sein, was daraus entstanden ist. Wissenschaft ist das größte

Abenteuer, das unser Universum je hervorgebracht hat – und wir alle gehören dazu.

Um ein Teil davon zu sein, brauchen wir keine Messgeräte, wir müssen nur mit offenen Augen durch die Welt gehen. Wir müssen dafür keine revolutionären Theorien entwickeln, wir müssen uns nur bemühen, klügere Gedanken weiterzuerzählen und dümmere Gedanken erlöschen zu lassen. Wir müssen dafür keine Genies sein, wir müssen nur Menschen sein, miteinander reden und ein bisschen nachdenken. Niemand weiß, wohin uns der nächste Gedanke führen wird. Jeder folgenschwere Einfall, jeder historische Geistesblitz, jede großartige Wahrheit begann eines Tages als kleine Idee, die irgendjemand gar nicht so übel fand.

LITERATUR

Wissenschaft oder Bauchgefühl?

Einstein, Albert: Über die spezielle und die allgemeine Relativitätstheorie; Springer Spektrum (2009).

McCausland, Ian: Anomalies in the History of Relativity; Journal of Scientific Exploration, 13, 2, 271 (1999).

Kruger, J., Dunning, D.: Unskilled and unaware of it: how difficulties in recognizing one's own incompetence lead to inflated self-assessments; Journal of personality and social psychology 77 (6) (1999).

Die Geschichte vom ersten Wissenschaftler und der Raubkatze geht auf eine Idee von Erich Eder zurück.

Eins plus eins ist zwei / Dieser Satz ist falsch

Gratzer, Walter: Eurekas and Euphorias: The Oxford book of scientific anecdotes; Oxford University Press (2002).

Euklid: Die Elemente; Harri Deutsch – Europa-Lehrmittel, 4. Aufl. (2003).

Peano, Giuseppe: Arithmetices principia, nova methodo exposita; Turin (1889).

Dedekind, Richard: Was sind und was sollen die Zahlen?; Braunschweig (1888).

Hilbert, David: Die Hilbertschen Probleme; Harri Deutsch – Europa-Lehrmittel, 4. Aufl. (2007).

Hofstadter, Douglas R.: Gödel, Escher, Bach; Basic Books (1979).

Hilbert, David: Über das Unendliche: Math. Ann. 95, 161 (1926).

Kanigel, Robert: The Man Who Knew Infinity: A Life of the Genius Ramanujan; Washington Square Press (1991).

Russell, Bertrand: The Principles of Mathematics; Cambridge (1903).

Whitehead, A. N., Russell, B.: Principia Mathematica; Cambridge University Press (1910).

Frege, Gottlob: Grundlagen der Arithmetik, II; Verlag Hermann Pohle (1903).

Wang, Hao: Reflections on Kurt Gödel; MIT Press (1990).

Schmutzige Gläser und reine Wahrheit

Fischer, Ernst P.: Niels Bohr; Siedler (2012).

Heisenberg, Werner: Der Teil und das Ganze; R. Piper & Co. (1969).

Sigmund, Karl: Sie nannten sich der Wiener Kreis; Springer Spektrum (2015).

Wittgenstein, Ludwig: Tractatus logico-philosophicus; Suhrkamp (1963).

Simons, D. J., Levin, D. T.: Failure to detect changes to people during a real-world interaction; Psychonomic Bulletin & Review 5,4 (1998).

Klotz I.M.: Great Discoveries Not Mentioned in Textbooks: N Rays. In: Diamond Dealers and Feather Merchants; Birkhäuser, Boston, MA (1986).

Nye, M.J.: N-rays: An episode in the history and psychology of science; Historical Studies in the Physical Sciences, 11,1 (1980).

Milne, Iain: Who was James Lind, and what exactly did he achieve; J R Soc Med. 105, 12 (2012).

Lind, James: An Inquiry into the Nature, Causes, and Cure of the Scurvy. In: Buck, C. et al.: The Challenge of Epidemiology; Pan American Health Organisation (1988).

Bryson, Bill: Eine kurze Geschichte von fast allem; Goldmann (2005).

Wallwitz, Georg von: Meine Herren, dies ist keine Badeanstalt; Berenberg (2017).

Was nicht stimmt, muss nicht gleich falsch sein

Wiltsche, Harald A.: Einführung in die Wissenschaftstheorie; Vandenhoeck & Rupprecht (2013).

Russell, Bertrand: Philosophie des Abendlandes; Piper (2004).

Goodman, Nelson: A Query on Confirmation; The Journal of Philosophy, 43, 14 (1946).

Hosiasson-Lindenbaum, Janina: On Confirmation; The Journal of Symbolic Logic, 5, 4 (1940).

Popper, Karl: Logik der Forschung; Springer-Verlag Wien (1935).

Wason, Peter C.: Reasoning about a rule; Quarterly Journal of Experimental Psychology, 20,3 (1968).

Wason, Peter C.: On the failure to eliminate hypotheses in a conceptual task; Quarterly Journal of Experimental Psychology, 12 (1960).

Lakatos, Imre: Proofs and Refutations; Cambridge University Press (1976).

Keutsch, F. N., Saykally, R. J.: Water clusters: Untangling the mysteries of the liquid, one molecule at a time, PNAS 98,19 (2001).

Es lebe die Revolution!

Kuhn, Thomas. S.: Die Struktur wissenschaftlicher Revolutionen; Suhrkamp (1976).

Chalmers, A. F.: Wege der Wissenschaft; Springer-Verlag Berlin Heidelberg (1986).

Rechenberg, Helmut: Werner Heisenberg - Die Sprache der Atome; Springer-Verlag Berlin Heidelberg (2010).

Bond, Elijah J.: Toy or Game, US-Patent No. 446,054 (1891).

Kopernikus, Nikolaus: De revolutionibus orbium coelestium; Nürnberg (1543).

Newton, Isaac: Philosophiae Naturalis Principia Mathematica; London (1687).

Einstein, Albert: Die Grundlage der allgemeinen Relativitätstheorie; Annalen der Physik, 4, 49 (1916).

Einstein, Albert: Zur Elektrodynamik bewegter Körper; Annalen der Physik und Chemie, 17 (1905).

Planck, Max: Vom Relativen zum Absoluten. In: Roos H., Hermann A. (Hg.): Vorträge, Reden, Erinnerungen; Springer-Verlag Berlin Heidelberg (2001).

Gallavotti, Giovanni: Quasi periodic motions from Hipparchus to Kolmogorov; arXiv:chao-dyn/9907004 (1999).

Wisniak, Jaime: Phlogiston: The rise and fall of a theory, Indian Journal of Chemical Technology, 11 (2004).

Adam, T. et al.: Measurement of the neutrino velocity with the OPERA detector in the CNGS beam; Journal of High Energy Physics 2012, 93 (2012).

So einfach wie möglich

Wickert, Johannes: Albert Einstein; Rowohlt Taschenbuch Verlag (1972).

Laughlin, Robert B.: A different Universe; Basic Books (2005).

Wie man mit der Wahrheit lügt

Bohannon, J. et al.: Chocolate with high Cocoa content as a weight-loss accelerator; International Archives of Medicine, [S.I.] 8, 55 (2015).

OFFICE, Editorial: Retraction notice on „Chocolate with high Cocoa content as a weight-loss accelerator"; International Archives of Medicine, [S.I.] 8 (2015).

Schoenfeld, J. D., Ioannidis J. PA.: Is everything we eat associated with cancer? A systematic cookbook review; The American Journal of Clinical Nutrition, 97, 1 (2013).

DANKE!

So wie in der Wissenschaft ist es auch beim Bücherschreiben wichtig, sich auf ein Netz kluger Leute verlassen zu können. Ich bedanke mich ganz herzlich bei allen, die durch hilfreiche Diskussionen oder durch mühsame Korrekturlesearbeit und wichtige Verbesserungsvorschläge zum Entstehen dieses Buchs beigetragen haben – ganz besonders bei Christina Bisanz, Artur Golczewski, Reinhard Winkler, Stefan Donsa, Renate Pazourek, Ernst Aigner, Teresa Profanter und Judith E. Innerhofer.

Der Verlag behält sich die Verwertung der urheberrechtlich
geschützten Inhalte dieses Werkes für Zwecke des Text- und
Data-Minings nach § 44 b UrhG ausdrücklich vor.
Jegliche unbefugte Nutzung ist hiermit ausgeschlossen.

Penguin Random House Verlagsgruppe FSC® N001967

1. Auflage
Vollständige Taschenbuchausgabe Oktober 2024
Copyright © 2020 der Originalausgabe:
Christian Brandstätter Verlag, Wien
Copyright © 2024 dieser Ausgabe: Wilhelm Goldmann Verlag,
München, in der Penguin Random House Verlagsgruppe GmbH,
Neumarkter Str. 28, 81673 München
Originalverlag:
Titel der deutschen Originalausgabe:
Lektorat: Teresa Profanter
Projektleitung: Judith Innerhofer
Illustrationen: Florian Aigner
Umschlag: UNO Werbeagentur, München,
angelehnt an die Gestaltung der Originalausgabe
(Caroline Plank-Bachselten / Buero Plank)
Umschlagmotiv: Florian Aigner
Satz: Satzwerk Huber, Germering
Druck und Bindung: CPI books GmbH, Leck
Printed in Germany
KF · CB
ISBN 978-3-442-18021-9

www.goldmann-verlag.de